mentor Grundwissen

Chemie

bis zur 10. Klasse

Alle wichtigen Themen

Andreas von Usedom

mentor
Eine Klasse besser.

Über den Autor:
Andreas von Usedom, Diplom-Chemiker, ist Wissenschaftlicher Mitarbeiter an der Charité Berlin sowie der Technischen Universität Berlin. Er arbeitet auch als Dozent im Bereich der studentischen Ausbildung sowie der interdisziplinären naturwissenschaftlichen Forschung.

Redaktion: Gabriele Ernst, Icking
Zeichnungen: Andreas von Usedom, Berlin
Layout: Peter Pleischl, München
Vignetten: Ulf Marckwort, Kassel

Gewidmet meinen lieben Eltern

Umwelthinweis: Gedruckt auf chlorfrei gebleichtem Papier.

mentor Grundwissen Band 15

Der Text dieses Bandes entspricht der seit 1.8.2006 verbindlichen neuen Rechtschreibung.

Satz/Repro: Franzis print & media GmbH, München
Gesamtherstellung: Firmengruppe APPL, aprinta druck, Wemding
Printed in Germany
www.mentor.de

Chemische Bindungen

Chemie der Elemente

Säuren, Basen, Salze

Redoxsysteme

Luft und Wasser

Organische Chemie und Biochemie

Chemische Industrie

Anhang

Ein paar Worte zuvor

Warum dehnt sich Wasser beim Gefrieren aus? Warum erzeugt eine Batterie elektrische Spannung? Und warum fehlt in keinem Haushalt Kochsalz (Natriumchlorid), obwohl metallisches Natrium wie auch Chlorgas alles andere als genießbar sind?

Diese drei Fragen wurden hier einmal herausgepickt, weil sie so deutlich zeigen, dass wir es überall in unserem täglichen Leben mit der Chemie und ihren Reaktionen zu tun haben. Die Frage: „Wofür brauche ich denn den Chemieunterricht überhaupt?" kann hier sicherlich nicht für jeden von euch befriedigend beantwortet werden. Das vorliegende Buch möchte aber dennoch versuchen, euer Interesse an diesem so vielseitigen Fach zu wecken. Es soll euch als ein umfassendes Nachschlagewerk dienen, begleitend zu euren Lehrbüchern und zum Unterricht in der Schule.

Auf eine strenge Unterteilung des Inhaltes in die einzelnen Fachrichtungen der Chemie wurde bewusst verzichtet; die Kapitel gehen vielmehr fließend ineinander über. Die Themenschwerpunkte entsprechen den aktuellen Unterrichtsrahmenplänen der Klassenstufen 7–10, manches Mal wird der Stoff aber für die besonders Interessierten unter euch auch auf Abitur-Niveau vertieft. Um euch die Arbeit etwas zu erleichtern, sind die einzelnen Themen innerhalb eines Kapitels durch blaue Überschriften und Merksätze am Seitenrand hervorgehoben. So könnt ihr schnell erkennen, was im Augenblick für euch von Interesse ist und welche Gebiete ihr dagegen erst in späteren Schuljahren behandeln werdet.

Ich wünsche euch beim Lernen viel Freude und – vor allem: viel Erfolg!

Andreas von Usedom

Stoffe und ihre Eigenschaften

In diesem ersten Kapitel werden die Begriffe »Stoff« und »Gemisch« erklärt. Sämtliche Gegenstände des täglichen Lebens bestehen aus Stoffen – ob rein oder als Gemisch. Ihre physikalischen und chemischen Eigenschaften bestimmen hierbei über ihre Verwendung, z. B. als Farbstoff, Werkstoff, Arzneimittel oder Treibstoff. Der Trennung von Stoffgemischen kommt eine besondere Bedeutung zu, da für die meisten chemischen Reaktionen Reinstoffe als Ausgangssubstanzen benötigt werden.

1 Reine Stoffe und Gemische

1.1 Gegenstände bestehen aus Stoffen

Reinstoffe bestehen aus nur einer Art von Teilchen.

Als **Reinstoffe** werden Substanzen bezeichnet, die nur aus **genau einer Art von Teilchen bestehen** und sich nicht durch einfache physikalische Methoden in kleinere Einheiten zerlegen lassen. Sie sind **homogen** (einheitlich) aufgebaut und haben somit auch ein gleichmäßiges Erscheinungsbild. **Stoffgemische** hingegen können – je nach Zusammensetzung – ebenso ein homogenes wie aber auch ein **heterogenes** (uneinheitliches) Aussehen haben. Man unterscheidet folgende Arten von Gemischen:

Verschiedene Arten von Stoffgemischen

Homogene Stoffgemische
Feststoff + Feststoff = Legierung (Messing)
Feststoff + Flüssigkeit = Lösung (Kochsalzlösung)
Flüssigkeit + Flüssigkeit = Lösung (Speiseessig)
Gas + Gas = Gasgemisch (Luft)
Gas + Flüssigkeit = Lösung (kohlensäurehaltiges Getränk)

Heterogene Stoffgemische
Feststoff + Feststoff = Gemenge (Granitgestein)
Feststoff + Flüssigkeit = Suspension (Sand in Wasser)
Feststoff + Gas = Rauch
Flüssigkeit + Flüssigkeit = Emulsion (Milch)
Flüssigkeit + Gas = Nebel
Gas + Flüssigkeit = Schaum

In der Realität gibt es keine absolut »reinen« Stoffe, es handelt sich bei diesem Begriff vielmehr um eine Abstraktion. Jeder Reinstoff enthält Spuren anderer Substanzen als Verunreinigung; je nach Verwendungszweck wird der Reinheitsgrad eines Stoffes den unterschiedlichen Anforderungen angepasst.

1.2 Wahrnehmung von Stoffen

Mit Hilfe der Sinnesorgane können das Aussehen, die Verformbarkeit, der Geschmack, der Geruch und der Klang verschiedener Stoffe wahrgenommen werden.

Sehen, tasten, riechen, hören: So lassen sich Stoffe grob einordnen.

Metalle beispielsweise lassen sich durch ihre glänzende Oberfläche leicht von Nichtmetallen unterscheiden. Ebenso gehören Biegsamkeit und ein metallischer Klang zu ihren typischen Eigenschaften. Für **Essig** oder **Ammoniak** ist ein stechender Geruch charakteristisch. Und ein durchsichtiger, spröder Stoff wird leicht als **Glas** erkannt.

Die beobachteten **Stoffeigenschaften** hängen natürlich stark von **Umgebungsdruck** und **-temperatur** ab. Quecksilber beispielsweise ist bei Raumtemperatur flüssig und klingt somit selbstverständlich nicht. Auch ein Glöckchen aus Blei klingt erst bei sehr tiefen Temperaturen hell und metallen.

Stoffeigenschaften sind abhängig von Umgebungsfaktoren.

Vorsicht: Geruchs- und Geschmacksproben können Reizungen und Verätzungen der Schleimhäute oder gar Vergiftungen hervorrufen. Also bitte nur unter der Aufsicht eines Lehrers an chemischen Stoffen riechen oder schmecken!

2 Aggregatzustände, Dichte, Löslichkeit, Brennbarkeit und Leitfähigkeit

2.1 Aggregatzustände und Übergänge

Von Null auf 100: unterschiedliche Zustände des Wassers

Stoffe liegen – je nach Temperatur und Druck – in **verschiedenen Zustandsformen** vor. So erstarrt z. B. Wasser bei 0 °C und Normaldruck (1013 hPa; hPa = Hektopascal) zu Eis und geht bei 100 °C in Wasserdampf über. Solche Formen eines Stoffes – in diesem Beispiel **fest, flüssig** und **gasförmig** – nennt man **Aggregatzustände**.

Die Übergänge zwischen den einzelnen Aggregatzuständen

Durch Temperatur- und Druckveränderungen können Aggregatzustände ineinander überführt werden. Den Übergang vom festen in den flüssigen Zustand nennt man **Schmelzen**. Geht hingegen eine Flüssigkeit in den gasförmigen Zustand über, so spricht man von **Verdampfen**. Einige Stoffe, wie z. B. das Iod, wechseln direkt vom festen in den gasförmigen Zustand. Dieser Vorgang heißt **Sublimieren**. Finden die oben genannten Phasenübergänge in umgekehrter Richtung statt, so werden sie als **Erstarren, Kondensieren** und **Resublimieren** bezeichnet.

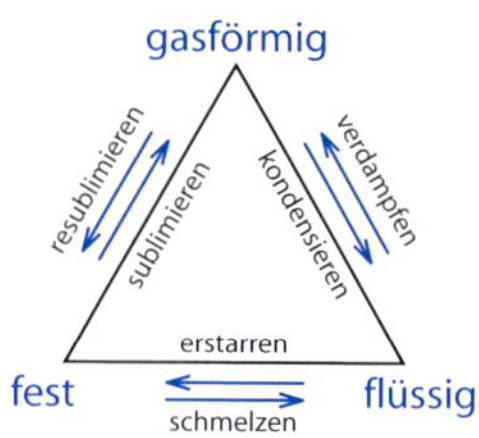

Verfolgt man den Temperaturverlauf an einer Substanz, während stetig Wärme zugeführt wird, so kann man jeweils bei den Zustandsübergängen eine Stufe beobachten, bei der die Temperatur bis zur vollständigen Phasenumwandlung konstant bleibt. Den hier erreichten Temperaturwert nennt man **Schmelz-** bzw. **Siedepunkt**. Die an den Plateaus »verbrauchte« Energie, die sich in keiner Temperaturerhöhung bemerkbar macht, nennt man **latente Wärme**. Sie wird indes benötigt, um zwischenmolekulare Kräfte zu überwinden.

2.2 Dichte

Vergleicht man die Massen unterschiedlicher Körper, die aber dasselbe Volumen haben, so lässt sich ein deutlicher Unterschied z. B. zwischen einem Holz- und einem Eisenwürfel feststellen: Der Holzwürfel wiegt – je nach Art und Trocknungsgrad – trotz gleicher Abmaße etwa nur ein Zwölftel der Masse des Eisenwürfels. Stoffe haben also unterschiedliche **Dichten**. Berechnet wird die Dichte aus dem Quotienten der Stoffmasse und des Volumens:

Berechnung der Dichte

$$Dichte = \frac{Masse}{Volumen} \qquad \rho = \frac{m}{V} \qquad \left[\frac{g}{cm^3}\right]$$

Dichtebestimmung eines festen Körpers. Hierzu wird seine Masse durch Wägung und sein Volumen durch geometrische Berechnung ermittelt. Da diese Art der Volumenerfassung bei unregelmäßig geformten Gegenständen nur schwer möglich ist, behilft man sich hier mit dem Prinzip der Flüssigkeitsverdrängung. Ein entsprechendes Verfahren wird bei der Dichtebestimmung mit einem **Pyknometer** angewandt.

So lassen sich Dichten von Körpern bestimmen.

Bei **flüssigen und gasförmigen Körpern** ist die Volumenbestimmung mit Hilfe eines Messzylinders bzw. Kolbenprobers leicht möglich.

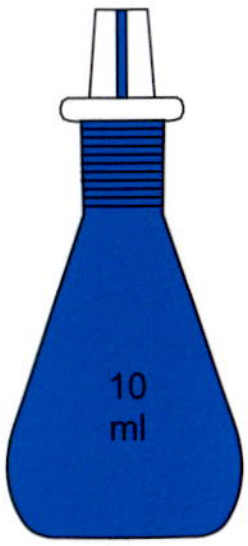

Pyknometer: Zur Dichtebestimmung eines unregelmäßig geformten Körpers wird dieser zunächst gewogen und dann in das zuvor vollständig mit Wasser gefüllte Pyknometer gegeben. Das durch den Körper verdrängte Wasser entweicht beim Aufsetzen des Stopfens durch dessen Kapillaröffnung. Durch Differenzwägung des Pyknometers vor und nach der Zugabe des Körpers (Körpermasse bekannt!) kann die Masse des verdrängten Wassers errechnet werden. Der ermittelte Wert wird nun über die Dichte des Wassers in ein Volumen umgerechnet. Dieser Volumenwert entspricht genau dem Volumen des Körpers; durch Division der Körpermasse erhält man die gesuchte Dichte.

Dichten sind abhängig von Temperatur und Druck.

Dichten sind – insbesondere bei Gasen – von der Umgebungstemperatur und vom herrschenden Druck abhängig. Die in der folgenden Tabelle angegebenen Werte in g/cm³ beziehen sich auf Raumtemperatur (20 °C) und Normaldruck.

Schaumstoffe	< 0,05
Holz	0,4 – 0,8
Aluminium	2,702
Eisen	7,87
Gold	19,32
Ethanol	0,791
Wasser	0,998
Quecksilber	13,546

Dichten ausgewählter Materialien

2.3 Löslichkeit

Beispiel: Gewinnung von Kochsalz

Insbesondere in den mediterranen Ländern wird Kochsalz in sogenannten Salinen gewonnen. Dies sind quadratkilometergroße Becken am Meeresufer, die mit dem stark salzhaltigen Wasser geflutet und anschließend von der Sonne wieder ausgetrocknet werden. Zurück bleiben kristalline Schollen von Kochsalz, die dann abgeerntet werden.

Das Meerwasser ist eine **Lösung** aus reinem Wasser und einer Vielzahl von Salzen, vornehmlich Kochsalz. Entzieht man dieser Lösung das **Lösungsmittel** – hier das Wasser –, so bleibt der **gelöste Stoff** – hier das Salz – zurück. Auch flüssige oder gasförmige Stoffe können sich in Wasser lösen, wie z. B. Alkohol oder Sauerstoff.

Stoffe lösen sich in unterschiedlichen Lösungsmitteln unterschiedlich gut.

Aber nicht jeder Stoff löst sich in jedem Lösungsmittel. Es wird hier zwischen polaren und unpolaren Lösungsmitteln und zu lösenden Stoffen unterschieden. **Polare Stoffe**, auch hydrophil oder lipophob (wasserfreundlich bzw. fettfeindlich) genannt, zeichnen sich durch große Ladungsdifferenzen innerhalb ihrer Moleküle aus. **Unpolare Stoffe** hingegen, auch hydrophob oder lipophil (wasserfeindlich bzw. fettfreundlich) genannt, verfügen nur über geringe Ladungsdifferenzen.

Als grobe Richtlinie gilt: Gleiches löst sich in Gleichem. D. h., ein polarer Stoff löst sich gut in einem polaren Lösungsmittel, und entsprechend löst sich ein unpolarer Stoff gut in einem unpolaren Lösungsmittel.

Rohrzucker, der in seiner chemischen Struktur viele polare Gruppen enthält, löst sich demzufolge hervorragend im polaren Lösungsmittel Wasser, nicht jedoch im unpolaren Benzin. Umgekehrt verhält es sich mit (dem überwiegend unpolaren) Fett, das sich ohne Seife oder Tenside kaum abwaschen, also in Wasser lösen lässt. Mit Reinigungsbenzin hingegen können sogar Fettflecken aus Kleidungsstücken entfernt werden.

Eine **Zwitterfunktion** nehmen Stoffe wie z. B. Alkanole (Alkohole) ein. Sie besitzen als Rumpf eine – je nach Alkohol unterschiedlich lange – unpolare Kohlenstoffkette und als Kopf eine polare Hydroxylgruppe (–OH). Sie fungieren oftmals als sogenannte Lösungsvermittler, da sie sowohl mit polaren wie aber auch mit unpolaren Lösungsmitteln mischbar sind.

Manche Stoffe lösen sich in polaren und unpolaren Lösungsmitteln.

Die **Löslichkeit** gibt an, wie viel Gramm eines Stoffes sich in 100 Gramm Lösungsmittel lösen. Eine Lösung gilt als **gesättigt**, wenn sich bei weiterer Zugabe des zu lösenden Stoffes ein Bodenkörper bildet.

Rohrzucker	203,9
Kochsalz	35,9
Soda	21,7
Gips	0,20
Sauerstoff	0,0043

Löslichkeiten einiger Stoffe in g/100 g Wasser bei 20 °C

Die Löslichkeit ist zumeist **von der Temperatur des Lösungsmittels abhängig**; mit steigender Temperatur nimmt die Löslichkeit von festen und flüssigen Stoffen im Allgemeinen zu, bei Gasen im Allgemeinen ab. Dies kann man gut an einer sich abkühlenden, gesättigten Alaunlösung (Kaliumaluminiumsulfat) beobachten. Da heißes Wasser mehr Alaun löst als kaltes, scheidet sich mit sinkender Temperatur auf dem Gefäßboden eine aus gleichmäßig geformten Quadern bestehende Alaunschicht ab. Diese sogenannten **Kristalle** wachsen, je weiter die Lösung abkühlt und je mehr Wasser aus der Lösung verdampft. Sie halten dabei ihre strenge geometrische Form ein. Über die Form und Art der Kristalle bestimmen der molekulare Aufbau der entsprechenden Substanz sowie äußere Einflüsse während der Kristallisation wie z. B. Druck und Temperatur.

Kristalle entstehen aus übersättigten Lösungen.

2.4 Brennbarkeit

Das Verhalten von Stoffen bei Wärmeeinwirkung

Wird ein Blatt Papier in die unmittelbare Nähe einer Flamme gehalten, so entzündet es sich spontan, verbrennt zu Asche und entwickelt dabei Rauch. Diese Eigenschaft, sich unter Einwirkung einer geeigneten Wärmequelle (z. B. Feuerzeug oder Bunsenbrenner) und Anwesenheit von Luftsauerstoff zu entzünden und chemisch umzuwandeln, nennt man **Brennbarkeit**. Obwohl dieser Vorgang als geradezu selbstverständlich erscheint, liegen ihm doch viele Reaktionsschritte zugrunde, die einander bedingen.

Tatsächlich funktionieren aufgrund dieser simplen Eigenschaft etliche Technologien, es sei hier nur an das mit fossilen Brennstoffen wie Kohle oder Erdöl betriebene Kraftwerk oder den Verbrennungsmotor erinnert. Ganz praktische Konsequenzen haben die Brennbarkeit und Entzündlichkeit von Stoffen für ihre Einstufung in sogenannte **Gefahrstoffe**. Hierzu zählen vor allem leicht entzündliche organische Lösungsmittel, die bei fahrlässigem Umgang verheerende Explosionen verursachen können.

Wärme beeinflusst die Eigenschaften von Stoffen.

Die **Veränderung der Stoffeigenschaften bei Einwirkung von Wärme** ist von Stoff zu Stoff höchst unterschiedlich. Unbrennbare Substanzen, wie z. B. Keramiken, können bis auf Rotglut erhitzt werden und kehren nach dem Abkühlen wieder unverändert in ihren Ausgangszustand zurück. Im Gegensatz hierzu »erinnert« sich ein behutsam erwärmter Kunststofftrinkbecher seiner ursprünglichen Form und sackt in eine flache Scheibe zusammen. Erhitzt man ihn weiter, so wird er unter Rauchentwicklung verbrennen; dabei können giftige Gase freigesetzt werden.

Ein anderes Beispiel ist die Karamellisierung von Zucker, allseits bekannt von der Herstellung von Sahnebonbons. Erhitzt man Rohrzucker vorsichtig über einer Bunsenbrennerflamme, so wird er zunächst flüssig. Anschließend färbt er sich leicht bräunlich, dann dunkelbraun, bis er schließlich zu einer zähen schwarzen Masse wird. Das in der Molekülstruktur gespeicherte Wasser wurde durch die zugeführte Wärmeenergie ausgetrieben, zurück bleibt das Kohlenstoffskelett.

2.5 Leitfähigkeit

Leitung von Wärme

Wärmeleitfähigkeit. Berührt man bei Raumtemperatur ein Metall mit den Händen, so fühlt es sich stets kühler an als z. B. ein vergleichbar großes Stück Holz. Dieser Umstand beruht auf der guten **Wärmeleitfähigkeit** λ des Metalls. Die Wärme, welche die Finger abgeben, wird durch die im Metallgitter **frei beweglichen Elektronen** rasch in das Stoffinnere transportiert. Diesen »Wärmeentzug« empfindet man in Form einer Abkühlung der Hautoberfläche.

Offensichtlich bestimmt also der Aufbau der Materie über deren Fähigkeit, Wärme zu transportieren. Stoffe, deren kleinste Teilchen einem festen Gefüge verhaftet sind – wie z. B. Salze oder aber auch das oben erwähnte Holz – vermögen es aufgrund ihrer inneren Trägheit weniger gut, Wärmeenergie abzuleiten. Dies macht man sich beispielsweise in der Bauwirtschaft zunutze: Schlechte Wärmeleiter wie Polystyrol setzt man als Dämmstoff ein; gute Wärmeleiter, wie Kupfer, benutzte man u.a. im Bergbau als Schutznetz für Grubenlampen, die mit offener Flamme betrieben wurden.

Die Wärmeleitfähigkeiten einiger bekannter Stoffe sind im Folgenden aufgelistet (in W/m · K, bei 20 °C):

Silber	427
Kupfer	399
Gold	314
Eisen	81
Ziegelmauerwerk	0,4 – 1,2
Porzellan	0,9
Wasser	0,6
Holz	0,19

Wärmeleitfähigkeiten bekannter Stoffe

Leitung von elektrischem Strom

Elektrische Leitfähigkeit. Eine andere wichtige Form der Leitfähigkeit ist die **elektrische Leitfähigkeit** κ. Sie gibt an, wie gut ein Stoff den elektrischen Strom leitet, und entspricht damit dem Kehrwert des spezifischen elektrischen Widerstandes. Die Größeneinheit lautet $(\Omega \cdot \mathrm{cm})^{-1}$. Wir unterscheiden nach der Art der Ladungsträger zwischen **Leitern 1. Ordnung** und **Leitern 2. Ordnung**.

Metalle sind Leiter 1. Ordnung.
Elektrolyte, d.h. Stoffe, die dissoziieren (zerfallen) können und so in Schmelzen und Lösungen den elektrischen Strom leiten, bezeichnet man als Leiter 2. Ordnung.

Elektrolyte werden während des Leitungsvorgangs zersetzt.

Während ein Metall den elektrischen Strom mithilfe seiner frei beweglichen Elektronen sehr effektiv und zerstörungsfrei zu transportieren vermag, wird ein Elektrolyt, dessen vergleichsweise schlechte Leitfähigkeit auf der Beweglichkeit seiner Ionen beruht, dabei zersetzt (Elektrolyse). Einen weiteren deutlichen Unterschied stellt jeweils die **Temperaturabhängigkeit der Leitfähigkeit** dar.

Während die Ionenbeweglichkeit bei höheren Temperaturen zunimmt und damit auch die Leitfähigkeit des Elektrolyten, hemmen im Metall die zunehmenden Gitterschwingungen die Beweglichkeit des Elektronengases und mindern so den Ladungstransport. Aus diesem Grund werden widerstandslose Leiter, sogenannte **Supraleiter**, in die Nähe des absoluten Temperaturnullpunktes (–273 °C) abgekühlt. Die Supraleiter stellen – genau genommen – jedoch eine ganz eigene Art von Leitern dar. Sie bestehen zumeist aus speziellen Keramiken, deren absolute Leitfähigkeit auf der gezielten Konstruktion einer elektronischen »Fehlstelle« in ihrem Kristallgefüge beruht. Eine genaue Erklärung der zugrunde liegenden Mechanismen würde jedoch den Rahmen dieses Buches sprengen.

Supraleiter leiten in der Nähe des absoluten Temperaturnullpunktes ohne Widerstand den Strom.

In der folgenden Tabelle sind die elektrischen Leitfähigkeiten einiger wichtiger Stoffklassen aufgeführt:

Metalle bei Raumtemperatur	$5 \cdot 10^3 - 5 \cdot 10^5$
Graphit	10^3
Elektrolyte	$10^{-2} - 10^1$
Halbleiter	$10^{-6} - 10^{-1}$
Glas	$10^{-16} - 10^{-13}$
Isolatoren	$< 10^{-14}$

Elektrische Leitfähigkeiten einiger wichtiger Stoffklassen in $(\Omega \cdot cm)^{-1}$

3 Trennverfahren

3.1 Sedimentation, Zentrifugation und Filtration

Die Trennung einer Suspension aus Wasser und Sand gelingt am einfachsten, indem man den Sand aufgrund seiner **höheren Dichte** und der wirkenden Schwerkraft sich absetzen lässt (**Sedimentieren**) und das überstehende Wasser

Suspensionen lassen sich auftrennen.

dann vorsichtig abgießt (**Dekantieren**). Auch Emulsionen wie z. B. Gemenge von Wasser und Öl lassen sich auf diese Weise, besser noch mit Hilfe eines Scheidetrichters, trennen.

Zentrifugation

Bei nur geringer Korngröße eines Feststoffes wie z. B. Lehm würde dieser Vorgang jedoch recht lange dauern. Hier benutzt man die **Zentrifugation**; die zu trennende Probe erfährt durch die hohe Rotationsgeschwindigkeit der Zentrifuge eine um Größenordnungen erhöhte Kraft, die den Trennvorgang erheblich beschleunigt.

Filtration

Eine weitere sehr effektive Methode zur Auftrennung von Suspensionen ist die **Filtration**. Hier wird als physikalische Eigenschaft nicht die unterschiedliche Dichte der gemischten Stoffe genutzt, sondern deren Partikelgröße.

Das Gemisch wird durch einen Trichter gegossen, der mit einem tütenförmigen Filterpapier geringer Porenweite ausgekleidet ist. Die Feststoffteilchen bleiben bei geeigneter Filterwahl im Papier haften, die Flüssigkeit dagegen kann als klares **Filtrat** durch den Trichter in ein Auffanggefäß gelangen.

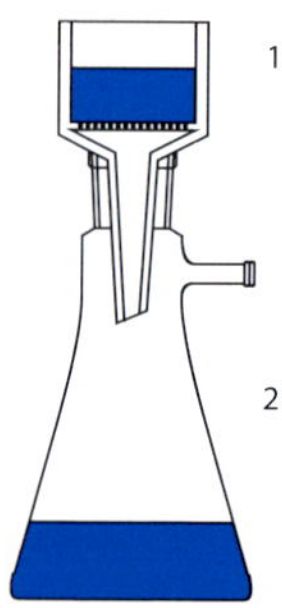

Vakuumfiltration.
1: Nutsche oder Büchner-Trichter mit Filterpapier,
2: Saugflasche mit Vakuumanschluss

Um auch dieses Trennverfahren zu beschleunigen, wird das Stoffgemisch bei der **Vakuumfiltration** vom Auffanggefäß her mit Hilfe einer geeigneten Pumpe durch Filter und Trichter (hier: Nutsche) gesaugt.

Großtechnisch wird die Filtration vor allem in der **Trinkwasser- und Abwasseraufbereitung** angewandt. Als Filter werden hier vornehmlich Kies- oder Sandbette genutzt, die sich zumeist durch rückwärtige Spülung regenerieren lassen.

Durch Sedimentation, Zentrifugation sowie Filtration können die Feststoffe einer Suspension von der Flüssigkeit abgetrennt werden.

3.2 Eindampfen und Destillation

Lösungen trennt man durch Eindampfen oder Destillation.

Die Lösung eines Feststoffes in einer Flüssigkeit (z. B. Kochsalzlösung) lässt sich mit den oben beschriebenen Verfahren nicht auftrennen. Dennoch können die Reinstoffe wiedergewonnen werden. Man macht sich hier die stark **unterschiedlichen Siedepunkte** der gemischten Stoffe zunutze (Wasser: 100 °C, Kochsalz: 1460 °C).

Die Kochsalzlösung wird in einem Gefäß so lange mit einem Bunsenbrenner erhitzt, bis das Wasser vollständig verdampft ist. Übrig bleibt eine Salzkruste, die der ehemals gelösten Menge an Salz entspricht. Diesen Vorgang nennt man **Eindampfen**.

Eine Weiterentwicklung des Eindampfens ist die **Destillation**. Hier wird auch das Lösungsmittel, in unserem Beispiel das Wasser, wiedergewonnen, indem der aufsteigende Dampf aufgefangen und rasch abgekühlt wird. Das entstehende Kondensat wird in einem Behälter (Vorlage) gesammelt.

Auch die Trennung zweier oder mehrerer Flüssigkeiten (fraktionierende Destillation), wie z. B. Ethanol (Trinkalkohol) und Wasser, lässt sich durch Destillation erreichen. Da hier jedoch die Siedepunkte im Vergleich zum vorhergehenden Versuch verhältnismäßig dicht beieinanderliegen (Ethanol: 78 °C), ist die Auftrennung nur unvollständig, die erhaltenen Produkte sind nicht rein.

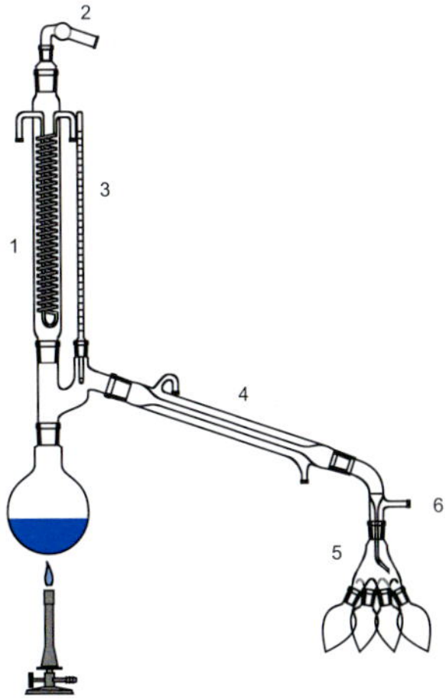

Destillationsapparatur.
1: Rückflusskühler, 2: Trockenrohr,
3: Thermometer, 4: Liebig-Kühler,
5: Spinne mit drehbarer Vorlage zum Auffangen mehrerer Fraktionen, 6: Vakuumanschluss.
Das Trockenrohr muss bei Vakuumdestillation durch einen Stopfen ersetzt werden.

Durch mehrfaches Destillieren kann das Ergebnis jedoch verbessert werden.

In der Industrie wird die Destillation beispielsweise bei der **Erdölraffination** angewandt. Hier wird das leicht flüchtige Benzin vom Heizöl abgetrennt und dieses wiederum von festen Rückständen wie dem Bitumen.

Destillation ist die Trennung eines Stoffgemisches durch Verdampfen und anschließendes Kondensieren.

3.3 Extraktion

Pflanzliche Wirkstoffe werden häufig durch Extraktion gewonnen.

Das Verfahren der **Extraktion** (wörtlich: *Herausziehen*) profitiert von der unterschiedlichen **Löslichkeit** einzelner Stoffe in einem Lösungsmittel. So werden beim Kaffeekochen die Farb- und Aromastoffe aus dem Kaffeepulver durch Brühen mit Wasser extrahiert (**Flüssig-fest-Extraktion**), während die unlöslichen Bestandteile im Filterpapier zurückbleiben. Bereits gelöste Stoffe hingegen können durch intensives Durchmischen der Lösung mit einem konkurrierenden Lösungsmittel in dieses überführt werden (**Flüssig-flüssig-Extraktion**).

Im größeren Maßstab wird dieses Trennverfahren zum Herauslösen von Wirkstoffen aus Pflanzen für die Produktion von **Arzneimitteln** angewendet.

3.4 Chromatografie

Mit der Chromatografie können auch kleinste Mengen von Stoffgemischen getrennt werden.

Die Methode der Chromatographie gewinnt vor allem in der Biochemie und Molekularbiologie immer mehr an Bedeutung. Selbst kleinste Probenmengen können hier schonend aufgeschlüsselt und charakterisiert werden. Die Auftrennung des zuvor in der **mobilen Phase** (bewegliche Phase, flüssig oder gasförmig) gelösten Gemisches erfolgt in Form einer Verteilung in der **stationären Phase** (ortsfeste Phase, fest oder flüssig).

Es wird in zwei Hauptgruppen unterschieden: Bei der **Adsorptionschromatografie** beruht die Trennung auf der unterschiedlich stark ausgeprägten **Adsorption** (Anhaftung) einzelner Stoffe an ein Trägermaterial wie Papier, Kieselgel oder Aluminiumoxid, das mit der mobilen Phase in Kontakt gebracht wird. Bei der **Verteilungschromatografie** entscheidet dagegen die bevorzugte **Löslichkeit** der Gemischkomponenten in zwei nicht miteinander mischbaren Phasen über den Weg der Trennung.

Adsorptions- und Verteilungschromatographie

Ein einprägsames Beispiel zur Veranschaulichung der Adsorptionschromatografie ist die Auftrennung der einzelnen Farbanteile eines schwarzen Filzstiftes mithilfe der **Papierchromatografie**. Ein auf Filterpapier gezeichneter Farbpunkt, behutsam mit einem Tropfen Wasser benetzt, wird in eine vielfältige Farbscheibe ausgedehnt. Das Wasser (mobile Phase) wird durch Kapillarkräfte gleichmäßig nach außen gesogen und zieht dabei die einzelnen Farbanteile je nach Grad der Anhaftung am Papier (stationäre Phase) unterschiedlich weit mit sich. Ergebnis: Die vermeintlich »reine« schwarze Farbe ist lediglich ein Farbgemisch.

Trägeroberflächen können für einen Trennvorgang auch gezielt präpariert werden (**Funktionalisierung**). Die aus einem Stoffgemisch abzutrennende Substanz »erkennt« die funktionalisierte Oberfläche und bindet dort, während die übrigen Stoffe ungehindert passieren. Die Zielsubstanz kann danach z. B. mit einem weiteren Lösungsmittel verdrängt werden. In der **Gelchromatografie** (Ausschlusstrennung) hingegen werden Stoffgemische nach ihrer Molekülgröße in der stationären Phase (feinporiges Gel) verteilt. Die beiden letztgenannten Methoden werden vor allem in der Biochemie und Molekularbiologie eingesetzt.

Chromatografische Methoden werden häufig in der Organischen Chemie, der Biochemie und der Molekularbiologie angewandt. Eiweiße (Proteine) lassen sich damit schonend voneinander trennen.

Chromatografische Trennvorgänge beruhen auf einer Verteilung zwischen mobiler und stationärer Phase. Man unterscheidet zwischen Adsorptions- und Verteilungschromatografie.

Auf einen Blick: Stoffe und ihre Eigenschaften

Reine Stoffe und Gemische

- Gegenstände bestehen aus Stoffen, die mit Hilfe unserer Sinnesorgane grob voneinander unterschieden werden können.
- **Reinstoffe** lassen sich nicht durch einfache physikalische Methoden in kleinere Einheiten zerlegen. Sie sind homogen aufgebaut.
- **Stoffgemische** liegen in homogener oder heterogener Form vor.

Aggregatzustände, Dichte, Löslichkeit, Brennbarkeit und Leitfähigkeit

- Die unterschiedlichen Eigenschaften verschiedener Stoffe bestimmen über deren Verwendung im täglichen Leben.
- Zur näheren Charakterisierung von Stoffen werden u. a. die physikalischen Eigenschaften Aggregatzustand, Dichte, Löslichkeit, Brennbarkeit, Wärmeleitfähigkeit und elektrische Leitfähigkeit herangezogen.
- Die verschiedenen Zustandsformen von Stoffen, wie fest, flüssig und gasförmig, nennt man **Aggregatzustände**.
- Die **Dichte** eines Stoffes berechnet man aus dem Quotienten der Stoffmasse und des Volumens.
- Die **Löslichkeit** gibt an, wie viel Gramm eines Stoffes sich in 100 Gramm Lösungsmittel lösen.
- Ein Stoff ist **brennbar**, wenn er sich unter Wärmeeinwirkung und Anwesenheit von Luftsauerstoff entzündet und chemisch umwandelt.
- **Wärmeleitfähigkeit**: Fähigkeit eines Stoffes, Wärme zu transportieren.
- Die **elektrische Leitfähigkeit** gibt an, wie gut ein Stoff den elektrischen Strom leitet.

Trennverfahren

- Stoffgemische lassen sich durch geeignete Verfahren in ihre Ausgangsstoffe auftrennen.
- Suspensionen kann man durch Dekantieren, Zentrifugieren oder Filtrieren trennen.
- Lösungen trennt man durch Eindampfen oder Destillation.
- Pflanzliche Wirkstoffe werden häufig durch Extraktion gewonnen.
- Mit der Chromatografie lassen sich z. B. Eiweiße schonend voneinander trennen und charakterisieren.

Aufbau der Materie

Stoffe bestehen aus kleinsten Teilchen. Bei den Elementen sind dies die Atome, bei den Verbindungen die Moleküle und Ionen. Die Unterschiede zwischen Elementen und Verbindungen sowie der Aufbau der Atome und Moleküle sind Thema dieses Kapitels. Einen besonderen Schwerpunkt bilden hierbei die einzelnen Modellvorstellungen, deren stete Fortentwicklung in ihren bedeutendsten Abschnitten vorgestellt wird.

1 Elemente und Verbindungen

Elemente und Verbindungen

Reinstoffe, die sich nicht durch chemische Reaktionen in andere Stoffe zerlegen lassen, werden **Elemente** genannt. **Verbindungen** hingegen setzen sich aus mindestens zwei Elementen zusammen und lassen sich durch chemische Reaktionen wieder in ihre Ausgangselemente überführen.

Am Beispiel des Kochsalzes (Natriumchlorid) wird deutlich, dass die **physikalischen und chemischen Eigenschaften** einer Verbindung sich gänzlich von denen ihrer Ausgangselemente unterscheiden können. Während sich Kochsalz friedlich in Wasser löst und als Speisesalz in keinem Haushalt fehlt, ist Natrium ein Metall, das heftig mit Wasser reagiert, und Chlor ein giftiges Gas.

Synthese und Analyse

Die chemische Reaktion zweier Elemente zu einer Verbindung wird **Synthese** genannt; die Rückreaktion, also die Aufspaltung in die Elemente, bezeichnet man als **Analyse**.

$$\text{Element} + \text{Element} \underset{\text{Analyse}}{\overset{\text{Synthese}}{\rightleftarrows}} \text{Verbindung}$$

Diese Definitionen werden heute jedoch großzügiger ausgelegt: Unter Synthese versteht man ebenso die **Herstellung einer komplexeren Verbindung** aus bereits bestehenden einfacheren Verbindungen; als Analyse wird auch das Ermitteln **der Zusammensetzung von Stoffen und Gemengen** bezeichnet. Man unterscheidet hier zwischen der **qualitativen** (*Art* der Bestandteile) und der **quantitativen** (*Anteil* der Bestandteile) **Analyse**. Eine Zerlegung des Stoffes in seine Elemente ist hier eher die Ausnahme.

Qualitative und quantitative Analyse

2 Atome, Elementarteilchen, Moleküle und Ionen

2.1 Stoffe bestehen aus kleinsten Teilchen

Flüssigkeiten erscheinen uns – selbst bei Betrachtung unter dem Mikroskop – als lückenloses Gefüge. Es wäre also zu erwarten, dass sich bei der Vermischung zweier Flüssigkeiten deren Volumina verlustfrei addieren.

Das Geheimnis der Volumenverringerung

Mischt man jedoch 50 ml Wasser mit 50 ml Ethanol (Trinkalkohol), so erhält man in der Summe lediglich 96 ml einer alkoholischen Lösung. Dieses Phänomen der **Volumenverringerung** lässt den Schluss zu, dass Flüssigkeiten aus kleinsten, kugelähnlichen Teilchen bestehen, die untereinander gleich groß sind, von Flüssigkeit zu Flüssigkeit jedoch eine unterschiedliche Größe einnehmen können. In unserem Beispiel erlaubt es dieser Größenunterschied, dass die kleineren Teilchen (die des Wassers) in den Zwischenräumen der größeren Teilchen (der des Alkohols) teilweise aufgenommen werden.

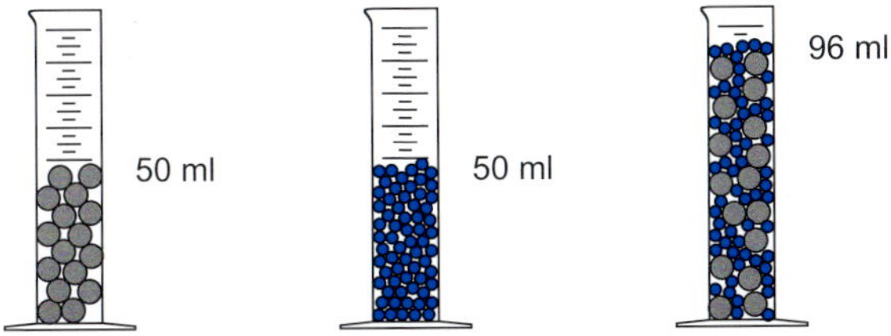

Kugelmodell zur Volumenverringerung. Die kleineren Kugeln werden zum Teil in den Zwischenräumen der größeren aufgenommen.

Modell der kleinsten Kugeln

Da nahezu jeder Stoff durch geeignete Wahl der Temperatur und des Druckes in eine Flüssigkeit überführt werden kann, ist zu erwarten, dass das beobachtete Phänomen für sämtliche Stoffe gilt. Die **Modellvorstellung der kleinsten Kugelteilchen** ist deshalb auf **alle Stoffe** übertragbar.

2.2 Atome und Elementarteilchen

Atome verdienen ihren Namen nicht.

Die kleinen Kugelteilchen, die lange Zeit als unteilbar galten, tragen dieser Annahme entsprechend den Namen **Atom** (griech. *unteilbar*). Heute ist bekannt, dass auch Atome aus noch kleineren Bausteinen bestehen, den **Elementarteilchen**.

Das Atom des leichtesten Elementes, des Wasserstoffs, ist am einfachsten aufgebaut. Es besteht aus einem positiv geladenen Kern, dem **Proton**, und einem negativ geladenen **Elektron**, das sich in der Atomhülle aufhält. Die Ladungen beider Teilchen sind vom Betrag her gleich groß und heben sich somit zu null auf. Es handelt sich jeweils um die kleinste positive bzw. negative Ladungsportion, die deshalb auch **Elementarladung** ($1{,}6022 \cdot 10^{-19}$ A · s) genannt wird.

Protonenzahl + Neutronenzahl = Massenzahl

Atome höherer Masse als der des Wasserstoffs tragen eine **größere Anzahl an Protonen und Elektronen**. Damit sich auch hier die positiven und negativen Ladungen ausgleichen, liegen diese beiden Elementarteilchen stets im Verhältnis 1:1 vor. Darüber hinaus besitzen die Atome sämtlicher Elemente, mit Ausnahme des Wasserstoffs, eine weitere Art von Elementarteilchen, die **Neutronen**. Sie sind, ebenso wie die Protonen, im Atomkern angeordnet und, wie ihr Name schon andeutet, neutral geladen. Bei den leichteren Elementen entspricht die Anzahl der Neutronen **(Neutronenzahl N)** ungefähr der Anzahl der vorhandenen Protonen **(Protonenzahl, Kernladungszahl oder Ordnungszahl Z)**. Nach der Ordnungszahl richtet sich die **Benennung des Atoms**, wie z. B. »Wasserstoff« (Z=1), »Kohlenstoff« (Z=6) oder »Blei« (Z=82). Die Summe aus N und Z wird als die **Massenzahl A** des Atoms bezeichnet.

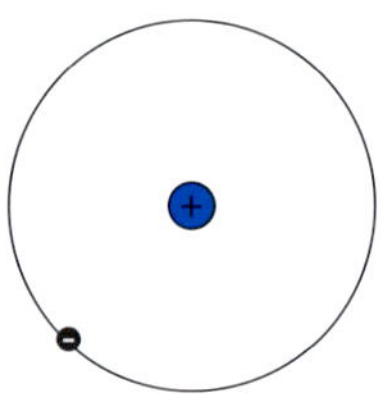

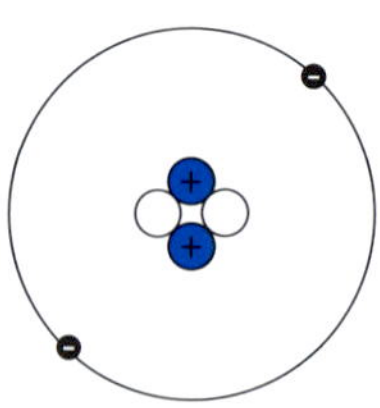

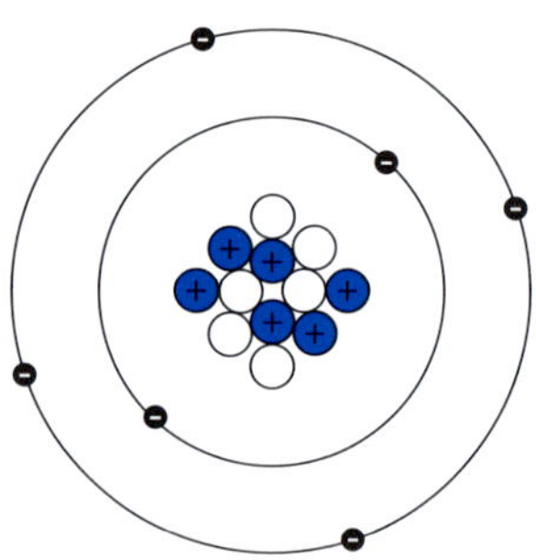

Das Wasserstoff-, Helium- und Kohlenstoffatom nach dem BOHRschen Atommodell

Die **Masse eines Atoms** variiert, je nach Element, zwischen 10^{-24} und 10^{-22} g, sein Durchmesser liegt zwischen 10^{-10} und $5 \cdot 10^{-10}$ m, das sind 100 – 500 pm (Pikometer). Da es recht umständlich wäre, mit diesen sehr kleinen Zahlen zu hantieren, wurde die **relative Atommasse** als Rechengröße eingeführt. Sie ist auf 1/12 der Masse eines Kohlenstoffatoms bezogen, das in seinem Kern sechs Protonen, sechs Neutronen und in seiner Hülle sechs Elektronen trägt (^{12}C). Diese Masse ist als **1 atomare Masseneinheit u** (vor allem in der Biochemie auch 1 Dalton = 1 Da) definiert.

1 u:
eine handliche Einheit

$$1\ \text{u} = 0{,}000000000000000000000001661\ \text{g} = 1{,}661 \cdot 10^{-24}\ \text{g}$$

In dieser Einheit können nun die Atommassen sämtlicher Elemente wiedergegeben werden, eine Auswahl ist in der folgenden Tabelle dargestellt.

Element	Symbol	Ordnungs-Zahl Z	Atommasse in u
Wasserstoff	H	1	1,008
Kohlenstoff	C	6	12,011
Stickstoff	N	7	14,007
Sauerstoff	O	8	15,999
Magnesium	Mg	12	24,305
Aluminium	Al	13	26,981
Schwefel	S	16	32,066
Eisen	Fe	26	55,845
Kupfer	Cu	29	63,546
Zink	Zn	30	65,392
Silber	Ag	47	107,868
Blei	Pb	82	207,21

Masse Proton = Masse Neutron > Masse Elektron

Während die **Masse eines Protons** ziemlich genau der eines **Neutrons** entspricht, beträgt die Masse eines **Elektrons** lediglich knapp 1/2000. In der folgenden Tabelle sind die wichtigsten Daten der drei Elementarteilchen zusammengefasst:

	Proton	Neutron	Elektron
Symbol	p^+	n	e^-
Masse in u	1,0073	1,0087	0,0005
Ladung in Elementarladungen	+1	0	−1

Atome sind aus Elementarteilchen (Protonen, Neutronen und Elektronen) aufgebaut.

Element: eine zweite Definition

Nach Einführung der Atomtheorie kann nun auch für den Begriff **Element** eine treffendere Definition gegeben werden:

Ein Element ist ein Stoff, dessen Atome dieselbe Kernladungszahl haben.

2.3 Moleküle und Ionen

Chemische Verbindungen sind aus Synthesen und damit aus Reaktionen mindestens zweier Elemente hervorgegangen. Sie bestehen also aus zwei oder mehr Atomsorten. Die kleinsten Teilchen innerhalb einer Verbindung sind **Moleküle** oder **Ionen** (elektrisch geladene Moleküle).

Moleküle sind Teilchen, die aus zwei oder mehreren gleichartigen oder ungleichartigen Atomen aufgebaut sind. Sie werden durch chemische Bindungen zusammengehalten.

Das **Wassermolekül H_2O** beispielsweise setzt sich aus zwei gleichartigen Atomen (Wasserstoff) sowie einem dazu ungleichartigen Atom (Sauerstoff) zusammen. Aber **auch Elemente** können **in molekularer Form** vorliegen, wie z. B. der Schwefel (S_8). Auch die **elementaren Gase** Wasserstoff (H_2), Stickstoff (N_2) und Sauerstoff (O_2), treten in molekularer Form auf.

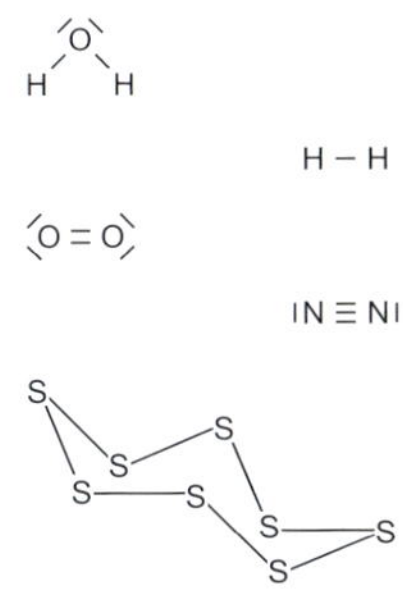

Salzartige Verbindungen wie das **Kochsalz** (Na^+Cl^-) oder das **Kupfersulfat** ($Cu^{2+}SO_4^{2-}$) liegen hingegen in ionischer Form vor, d.h. als Kristallstruktur geladener Teilchen.

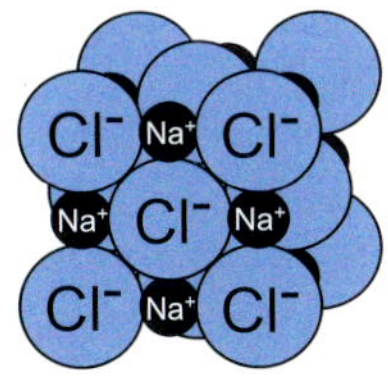

Elektrisch geladene Atome oder Moleküle bezeichnet man als Ionen (griech. *Wanderer*).

3 Modellvorstellungen des Atoms

3.1 Dalton – massive Kugeln

John Dalton (1766–1844) hielt Atome für massive unteilbare Kugeln, deren Masse unbestimmbar klein ist. Durch chemische Experimente stellte er jedoch **konstante Massenverhältnisse** zwischen den Atomen der einzelnen Elemente fest. Seinen Versuchen entnahm er weiter, dass das **Wasserstoffatom** im Vergleich zu den anderen beobachteten Atomen **das leichteste** ist. Als Vorläufer der heutigen atomaren Masseneinheit u definierte Dalton die Masse des Wasserstoffatoms als willkürliche Einheit einer **Skala relativer Atommassen**.

Daltons Vorstellung von den unteilbaren massiven Kugeln

Vor allem jedoch eröffnete DALTONS Kugelmodell neue Wege, eine Vielzahl grundlegender chemischer und physikalischer Eigenschaften der Materie zu deuten:

Wärme wird durch Teilchenschwingungen übertragen.

1. **Wärmeleitfähigkeit** und **Wärmekapazität** (das Vermögen, Wärme zu speichern) lassen sich durch **Teilchenschwingungen** erklären. Bei steigender Temperatur nimmt die Bewegung der erwärmten Teilchen zu, so dass auch die benachbarten durch Stoß zur Schwingung angeregt werden. Durch diese Kettenreaktion breitet sich Wärme beispielsweise in einem Metallstab, der nur an einem Ende erhitzt wurde, auch zum anderen Ende hin rasch aus. Gase hingegen, deren Teilchen weit voneinander entfernt sind und sich so nur schwer erreichen, leiten Wärme schlecht.

Der Teilchenverbund gibt den Aggregatzustand vor.

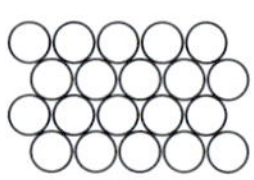

fest

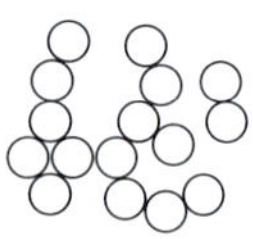

flüssig

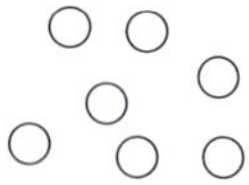

gasförmig

2. Die Anordnung der Teilchen in einem Stoff oder einem Gemisch bestimmt über dessen **Aggregatzustand**. Teilchen fester Stoffe liegen dicht gepackt und sind somit kaum verrückbar. Dementsprechend sind Feststoffe hart und nur unter Krafteinwirkung zu verformen. Flüssigkeiten bestehen aus einem gegeneinander verschiebbaren Teilchengefüge. Sie sind damit leicht verformbar, jedoch wegen des geringen Teilchenabstandes kaum kompressibel (zusammenzupressen). Ganz im Gegensatz hierzu gehen die Teilchen von Gasen aufgrund ihrer großen Entfernung nur geringe Wechselwirkungen miteinander ein. Gase sind demnach kompressibel und lassen sich bei hohem Druck und geeigneten Temperaturen verflüssigen.

Auch die **Übergänge** zwischen den Aggregatzuständen können mit dem Teilchenmodell erklärt werden: Schwingen die Teilchen durch Erwärmung stark genug, so können sie sich aus dem strengen Gitter eines Feststoffes lösen und in ein flüssiges Gefüge übergehen. Reicht die Bewegungsenergie noch weiter, so reißen sie sich auch aus diesem Verband los und verdampfen zu einem Gas.

Das Teilchenmodell erklärt Übergänge zwischen den Aggregatzuständen.

3. **Legierungen** sind **homogene Gemische**, die aus Schmelzen von mindestens zwei Metallen hervorgehen (z. B. Kupfer + Zink = Messing). Das erstarrte Produkt hat ein einheitliches Aussehen und die typischen Eigenschaften eines Metalls. Ganz offensichtlich werden die Teilchen der Ausgangsmetalle durch Erhitzen frei beweglich und vermischen sich dann im flüssigen Zustand gleichmäßig miteinander. Bei Erkalten verbleiben sie nun an ihrem fest zugewiesenen Platz und bilden das Gitter der neu entstandenen Legierung.

   Das Kugelmodell gilt selbstverständlich auch für homogene Gemische aus Flüssigkeiten, wie z. B. Alkohol und Wasser. Die hier beobachtete **Volumenverringerung** kann damit veranschaulicht werden.

4. **Chemische Reaktionen** laufen in definierten Proportionen ab, d. h. Elemente finden sich stets im Massenverhältnis kleiner ganzer Zahlen zu Verbindungen zusammen. Beispiel: PbO, Pb_3O_4, PbO_2. Diese Verbindungsverhältnisse wurden durch Wägungen der Ausgangsstoffe und der Produkte ermittelt. Sie ließen DALTON die chemische Reaktion als eine Umgruppierung der beteiligten Atome zu einem Gebilde bestimmter Anordnung (später Molekül genannt) definieren.

Definierte Verhältnisse bei der Bildung chemischer Verbindungen

5. Auch die **Diffusion** (selbstständige Vermischung) verschiedener Stoffe kann mit Hilfe des DALTONschen Modells interpretiert werden, wenn man wieder davon ausgeht, dass alle Teilchen einer ständigen, temperaturabhängigen Eigenbewegung unterliegen (auch **BROWNsche Molekularbewegung** genannt). So ist es möglich, dass sich beispielweise Parfumduft auch ohne Luftströmung rasch in einem Raum verbreitet oder ein Kristall sich ohne Rühren nach längerer Zeit in seinem Lösungsmittel homogen löst. Die bei steigender Temperatur zunehmenden »Zitterbewegungen« der Teilchen führen zu einer Durchmischung und Gleichverteilung der Stoffe im Raum.

Duft verbreitet sich »von selbst«.

Das DALTONsche Atommodell geht von massiven und unteilbaren kugelförmigen Teilchen aus. Viele physikalische und chemische Eigenschaften der Materie lassen sich anhand dieses Modells erklären.

3.2 THOMSON – »Rosinenkuchen«

Bereits im 17. Jahrhundert wurde die Reibungselektrizität an Bernstein entdeckt. Versuche von LUIGI GALVANI (1733) an Froschschenkeln, von BENJAMIN FRANKLIN (1747) mit »positiver und negativer Elektrizität« (Gewitter bzw. Elektrisierung der Haare), von ALESSANDRO VOLTA (1801) mit einem galvanischen Element (Batterie) und von HANS CHRISTIAN OERSTED (1819) über die Zusammenhänge von Elektrizität und Magnetismus folgten. Diese Versuche und MICHAEL FARADAYS (1833) quantitative Messungen am HOFFMANNschen Wasserzersetzungsapparat, mit dessen Hilfe Wasser durch Elektrizität in seine Bestandteile Wasserstoff und Sauerstoff zerlegt werden konnte, zeigten schließlich schnell die Grenzen des Atommodells nach DALTON auf: Es lieferte keine Erklärung für die beobachteten **elektrischen Phänomene**.

Das Atommodell nach DALTON kann die elektrischen Phänomene nicht erklären.

Nachdem bereits seit 1882 das erste Elektrizitätswerk in New York die Stadt mit Strom versorgte, entdeckte THOMAS A. EDISON (1847–1931) im Jahre 1883 den **Glühelektrischen Effekt**:

Ein Metallfaden, der zum Glühen gebracht wird, entlädt im Hochvakuum eine zuvor positiv geladene Metallplatte. Eine unter denselben Bedingungen aufgebrachte negative Ladung bleibt hingegen bestehen.

EDISON schloss daraus, dass der Glühfaden unsichtbare, **negativ geladene Teilchen** aussenden muss.

JOSEPH THOMSON (1856–1940) führte Untersuchungen an Gasentladungsröhren (»Leuchtstoffröhren«) durch. Er wies damit nach, dass sich Gasatome durch ein starkes elektrisches Feld in negativ (Elektron) und positiv (Proton) geladene Teilchen trennen lassen (Ionisation). Das Massenverhältnis Elektron zu Proton bestimmte er zu 1/1836. THOMSON erklärte den **elektrischen Strom** erstmals als Strom **negativ geladener Teilchen**, also der Elektronen.

Atome sind teilbar!

Das THOMSONsche Atommodell beschreibt die Elektronen eingebettet in eine positiv geladene, homogene Restmasse. Direkt auf der Oberfläche des Atoms sind diejenigen Elektronen angeordnet, die sich durch Ionisation am einfachsten abspalten lassen (**Valenzelektronen**). In tieferen Schichten befinden sich dagegen die fester gebundenen Elektronen. Man spricht deshalb auch vom **Erdbeer- oder** treffender vom **Rosinenkuchenmodell** THOMSONS.

Nach THOMSONS Modell sind die Elektronen in eine positiv geladene Restmasse eingebettet.

THOMSONS Modell ermöglicht Deutungen der Ionisierung (Abspaltung von Elektronen), der Reibungselektrizität, des Glühelektrischen Effektes, der Elektrolyse (elektrochemische Zersetzung), der elektrischen Leitfähigkeit und einfacher chemischer Bindungen.

3.3 Rutherford – Kern und masselose Hülle

Nach dem Glühelektrischen Effekt war es nun möglich, Elektronen durch Ionisation der Atome einer glühenden Drahtwendel zu erzeugen (Glühemission; lat. emittere = *aussenden*). Um jedoch die neue Strahlungsart effektiv für Experimente nutzen zu können, mussten die Elektronen stark beschleunigt und ihr Strahl zudem gebündelt werden. Philipp von Lenard (1862–1947) bediente sich der **Kathodenstrahlröhre** (benannt nach der Kathode = negativ geladene Elektrode) für seine Versuche zur **Durchdringbarkeit von dünnen Metallschichten.**

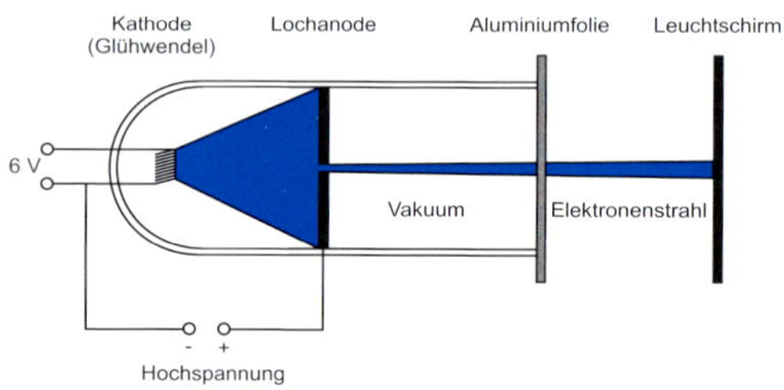

Kathodenstrahlröhre. Die durch die Glühwendel emittierten Elektronen werden durch ein starkes elektrisches Feld zur Anode (positive Elektrode) hin beschleunigt und dort zu einem Strahl gebündelt.

Massive Kugeln? Eine falsche Vorstellung von den Atomen!

Obwohl die von ihm bestrahlten Metallblättchen noch immer eine Stärke von vielen Atomlagen aufwiesen, erreichte der Elektronenstrahl nahezu ungehindert den dahinterliegenden Leuchtschirm. Lenard schloss daraus, dass Atome nicht, wie bisher angenommen, aus massiven Kugeln bestehen, sondern vielmehr zum größten Teil **raumleer** sein müssen.

Ernest Rutherford (1871–1937) griff diese Versuche auf und wiederholte sie an einer nur ca. 2000 Atomlagen starken **Goldfolie**. Als Strahlungsart nutzte Rutherford jedoch keine Elektronen, sondern die beim radioaktiven Zerfall entstehenden **α-Strahlen**, positiv geladene Teilchen, deren Masse gut 7000 mal größer ist als die der Elektronen. Angenommen, die positiv geladenen Atomrümpfe in der Goldfolie würden doch massiv sein, so sollten sie die großen und zudem noch gleich geladenen Strahlungsteilchen mühelos abhalten können.

Als Strahlungsquelle diente Radium, das in einer engen Bohrung innerhalb eines Bleiblockes gelagert war. RUTHERFORD erhielt dadurch einen fein gebündelten Strahl, den er auf die Goldfolie richtete. Er verwendete ein Mikroskop, um den Strahlenverlauf nach dem Passieren der Metallfolie zu verfolgen. Auf dem Lichteinlass des Mikroskops war ein Leuchtschirm befestigt. Auftreffende α-Teilchen lösten so einen Lichtblitz aus. Die Lage der abgelenkten Strahlen konnte durch Drehen des Mikroskops um die Apparatur ermittelt werden.

RUTHERFORDscher Streuversuch

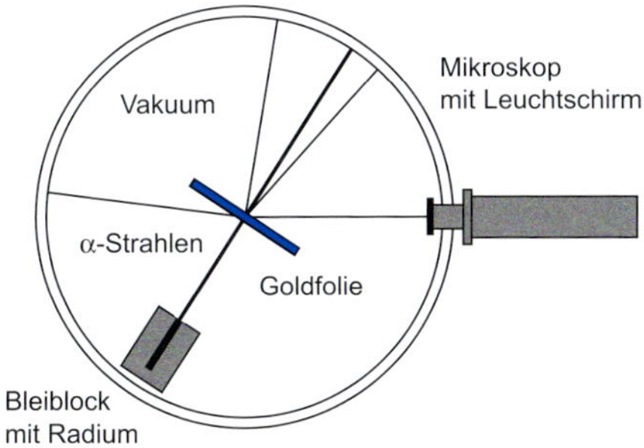

Der experimentelle Befund ergab, dass der größte Teil der α-Strahlen die Goldfolie ungehindert durchdringen konnte. **Nur wenige der positiv geladenen Teilchen wurden überhaupt abgelenkt**, und zwar nur dann, so schloss RUTHERFORD, wenn sie auf gleichfalls positiv geladene Teilchen stießen.

Atome sind nahezu »hohl«.

Auf der Grundlage dieser Annahme muss die **Masse des gesamten Atomrumpfes auf einen kleinen Atomkern konzentriert** sein, der sich in der Mitte des Atoms befindet. Sein Durchmesser – so die Berechnungen – beträgt nur ca. 1/100 000 des gesamten Atomdurchmessers.

Nach RUTHERFORDS Modell besteht das Atom aus einem positiven Kern, der nahezu die gesamte Masse umfasst. Die Elektronen bewegen sich in der raumleeren Atomhülle mit hoher Geschwindigkeit um den Kern.

3.4 Bohr – »Planetenbahnen«

Definierte Planetenbahnen als strahlungslose Energieniveaus

Niels Bohr (1885–1962), ein Schüler Rutherfords, entwickelte das Modell seines Lehrers weiter: Nach den klassischen Gesetzen der Physik müssten die um den Kern kreisenden Elektronen mit der Zeit ihre Energie in Form von Strahlung verlieren und folglich in den Kern stürzen. Bohr sagte voraus, dass die Elektronen sich demzufolge nur auf **definierten Kreis- und Ellipsenbahnen** (vereinfacht auch »Schalen« genannt) um den Kern bewegen dürften; diese Bahnen entsprächen jeweils einem stationären (gleichbleibenden) und strahlungslosen Energiezustand. **Übergänge zwischen diesen Zuständen** seien **nur sprunghaft unter Aufnahme oder Abgabe kleiner ganzer Energieportionen (Quanten)** in Form von elektromagnetischer Strahlung (Licht oder Röntgenstrahlung) möglich.

Energieaufnahme und -abgabe nur »häppchenweise«

Diese Vorhersagen begründeten sich auf experimentellen Beobachtungen. Nur so konnten beispielsweise die **Linienspektren** (Spektrum = Bild) angeregter Gase erklärt werden, die **nur Licht in einzelnen wenigen Farben** und eben kein sonnenähnliches Spektrum aller Farben ausstrahlen. Diese Linien, die Johann Jakob Balmer (1825–1898) als erster interpretierte, konnten nun den Elektronenübergängen zwischen den einzelnen Bahnen zugeordnet werden.

Besetzung der Schalen nach dem Periodensystem

Bei der Frage, wie viele Elektronen sich in welchem Energieniveau, in welcher Schale, aufhalten würden, orientierte sich Bohr an dem von Dmitrij J. Mendelejew und J. Lothar Meyer entwickelten **Periodensystem der Elemente**. Er ging davon aus, dass die Nummer der Periode der Anzahl der Atomschalen sowie die Nummer der Hauptgruppe der Anzahl der Außenelektronen (Elektronen auf der äußeren Schale) entsprechen. Damit ergibt sich für die innerste, die **K-Schale**, eine Anzahl von maximal zwei Elektronen (Helium-Konfiguration) und für die folgende, die **L-Schale**, maximal acht Elektronen (Neon-Konfiguration).

Aufgefüllt werden die Schalen von der innersten zur äußersten Schale, die Gesamtanzahl der Elektronen entspricht dabei der Ordnungszahl des jeweiligen Atoms. Kohlenstoff, Z=6, trägt demnach zwei Elektronen in der K- sowie vier Elektronen in der L-Schale.

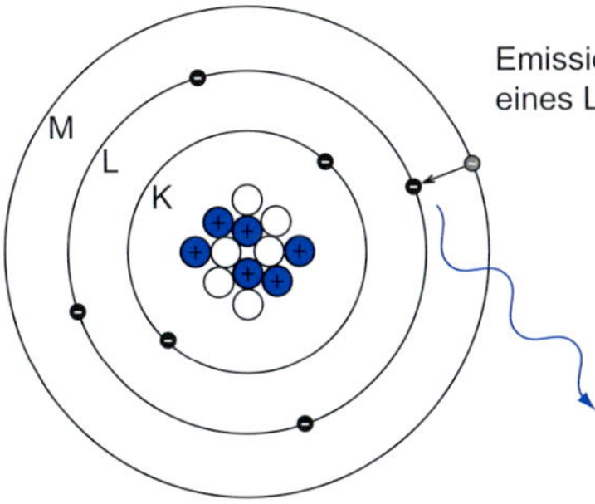

Das Kohlenstoffatom als schematische Darstellung des Bohrschen Atommodells.
Ein angeregtes Elektron, das zurück auf seinen Platz in der L-Schale fällt, sendet während des Überganges ein Lichtquant aus.

Bohr entwickelte ein »Planetenmodell«, bei dem sich die Elektronen nur auf genau definierten Kreis- und Ellipsenbahnen bewegen dürfen. Übergänge zwischen diesen Bahnen sind nur sprunghaft unter Aufnahme oder Abgabe eines Lichtquants möglich.

3.5 Heisenberg – Atomorbitale

Keine Bahnen, nur Wahrscheinlichkeiten: Atomorbitale

Heute ist bekannt, dass für die Bewegung der Elektronen **keine genauen Bahnen** angegeben werden können. Nicht einmal der genaue Aufenthaltsort eines Elektrons zu einer bestimmten Zeit ist vorhersehbar, dies bewies Werner Heisenberg (1901–1976) mit der nach ihm benannten Unschärferelation. Vielmehr wird von einer hohen **Aufenthaltswahrscheinlichkeit des Elektrons** in einem bestimmten Raum, dem **Atomorbital**, ausgegangen.

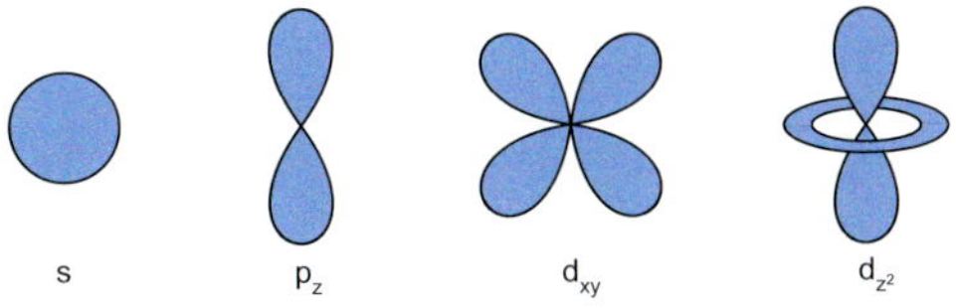

Atomorbitale.
Verglichen mit dem Bohrschen Atommodell sind s-Orbitale in sämtlichen Schalen, p-Orbitale ab der L-Schale und d-Orbitale ab der M-Schale vertreten.

Auf einen Blick: Aufbau der Materie

Elemente und Verbindungen

- **Reinstoffe**, die sich nicht durch chemische Reaktionen in andere Stoffe zerlegen lassen, werden Elemente genannt.
- **Verbindungen** setzen sich aus mindestens zwei Elementen zusammen und lassen sich durch chemische Reaktionen wieder in ihre Ausgangselemente überführen.

Atome, Elementarteilchen, Moleküle und Ionen

- Stoffe sind aus kleinsten Teilchen, den Atomen, aufgebaut.
- Atome bestehen aus den Elementarteilchen Protonen, Neutronen und Elektronen.
- Moleküle sind Teilchen zweier oder mehrerer gleichartiger oder ungleichartiger Atome, die durch chemische Bindungen zusammengehalten werden.
- Elektrisch geladene Atome oder Moleküle bezeichnet man als Ionen.

Modellvorstellungen des Atoms

- DALTON: Modell der massiven, unteilbaren Kugeln.
- THOMSON: Positiv geladene Kugeln mit eingebetteten Elektronen.
- RUTHERFORD: Ein Atom besteht aus einem positiv geladenen Kern und einer raumleeren Atomhülle, in der sich die Elektronen aufhalten.
- BOHR: Elektronen bewegen sich auf definierten Kreis- und Ellipsenbahnen.
- HEISENBERG: Aufenthaltswahrscheinlichkeit der Elektronen in Atomorbitalen.

50,94 V 23	52,00 Cr 24	54,94 Mn 25	55,85 Fe 26	58,93 Co 27	58,69 Ni 28	63,55 Cu 29	65,38 Zn 30	69,72 Ga 31	72,95 Ge 32
92,91 Nb 41	95,94 Mo 42	98,00 Tc 43	101,07 Ru 44	102,91 Rh 45	106,42 Pd 46	107,87 Ag 47	112,41 Cd 48	114,82 In 49	118,69 Sn 50
180,95 Ta 73	183,85 W 74	186,21 Re 75	190,20 Os 76	192,22 Ir 77	195,08 Pt 78	196,97 Au 79	200,59 Hg 80	204,38 Tl 81	207,20 Pb 82

Periodensystem der Elemente (PSE)

Bis Mitte des 19. Jahrhunderts waren bereits etwa 60 chemische Elemente entdeckt worden, sodass es sinnvoll erschien, sie in einer schematischen Übersicht zu ordnen. Die Bedeutung des Periodensystems der Elemente, die weit über die einer bloßen Tabellenübersicht hinausgeht, soll in diesem Kapitel erklärt werden. Die enge Verflechtung von Periodensystem, Atombau und Eigenschaften der Elemente wird dabei im Vordergrund stehen.

1 Aufbau und Periodizität

Die Eigenschaften der nach ihrer Kernladungszahl geordneten Elemente unterliegen einer fortlaufenden Wiederkehr, der Periodizität.

LOTHAR MEYER (1830–1895) und DIMITRI MENDELEJEW (1834–1907) entwickelten in den Jahren 1868/69 unabhängig voneinander ein System, das die bisher entdeckten Elemente nach ihrem Atomgewicht ordnet. Sie stellten dabei fest, dass sich die **physikalischen und chemischen Eigenschaften** der Elemente innerhalb dieser Reihe in gewissen konstanten Abständen ähneln. Dieser **Periodizität** (fortlaufende Wiederkehr) folgend, gliederten sie die Elemente in **Gruppen**.

Nachdem heute bekannt ist, dass die Elemente nicht durch ihre Atommasse, sondern durch die Protonenzahl (gleich der Kernladungszahl, später Ordnungszahl genannt) eindeutig definiert werden, lautet also das **Gesetz der Periodizität**:

Die nach ihrer Kernladungszahl geordneten Elemente weisen eine Periodizität ihrer Eigenschaften auf.

Zeilen = Perioden

Das Periodensystem ist tabellenförmig aufgebaut. Die sieben waagerechten **Zeilen** werden als **Perioden** bezeichnet, welche die folgende Anzahl von Elementen umfassen:

1. Periode (Vorperiode)	2 Elemente
2. Periode (1. kurze Periode)	8 Elemente
3. Periode (2. kurze Periode)	8 Elemente
4. Periode (1. lange Periode)	18 Elemente
5. Periode (2. lange Periode)	18 Elemente
6. Periode (3. lange Periode)	32 Elemente
7. Periode (4. lange Periode)	23 Elemente (bisher entdeckte)

Spalten = Gruppen

Die senkrechten **Spalten** des Periodensystems entsprechen den **Gruppen**, die mit römischen Ziffern benannt sind. Es wird zwischen Haupt- und Nebengruppen unterschieden.

Atommasse in u
Mittelwert der natürlichen Isotopenmischung

Elementsymbol

Ordnungszahl
= Kernladungszahl = Protonenzahl = Anzahl der Elektronen

1,01
H
1

Hauptgruppen | Nebengruppen | Hauptgruppen

Periode	I Alkalimetalle	II Erdalkalimetalle	III A	IV A	V A	VI A	VII A	VIII A	VIII A	VIII A	I A	II A	III Borgruppe	IV Kohlenstoffgruppe	V Stickstoffgruppe	VI Chalkogene	VII Halogene	VIII Edelgase	Schale
1	1,01 H 1																	4,00 He 2	K
2	6,94 Li 3	9,01 Be 4											10,81 B 5	12,01 C 6	14,01 N 7	16,00 O 8	19,00 F 9	20,18 Ne 10	L
3	22,99 Na 11	24,31 Mg 12											26,98 Al 13	28,09 Si 14	30,97 P 15	32,06 S 16	35,45 Cl 17	39,95 Ar 18	M
4	39,10 K 19	40,08 Ca 20	44,96 Sc 21	47,88 Ti 22	50,94 V 23	52,00 Cr 24	54,94 Mn 25	55,85 Fe 26	58,93 Co 27	58,69 Ni 28	63,55 Cu 29	65,38 Zn 30	69,72 Ga 31	72,95 Ge 32	74,92 As 33	78,96 Se 34	79,90 Br 35	83,80 Kr 36	N
5	85,47 Rb 37	87,62 Sr 38	88,91 Y 39	91,22 Zr 40	92,91 Nb 41	95,94 Mo 42	98,00 Tc 43	101,07 Ru 44	102,91 Rh 45	106,42 Pd 46	107,87 Ag 47	112,41 Cd 48	114,82 In 49	118,69 Sn 50	121,75 Sb 51	127,60 Te 52	126,90 I 53	131,29 Xe 54	O
6	132,91 Cs 55	137,33 Ba 56		178,49 Hf 72	180,95 Ta 73	183,85 W 74	186,21 Re 75	190,20 Os 76	192,22 Ir 77	195,08 Pt 78	196,97 Au 79	200,59 Hg 80	204,38 Tl 81	207,20 Pb 82	208,98 Bi 83	209,00 Po 84	210,00 At 85	222,00 Rn 86	P
7	223,00 Fr 87	226,03 Ra 88		261,11 Rf 104	262,11 Ha 105	263,12 Sg 106	264,12 Bh 107	265,13 Hs 108	266,14 Mt 109										Q

Lanthanoide	138,91 La 57	140,12 Ce 58	140,91 Pr 59	144,24 Nd 60	146,92 Pm 61	150,36 Sm 62	151,97 Eu 63	157,25 Gd 64	158,93 Tb 65	162,50 Dy 66	164,93 Ho 67	167,26 Er 68	168,93 Tm 69	173,04 Yb 70	174,97 Lu 71
Actinoide	227,03 Ac 89	232,04 Th 90	231,04 Pa 91	238,03 U 92	237,04 Np 93	244,06 Pu 94	243,06 Am 95	247,07 Cm 96	247,07 Bk 97	251,08 Cf 98	252,08 Es 99	257,10 Fm 100	258,10 Md 101	259,10 No 102	260,11 Lr 103

Periodensystem der Elemente

Die **acht Hauptgruppen** tragen in der Regel den Namen ihres in der zweiten Periode stehenden Elementes. Darüber hinaus gibt es für einige dieser Gruppen Trivialnamen (fachliche Umgangssprache), die vor allem für die I., II., VII. sowie VIII. Hauptgruppe fast ausschließlich verwendet werden:

Benennung der Hauptgruppen ...

I.	Hauptgruppe	Alkalimetalle	
II.	Hauptgruppe	Erdalkalimetalle	(Berylliumgruppe)
III.	Hauptgruppe	(Erdmetalle)	Borgruppe
IV.	Hauptgruppe		Kohlenstoffgruppe
V.	Hauptgruppe		Stickstoffgruppe
VI.	Hauptgruppe	(Chalkogene)	Sauerstoffgruppe
VII.	Hauptgruppe	Halogene	
VIII.	Hauptgruppe	Edelgase	

Die 4. und 5. Periode umfassen im Vergleich zur 2. und 3. Periode 18 anstatt acht Elemente. Diese zehn zusätzlichen Elemente bilden die **acht Nebengruppen**, die zugleich auch nach ihnen benannt sind:

... und der Nebengruppen

1. Nebengruppe (I A)	Kupfergruppe
2. Nebengruppe (II A)	Zinkgruppe
3. Nebengruppe (III A)	Skandiumgruppe
4. Nebengruppe (IV A)	Titangruppe
5. Nebengruppe (V A)	Vanadiumgruppe
6. Nebengruppe (VI A)	Chromgruppe
7. Nebengruppe (VII A)	Mangangruppe
8. Nebengruppe (VIII A)	Eisengruppe, Platinmetalle

Die 8. Nebengruppe vereint, wie aus dem Periodensystem ersichtlich, je Periode drei Elemente. Diese besondere Zuordnung beruht wiederum auf den eng verwandten Elementeigenschaften. Man unterteilt die 8. Nebengruppe weiter in die Eisengruppe (Fe, Co, Ni), die leichten Platinmetalle (Ru, Rh, Pd) und die schweren Platinmetalle (Os, Ir, Pt).

Untergruppen der Nebengruppen: Lanthanoide und Actinoide

In der 6. und 7. Periode erhöht sich die Anzahl der Elemente um weitere 14. Sie werden ihrer Ähnlichkeit zum Lanthan und Actinium wegen **Lanthanoide** bzw. **Actinoide** genannt.

Die einzelnen Felder im Periodensystem enthalten das Elementsymbol, die Atommasse des Elementes in u sowie die entsprechende Ordnungszahl. Sie ist gleich der Kernladungszahl, der Anzahl der Protonen sowie auch der Anzahl der Elektronen.

1,01	Atommasse in u Mittelwert der natürlichen Isotopenmischung
H	**Elementsymbol**
1	Ordnungszahl = Kernladungszahl = Protonenzahl = Anzahl der Elektronen

Für die weiteren Betrachtungen wird es sich häufig anbieten, eine **gekürzte** und damit übersichtlichere **Form** des Periodensystems zu verwenden. Sie enthält im Gegensatz zur Langform lediglich die Hauptgruppenelemente.

Hauptgruppen

Periode	Alkalimetalle I	Erdalkalimetalle II	Borgruppe III	Kohlenstoffgruppe IV	Stickstoffgruppe V	Chalkogene VI	Halogene VII	Edelgase VIII	Schale
1	1,01 H 1							4,00 He 2	K
2	6,94 Li 3	9,01 Be 4	10,81 B 5	12,01 C 6	14,01 N 7	16,00 O 8	19,00 F 9	20,18 Ne 10	L
3	22,99 Na 11	24,31 Mg 12	26,98 Al 13	28,09 Si 14	30,97 P 15	32,06 S 16	35,45 Cl 17	39,95 Ar 18	M
4	39,10 K 19	40,08 Ca 20	69,72 Ga 31	72,95 Ge 32	74,92 As 33	78,96 Se 34	79,90 Br 35	83,80 Kr 36	N
5	85,47 Rb 37	87,62 Sr 38	114,82 In 49	118,69 Sn 50	121,75 Sb 51	127,60 Te 52	126,90 I 53	131,29 Xe 54	O
6	132,91 Cs 55	137,33 Ba 56	204,38 Tl 81	207,20 Pb 82	208,98 Bi 83	209,00 Po 84	210,00 At 85	222,00 Rn 86	P
7	223,00 Fr 87	226,03 Ra 88							Q

2 PSE und Atombau

Wie Mendelejew vermutete und Bohr bestätigte, beschreibt das Periodensystem den Aufbau der Atome. Die Atome einer Periode besitzen dieselbe **Anzahl an Schalen**, sie entspricht der **Nummer der Periode**. Atome einer Hauptgruppe unterscheiden sich in der Anzahl ihrer Schalen, verfügen jedoch über gleich viele Elektronen auf ihrer äußeren Schale. Diese **Außenelektronen** oder **Valenzelektronen** sind für die charakteristischen Eigenschaften des Atoms von besonderer Bedeutung. Sie tragen zu chemischen Bindungen bei, wäh-

Valenzelektronen nehmen an Reaktionen teil.

rend die inneren Elektronen zusammen mit dem Kern den Atomrumpf bilden. Es genügt deshalb häufig, nur die Valenzelektronen eines Atoms zu betrachten. Die **Nummer der Hauptgruppe** entspricht der **Anzahl der Valenzelektronen** (Ausnahme: Helium).

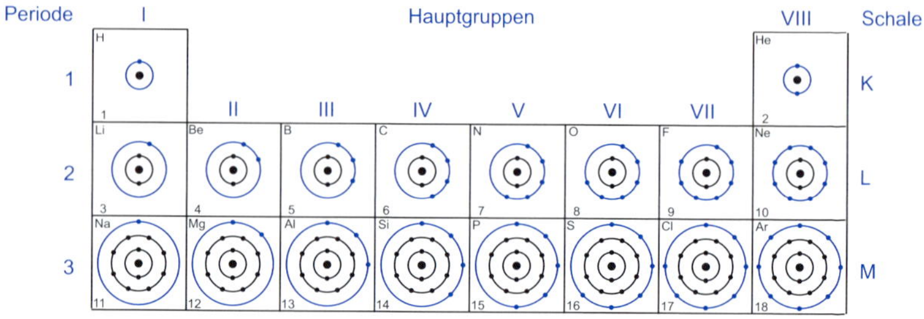

Schalenmodelle der ersten drei Perioden der Hauptgruppenelemente, Valenzelektronen sind blau dargestellt.

Nummer der Periode
= Anzahl der Elektronenschalen

Nummer der Hauptgruppe
= Anzahl der Valenzelektronen

Die **Besetzung der Schalen** mit Elektronen erfolgt in den ersten drei Perioden nach einem sehr einfachen Prinzip: In jeder Periode wird die entsprechende Schale (K, L und M) mit steigender Hauptgruppe um jeweils ein Elektron ergänzt. Die Atome der VIII. Hauptgruppe, der Edelgase, verfügen also – mit Ausnahme des Heliums – über eine mit acht Elektronen besetzte Außenschale. Dieser energetisch be-

Beliebtes Oktett

sonders günstige Zustand wird auch als Oktett bezeichnet. Das Streben der Atome, diese Konfiguration einzunehmen, nennt man **Oktettregel**.

Ab der 4. Periode (N-Schale, 1. lange Periode) entspricht die Anzahl der Außenelektronen wie gehabt der Nummer der Hauptgruppe. Wo jedoch verbleiben die Elektronen, die in den Nebengruppen hinzugekommen sind? Immerhin beträgt die Kernladungszahl des Calciums – und damit auch die Anzahl der Elektronen – 20 und die des Galliums dann 31. Diese zehn »überschüssigen« Elektronen werden in der vorhergehenden Schale, der M-Schale, untergebracht. Es handelt sich um freie Plätze, die erst jetzt, nachdem bereits Elektronen in der N-Schale sitzen, verfügbar geworden sind. Die M-Schale kann also mit insgesamt 18 Elektronen besetzt werden, jedoch nur in der beschriebenen Reihenfolge.

Besetzung der Schalen ab der 4. Periode.

Genauso verhält es sich mit der N-Schale; auch sie wird während der 5. Periode auf 18 Elektronen aufgefüllt. Damit jedoch nicht genug: Um die Elektronen der Lanthanoide unterzubringen, wird die Schale um weitere 14 Elektronen bereichert. Die N-Schale umfasst voll besetzt also 32 Elektronen. Ebenso verhält es sich mit der O-Schale, sie umfasst in der 5. Periode die Elektronen der Hauptgruppenelemente, in der 6. Periode zusätzlich die der Nebengruppenelemente und in der 7. Periode schließlich auch die der Actinoide.

Zusammenfassend lässt sich also sagen, dass nur die drei ersten Perioden in vollem Umfang den Schalen K, L und M entsprechen. In den folgenden Perioden werden Elektronen auch in tiefere Schalen eingebaut, da diese Plätze energetisch günstiger liegen. Daraus ergibt sich, dass Valenzelektronen zwar Außenelektronen im Sinne von hoher Reaktivität sind, jedoch nicht unbedingt auf der äußersten Schale liegen müssen. Dieser vermeintliche Widerspruch zeigt eine Grenze des BOHRschen Schalenmodells auf. Eine befriedigende Erklärung wird erst durch das Atomorbitalmodell gegeben.

Valenzelektronen müssen nicht auf der äußersten Schale liegen.

K-Schale	Schale, in der sich die Valenzelektronen des Atoms befinden
H	**Elementsymbol**

Periode	I Alkalimetalle	II Erdalkalimetalle	III A	IV A	V A	VI A	VII A	VIII A	VIII A	VIII A	I A	II A	III Borgruppe	IV Kohlenstoffgruppe	V Stickstoffgruppe	VI Chalkogene	VII Halogene	VIII Edelgase	Schale
1	K-Schale H																	K-Schale He	K
2	L-Schale Li	Be											L-Schale B	C	N	O	F	Ne	L
3	M-Schale Na	Mg											M-Schale Al	Si	P	S	Cl	Ar	M
4	N-Schale K	Ca	M-Schale Sc	Ti	V	Cr	Mn	Fe	Co	Ni	Cu	Zn	N-Schale Ga	Ge	As	Se	Br	Kr	N
5	O-Schale Rb	Sr	N-Schale Y	Zr	Nb	Mo	Tc	Ru	Rh	Pd	Ag	Cd	O-Schale In	Sn	Sb	Te	I	Xe	O
6	P-Schale Cs	Ba		O-Schale Hf	Ta	W	Re	Os	Ir	Pt	Au	Hg	P-Schale Tl	Pb	Bi	Po	At	Rn	P
7	Q-Schale Fr	Ra		P-Schale Rf	Ha	Sg	Bh	Hs	Mt										Q

Hauptgruppen – Nebengruppen – Hauptgruppen

Lanthanoide	N-Schale La	Ce	Pr	Nd	Pm	Sm	Eu	Gd	Tb	Dy	Ho	Er	Tm	Yb	O-Schale Lu
Actinoide	O-Schale Ac	Th	Pa	U	Np	Pu	Am	Cm	Bk	Cf	Es	Fm	Md	No	P-Schale Lr

Periodensystem der Elemente, Aufbau der Elektronenhülle

3 Isotope und Radioaktivität

3.1 Isotope der Elemente

Berechnung der Massenzahl

Die Massenzahl A eines Atoms errechnet sich aus der Summe von Protonenzahl Z und Neutronenzahl N. Für das Kohlenstoffatom ergibt sich somit:

6	Protonen (= Z)	≈	6 u
+ 6	Neutronen (= N)	≈	6 u
12	Nukleonen (= A)	≈	12 u

Als **Nukleonen** bezeichnet man allgemein die Kernbausteine.

Auf den ersten Blick scheint das Periodensystem die obige Rechnung zu bestätigen: Die Massenzahl A = 12 entspricht einer Atommasse von 12,01 u. Erinnert man sich jedoch an die Definition von 1 u, nämlich 1/12 der Atommasse des Kohlenstoffatoms ^{12}C (Massenzahl = 12), dann müsste der im Periodensystem wiedergegebene Wert exakt 12,00000 betragen.

Ein Element kann leicht oder schwer sein.

Noch deutlicher wird die vermeintliche Unstimmigkeit bei der Betrachtung der Elemente Chlor (35,45 u) oder Kupfer (63,55 u). Hier liegen die Werte fast genau mittig zwischen zwei ganzen Zahlenwerten. Die Ursache liegt darin, dass die meisten Elemente in der Natur mit variierenden Neutronenzahlen auftreten. So gibt es leichte und schwere **Kernarten (Nuklide)** ein und desselben Elementes.

Nuklide, welche dieselbe Kernladungszahl haben, bezeichnet man als Isotope. Sämtliche Isotope eines Elementes haben nahezu dieselben chemischen Eigenschaften.

Zur eindeutigen Definition der Nuklide wird dem Elementsymbol oben die Massenzahl und unten die Ordnungszahl als Index vorangestellt.

$^{35}_{17}Cl$

$^{37}_{17}Cl$

Chlor kommt auf der Erde zu 76 % als Isotop mit 18 Neutronen (A = 35) und zu 24 % als Isotop mit 20 Neutronen (A = 37) vor. Gemittelt ergibt dies eine Atommasse von 35,45 u.

Elemente, die in der Natur nur als ein einziges Isotop auftreten, nennt man Reinelemente. Elemente, die hingegen in Form verschiedener Isotope vorkommen, werden als Mischelemente bezeichnet.

Bis heute sind 20 Reinelemente bekannt; folgende Hauptgruppenelemente sind darunter:

Element	Ordnungszahl Z	Massenzahl A	Atommasse (in u)
Beryllium	4	9	9,01
Fluor	9	19	19,00
Natrium	11	23	22,99
Aluminium	13	27	26,98
Phosphor	15	31	30,97
Arsen	33	75	74,92
Iod	53	127	126,90
Cäsium	55	133	132,91
Bismut	83	209	209,98

Zur Tabelle: Auffällig ist, dass die Atommassen auch bei den Reinelementen nicht exakt den Massenzahlen entsprechen. Grund hierfür ist zum einen der ***Massendefekt****, der bei der Vereinigung der Nukleonen zu einem gemeinsamen Kern auftritt. Nach* $E = m \cdot c^2$ *wird bei der Entstehung ein Teil der Nukleonenmasse in* ***Bindungsenergie*** *umgewandelt und abgegeben. Diese Massendifferenz ist, da das Kohlenstoffatom als Ganzes und nicht seine Kernteilchen im Einzelnen als 12,00000 u definiert sind, bereits berücksichtigt. Jedoch ist die Bindungsenergie des Kerns von Element zu Element verschieden, demnach auch die jeweilige Massendifferenz. Es ergeben sich deshalb geringe Abweichungen zwischen den Massenzahlen und den experimentell bestimmten Atommassen. Zum anderen beträgt die Masse eines Neutrons etwas mehr als die eines Protons. Da zu schwereren Elementen hin das Verhältnis beider nicht mehr wie beim Kohlenstoff* ^{12}C *1:1 beträgt, führt auch dies zu einer Verschiebung.*

Nuklide werden ihrer Herkunft nach in natürliche und künstliche sowie ihren Eigenschaften nach in stabile und radioaktive Nuklide unterschieden. Der Großteil der natürlichen Nuklide ist stabil.

3.2 Radioaktive Nuklide

Die Kerne **radioaktiver Nuklide (Radionuklide)** zerfallen spontan und ohne äußere Einwirkung unter Aussendung einer Strahlung, die ANTOINE BECQUEREL (1852–1908) im Jahre 1896 an Versuchen mit Uranerzen beobachtete. Er fand heraus, dass diese Strahlung in Papier verpackte Filmplatten zu schwärzen vermag, von Metallen jedoch abgeschwächt wird. PIERRE (1859 – 1906) und MARIE CURIE (1867–1934) entdeckten bald darauf das stark strahlende Radium und reicherten es für ihre Experimente aus großen Mengen von Uranerzen an. Sie prägten den Begriff der **Radioaktivität**.

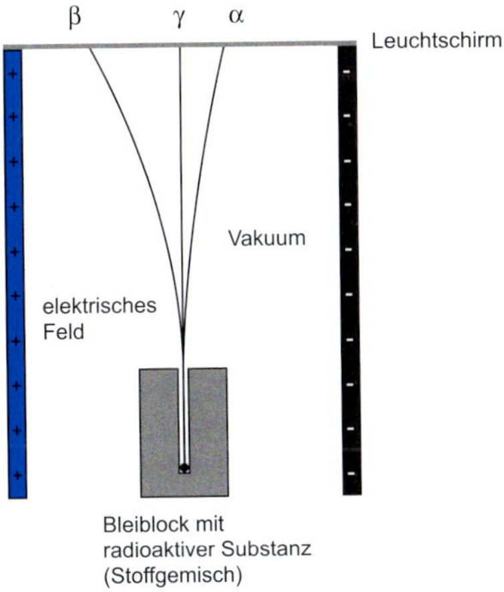

Versuchsanordnung zur Untersuchung radioaktiver Strahlung

> Die Eigenschaft von Elementen, spontan und ohne äußere Einflüsse dauerhaft Strahlung auszusenden, bezeichnet man als Radioaktivität.

Weitere Untersuchungen der radioaktiven Strahlung ergaben, dass sie sich nicht einheitlich, sondern aus drei Komponenten (α-, β- und γ-Strahlen), zusammensetzt:

α-Strahlen: $^{4}_{2}He^{2+}$

α-Strahlen sind Helium-Kerne der Masse 4 u, d. h. mit zwei Protonen und zwei Neutronen. Sie sind zweifach positiv geladen und lassen sich somit im elektrischen Feld zur negativ geladenen Elektrode (Kathode) hin ablenken. Ihre Reichweite beträgt nur wenige Zentimeter, ein Blatt Papier genügt zur Abschirmung.

β-Strahlen: e^-

Bei den **β-Strahlen** handelt es sich um Elektronen, die im elektrischen Feld ihrer geringeren Masse wegen noch stärker als die α-Strahlen, jedoch zur positiv geladenen Elektrode (Anode) hin, abgelenkt werden. β-Strahlen können bereits dünnes Metall oder Holz durchdringen. Zur Verdeutlichung: β-Strahlen sind Produkte eines Kernzerfalls und stammen nicht aus der Elektronenhülle des Atoms.

γ-Strahlung besteht nicht aus Teilchen.

Die dritte radioaktive Strahlungsart, die **γ-Strahlung**, besteht nicht aus Teilchen, sondern ist eine reine Energiestrahlung, die sich im elektrischen Feld nicht ablenken lässt. Sie ähnelt in ihrem Durchdringungsvermögen der Röntgenstrahlung, ist jedoch noch energiereicher. Für die effektive Abschirmung sind starke Metallplatten erforderlich, vornehmlich aus Blei.

Der Zerfall folgt festen Regeln.

Kernzerfall. Der Kernzerfall, die Ursache für radioaktive Strahlung, hat zur Folge, dass sich das radioaktive Element durch den Verlust eines α- oder β-Teilchens in ein **anderes Element** umwandelt. Das ^{238}U beispielsweise zerfällt unter Abstrahlung eines α-Teilchens zu ^{234}Th, das dann selbst wiederum unter Abspaltung eines Elektrons zu ^{234}Pa übergeht. Auch dieses Nuklid ist nicht stabil und setzt die Uran-**Zerfallsreihe** fort, die letztlich beim stabilen ^{206}Pb endet.

Das Uranatom verliert mit dem α-Teilchen zwei Protonen und zwei Neutronen. Folglich wird die Massenzahl um 4 (2 u + 2 u) vermindert, die Ordnungszahl um 2 erniedrigt. Das Element mit der Ordnungszahl 90 heißt Thorium (Th).

$$^{238}_{92}U \rightarrow \,^{234}_{90}Th + \,^{4}_{2}He^{2+}$$

Ein Neutron im Kern des Thoriumatoms zerfällt zu einem Proton, das im Kern verbleibt, und einem Elektron, das abgestrahlt wird. Damit bleibt die Massenzahl konstant, und das neu entstandene Proton erhöht die Ordnungszahl um 1. Das Element mit der Ordnungszahl 91 heißt Protactinium (Pa).

$$^{234}_{90}Th \rightarrow \,^{234}_{91}Pa + e^{-}$$

Der Zerfall verschiedener Nuklide verläuft unterschiedlich rasch. Es treten **Halbwertszeiten** von Sekundenbruchteilen bis Milliarden von Jahren auf.

Die Halbwertszeit gibt den Zeitraum an, in dem die Hälfte der Teilchen eines Ausgangsnuklids zerfallen ist.

Wie macht man radioaktive Strahlung sicht- und messbar?

Nachweismethoden für radioaktive Strahlung. Für den Nachweis verwendet man u. a. die Nebelkammer und das Geiger-Müller-Zählrohr. Das Funktionsprinzip beruht auf der ionisierenden Wirkung von α- und β-Strahlung an Gasen, die in der Nebelkammer sichtbar gemacht und im Zählrohr als elektrischer Impuls registriert wird. Die nicht-ionisierende γ-Strahlung kann ebenfalls mit dem Zählrohr, jedoch nur indirekt erfasst werden.

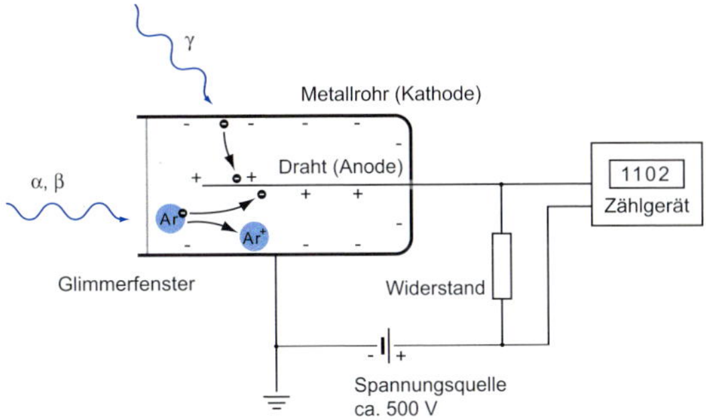

Prinzip des Geiger-Müller-Zählrohres. α- und β-Strahlen gelangen durch das dünne Glimmerfenster in das Innere des Metallrohres. Dort ionisieren sie Atome des Edelgases Argon (Druck im Rohrinnern ca. 100 hPa). Die positiv geladenen Atomrümpfe gelangen so zur Rohrhülle (Kathode), die herausgeschlagenen Elektronen zum Draht (Anode). Die daraus resultierende elektrische Neutralisierung von Anode und Kathode wird von einem elektronischen Zählgerät als Impuls registriert. Nicht-ionisierende γ-Strahlung wird indirekt erfasst: Trifft die Energiestrahlung auf das Metallrohr, so löst sie Elektronen aus den Hüllen der Metallatome heraus. Diese werden dann ebenfalls durch das elektrische Feld zur Anode hin beschleunigt und bewirken so einen Zählimpuls.

4 Stellung im PSE und Eigenschaften der Elemente

4.1 Die Wertigkeit der Elemente

Die Nummer der entsprechenden Hauptgruppe stimmt wie gesagt mit der Anzahl der Valenzelektronen eines Atoms überein. Diese Definition besagt jedoch noch nicht, in welchen Zahlenverhältnissen sich Atome mit anderen zu einer Verbindung zusammenfinden. Wie viele Atome A kann Atom B binden? Die **Wertigkeit** eines Elementes gibt darüber Auskunft.

Die Wertigkeit eines Elementes gibt an, wie viele Wasserstoffatome ein Atom dieses Elementes zu binden oder zu ersetzen vermag.

Im Wassermolekül (H_2O) beispielsweise bindet das Sauerstoffatom zwei Wasserstoffatome und ist somit zweiwertig. Kohlenstoff bindet im Methan (CH_4) vier Wasserstoffatome und ist folglich vierwertig. Dies lässt sich auch aus der Verbindung Kohlenstoffdioxid (CO_2) ableiten, da der Kohlenstoff zwei Atome zweiwertigen Sauerstoff binden kann.

Wasserstoff ist immer einwertig, Sauerstoff ist immer zweiwertig.

Wertigkeiten variieren zumeist in Zweierschritten.

Die **Wertigkeiten** verschiedener Elemente können von Verbindung zu Verbindung **variieren**. So ist der Schwefel im Schwefelwasserstoff (H_2S) zweiwertig, im Schwefeldioxid (SO_2) vierwertig und im Schwefeltrioxid (SO_3) ist er sechswertig.

Die Nummer der Hauptgruppe entspricht der höchstmöglichen Wertigkeit eines Elementes.

Während die Hauptgruppenelemente **gegenüber Sauerstoff** in der Regel ihre **höchstmögliche Wertigkeit** erreichen, so ist dies beim **Wasserstoff** lediglich bis zur **IV. Hauptgruppe** der Fall. Die Edelgase wurden früher, da sie als völlig reaktionsträge galten, als nullwertig eingestuft. Heute sind jedoch beispielsweise von Xenon zahlreiche Verbindungen bekannt, in denen es in einer zwei-, vier-, sechs- und achtwertigen Form auftritt.

Hauptgruppe	I	II	III	IV	V	VI	VII	VIII
max. Wertigkeit gegenüber Sauerstoff	1 Na_2O	2 MgO	3 Al_2O_3	4 SiO_2	5 P_2O_5	6 SO_3	7 Cl_2O_7	–
max. Wertigkeit gegenüber Wasserstoff	1 NaH	2 MgH_2	3 AlH_3	4 SiH_4	3 H_3P	2 H_2S	1 HCl	–

Wertigkeiten einiger Hauptgruppenelemente gegenüber Sauerstoff und Wasserstoff

4.2 Metalle und Nichtmetalle

Eine mittig verlaufende Diagonale unterteilt das verkürzte Periodensystem in den Bereich der **Metalle** und den der **Nichtmetalle**. Der Metallcharakter der einzelnen Elemente nimmt hierbei von oben nach unten und von rechts nach links zu, während sich, genau umgekehrt, die typischen Eigenschaften eines Nichtmetalls von unten nach oben und von links nach rechts verstärken. Ausnahmen bilden der Wasserstoff und die Edelgase, die eine gewisse Sonderstellung einnehmen. Sämtliche Nebengruppenelemente sind Metalle.

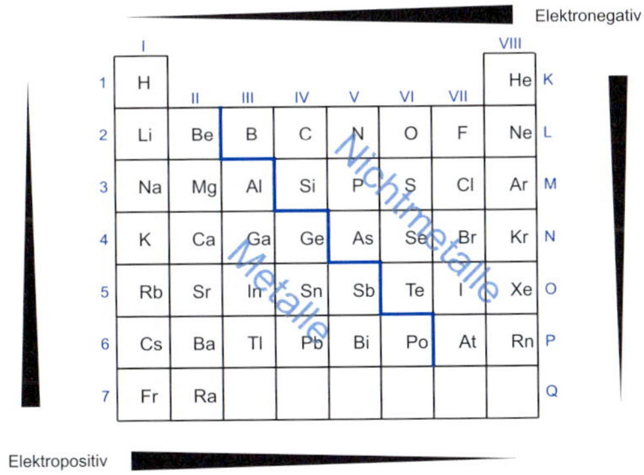

Metalle. Als wichtigste Eigenschaft gilt ihre elektrische Leitfähigkeit, die auf der Verfügbarkeit und Beweglichkeit von Elektronen beruht. Sind die Elektronen besonders leicht vom Atomrumpf zu lösen und neigt das Element somit dazu, bevorzugt positive Ionen zu bilden, so spricht man von einem **elektropositiven Element**. Es erreicht durch die Abgabe seiner Valenzelektronen die stabile Edelgaskonfiguration der nächstniedrigeren Schale (Oktettregel). Die **Elektronenaffinität** (die Neigung eines Atoms, ein weiteres Elektron zu binden) ist hier demnach **gering**.

Metall = elektropositiv = geringe Elektronenaffinität

Nichtmetalle. Hingegen ist beispielsweise das Fluor ganz besonders bestrebt, die nächsthöhere Edelgaskonfiguration (Neon) zu erreichen, also negative Ionen zu bilden. Es ist das **elektronegativste Element** und besitzt folgerichtig die **höchste Elektronenaffinität**.

Nichtmetall = elektronegativ = hohe Elektronenaffinität

> Die Differenz der Elektronegativitäten zweier an einer chemischen Bindung beteiligter Elemente gibt einen ersten Anhalt, ob es sich um eine unpolare oder polare Atombindung oder um eine Ionenbindung handelt.

Auf einen Blick: Periodensystem der Elemente (PSE)

Aufbau und Periodizität

- Die nach ihrer Kernladungszahl geordneten Elemente weisen eine Periodizität ihrer Eigenschaften auf.
- Das Periodensystem ist tabellenförmig aufgebaut. Die waagerechten Zeilen werden als Perioden, die senkrechten Spalten als Gruppen bezeichnet.

PSE und Atombau

- Die Nummer der Periode entspricht der Anzahl der Elektronenschalen. Die Nummer der Hauptgruppe entspricht der Anzahl der Valenzelektronen.
- Die Besetzung der Schalen mit Elektronen erfolgt in den ersten drei Perioden nur auf der jeweiligen Außenschale. Ab der vierten Periode werden auch Elektronen in tiefer liegenden Schalen untergebracht.
- Valenzelektronen müssen nicht auf der äußersten Schale liegen.

Isotope und Radioaktivität

- Nuklide (Kernarten), welche dieselbe Kernladungszahl haben, bezeichnet man als Isotope. Elemente, die in der Natur nur als ein einziges Isotop auftreten, nennt man Reinelemente.
- Die Eigenschaft von Elementen, spontan und ohne äußere Einflüsse dauerhaft Strahlung auszusenden, bezeichnet man als Radioaktivität. Die Ursache dafür ist der Kernzerfall.
- Radioaktive Strahlung setzt sich aus drei Komponenten zusammen: α-, β- und γ-Strahlen.
- Die Halbwertszeit gibt den Zeitraum an, in dem die Hälfte der Teilchen eines Ausgangsnuklids zerfallen ist.

Stellung im PSE und Eigenschaften der Elemente

- Die Wertigkeit eines Elementes gibt an, wie viele Wasserstoffatome ein Atom dieses Elementes zu binden oder zu ersetzen vermag.
- Die Nummer der Hauptgruppe eines Elementes entspricht seiner höchstmöglichen Wertigkeit.
- Der Metallcharakter der einzelnen Elemente nimmt im PSE von oben nach unten und von rechts nach links zu.

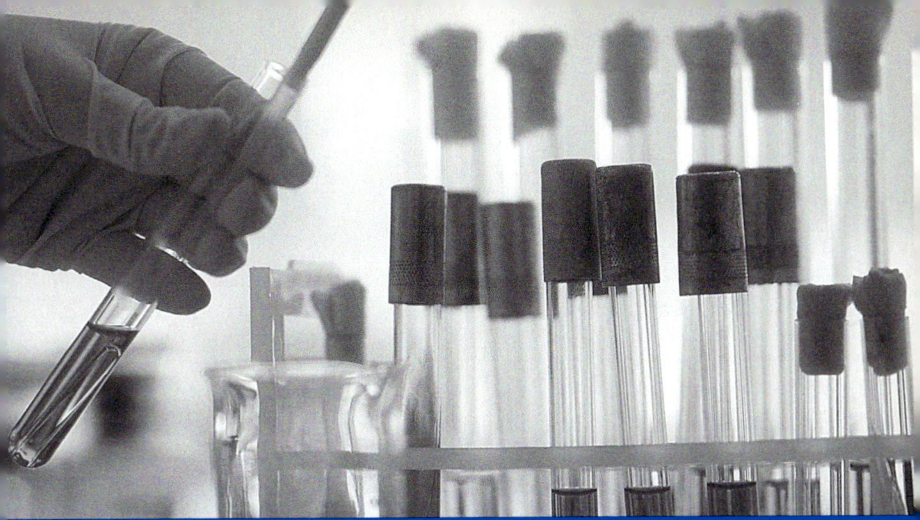

Chemische Reaktionen

Viele der Vorgänge, die man im täglichen Leben beobachten kann, beruhen auf chemischen Reaktionen. Teils werden chemische Reaktionen gezielt genutzt, wie z. B. zur Energieerzeugung durch Verbrennung oder Kernspaltung. Teils laufen sie »von Natur aus« und ohne weiteres Zutun ab, wie beispielsweise die Oxidation von Metallen an der Luft. Sie wird bei Kupferdächern als schön und ansprechend, bei Stahlkarosserien hingegen als störend empfunden. Eines jedoch ist allen chemischen Reaktionen gemein: Es entstehen neue Stoffe mit neuen Eigenschaften.

1 Definitionen, Symbole, Formeln und Gleichungen

1.1 Definitionen

Chemische Reaktion

Im Gegensatz zu **physikalischen Vorgängen**, wie dem Verformen, Mischen, Trennen oder Verändern des Aggregatzustandes eines Stoffes, reagieren bei einer **chemischen Reaktion** ein oder mehrere Ausgangsstoffe (Edukte) zu einem oder mehreren Reaktionsprodukten:

Edukt(e) → Produkt(e)

Läuft eine Reaktion vollständig ab, so werden die Edukte gänzlich verbraucht und zu **neuen Stoffen** umgesetzt. Sie unterscheiden sich in ihren Eigenschaften teils deutlich, teils weniger deutlich von ihren Ausgangssubstanzen.

> Vorgänge, bei denen neue Stoffe mit neuen Eigenschaften entstehen, werden als chemische Reaktionen bezeichnet.

Kernreaktion

Einen Sonderfall bilden die **Kernreaktionen**. Hier entstehen durch den Zerfall von Atomkernen **neue Elemente**.

Chemische Reaktionen erkennt man an physikalischen Vorgängen.

Der **Verlauf chemischer Reaktionen** kann zumeist nur an physikalischen Vorgängen beobachtet werden, die begleitend auftreten. So wird bei einer Verbrennungsreaktion Energie in Form von Wärme frei, bei der Bildung von Wasser aus den gasförmigen Elementen Wasserstoff und Sauerstoff ändert sich der Aggregatzustand, und bei einer Säure-Base-Reaktion schlägt ein Indikator am Neutralisationspunkt in eine andere Farbe um.

1.2 Symbole und Formeln

Elementsymbole

Symbole. Nachdem bereits LAVOISIER und später auch DALTON Symbole für die Kennzeichnung verschiedener Atomarten eingeführt hatten, schlug JAKOB VON BERZELIUS (1779–1848) im Jahre 1813 eine **international gültige und einheitliche Benennung** vor:

Jedem Element wird als Symbol ein Kürzel zugeordnet, das sich aus einem bis zwei lateinischen Buchstaben zusammensetzt. Der erste Buchstabe, in Großschrift, entspricht dem Anfangsbuchstaben des jeweiligen Elementnamens. Falls zur weiteren Unterscheidung erforderlich, wird ein weiterer Buchstabe des Namens – nicht immer jedoch der zweite – in Kleinschrift angehängt. Viele Elementsymbole entstammen der **griechischen** oder **lateinischen Bezeichnung** des Elementes. Einige Beispiele sind im Folgenden aufgeführt:

Na
(Natrium)

K
(Kalium)

Cl
(Chlor)

Wasserstoff	Hydrogenium	H
Kohlenstoff	Carboneum	C
Stickstoff	Nitrogenium	N
Sauerstoff	Oxygenium	O
Eisen	Ferrum	Fe
Silber	Argentum	Ag
Gold	Aurum	Au
Blei	Plumbum	Pb

Elementsymbole setzen sich aus der ein- oder zweibuchstabigen Abkürzung des jeweiligen Elementnamens zusammen.

Formeln

Formeln. Während ein Atom durch ein Elementsymbol dargestellt wird, beschreibt eine Formel die **Zusammensetzung einer Verbindung**. Sie gibt an, welche Atomsorten daran beteiligt sind und in welchem Zahlenverhältnis sie zueinander stehen.

H_2O
Summenformel

Der **Summenformel** des Wassermoleküls ist beispielsweise zu entnehmen, dass Wasserstoff (H) und Sauerstoff (O) an der Verbindung beteiligt sind. Die tief gestellte Ziffer (Index) hinter dem Wasserstoffsymbol gibt an, wie viele Wasserstoffatome dem Wassermolekül angehören, demnach also zwei. Sauerstoff, das keinen Index trägt, ist mit nur einem Atom vertreten. Der Einfachheit halber wird der Index 1, den das Sauerstoffsymbol theoretisch tragen müsste, jedoch weggelassen.

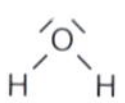
Strukturformel

Die **Strukturformel** verdeutlicht die Aussagen der Summenformel und beschreibt zudem noch die genaue Anordnung der Atome. Sie wird deshalb besonders in der Organischen Chemie zur Darstellung komplexer Moleküle verwendet. Die Summenformel indes gibt keine Auskunft über den Aufbau einer Verbindung.

Eine chemische Formel beschreibt die Zusammensetzung einer Verbindung, indem sie die beteiligten Atome und deren Zahlenverhältnis zueinander angibt.

Benennung binärer Verbindungen

Bei der Benennung (**Nomenklatur**) einer anorganischen Verbindung wird die Anzahl der jeweiligen Atome durch Voranstellen des entsprechenden griechischen Zahlwortes angegeben. Die Bezeichnungen **binärer Verbindungen** (nur zwei Atomsorten sind beteiligt) enden auf **-id**, das elektropositivere Element wird dabei zuerst genannt.

1 =	mono	6 =	hexa
2 =	di	7 =	hepta
3 =	tri	8 =	octa
4 =	tetra	9 =	nona
5 =	penta	10 =	deka

Für CO ergibt sich so Kohlenstoff**mono**oxid, für Fe_2O_3 **Di**eisen**tri**oxid, für P_4O_{10} **Tetra**phosphor**deka**oxid usw.

Gerade bei einfachen Verbindungen ist es jedoch üblich, auf Zahlenangaben zu verzichten, wenn die Wertigkeiten der beteiligten Elemente nur eine einzige Zusammensetzung der Verbindung zulassen. Es ist beispielsweise unnötig, von Dialuminiumtrioxid (Al_2O_3) zu sprechen, da Aluminium stets dreiwertig und Sauerstoff stets zweiwertig ist. Stellt man die Wertigkeiten schematisch dar, wird offensichtlich, dass nur eine Kombination aus zwei Aluminium- und drei Sauerstoffatomen beiden Verbindungspartnern gerecht wird. Als eindeutige Bezeichnung genügt also »Aluminiumoxid«.

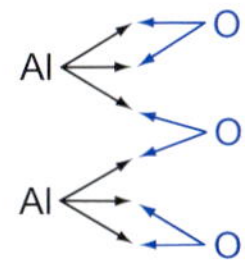

Schematische Darstellung der Wertigkeiten im Aluminiumoxid

Alternative Nomenklatur: Die Wertigkeit macht's möglich.

Bei Verbindungen aus Elementen, die in verschiedenen Wertigkeitsstufen auftreten, wird häufig ebenfalls auf die ausführliche Nomenklatur verzichtet. Zur Unterscheidung der möglichen Verbindungen fügt man dann dem Elementnamen einfach dessen aktuelle Wertigkeit in Form einer römischen Ziffer hinzu. Eisen(II)oxid (FeO) kann also nicht mit Eisen(III)oxid (Fe_2O_3) verwechselt werden.

Mathematisch lässt sich die korrekte **Zusammensetzung chemischer Formeln** finden, indem man das **kleinste gemeinsame Vielfache der Wertigkeiten** der beteiligten Elemente bildet. Am Beispiel des Aluminiumoxids wäre dies die Zahl 6. Teilt man nun diese Zahl durch die Wertigkeit eines der Verbindungspartner, so erhält man dadurch dessen Formelindex. Für das Aluminium wäre es also wie gehabt die 2 (6 : 3 = 2) und für den Sauerstoff die 3 (6 : 2 = 3).

1.3 Gleichungen

Chemische Gleichungen

Chemische Reaktionen werden durch **Gleichungen** wiedergegeben. Auf der linken Seite werden die Ausgangsstoffe (Edukte) geführt, auf der rechten die Reaktionsprodukte. Beide Seiten sind durch einen Pfeil verbunden, der die Richtung der Reaktionsabfolge angibt.

$$\text{Edukt(e)} \longrightarrow \text{Produkt(e)}$$

Einige Reaktionen sind typische **Gleichgewichtsreaktionen** und verlaufen somit auch zurück in Richtung der Edukte. Diese Art der Reaktionen wird durch einen Doppelpfeil besonders kenntlich gemacht.

$$N_2 + 3\,H_2 \rightleftharpoons 2\,NH_3$$

Chemische Gleichungen funktionieren wie mathematische Gleichungen.

Chemische Gleichungen geben jedoch nicht nur den Reaktionsverlauf an, sie sind zugleich **mathematische Gleichungen**. Der Reaktionspfeil entspricht dabei einem Gleichheitszeichen, während die **Koeffizienten** (Vorzahlen), die vor dem Wasserstoff- und dem Ammoniakmolekül stehen, wie in mathematischen Beziehungen als Multiplikatoren funktionieren. Die Gleichung lautet ausführlich geschrieben also:

$$N_2 + H_2 + H_2 + H_2 \rightleftharpoons NH_3 + NH_3$$

Und in Worten:
Ein Molekül Stickstoff reagiert mit drei Molekülen Wasserstoff zu zwei Molekülen Ammoniak.

Bei chemischen Gleichungen ist die Anzahl der Atome der einzelnen Elemente entscheidend.

Auf den ersten Blick scheint es sich hier um eine Ungleichung zu handeln, da vier Moleküle auf der linken Seite zu zwei Molekülen auf der rechten Seite reagieren. Es kommt jedoch nicht auf die Anzahl der Moleküle, sondern auf die **Anzahl der Atome** eines jeden Elementes an, die **auf beiden Seiten der Gleichung übereinstimmen** muss. In welchen Strukturen und Verbindungen sich diese dann zusammenfinden, ist für die Erfüllung der Gleichung ohne Bedeutung.

In der betrachteten Reaktionsgleichung befinden sich auf Seiten der Edukte wie auf Seiten der Produkte jeweils zwei Stickstoff- und sechs Wasserstoffatome. Sie ist damit **stöchiometrisch** (mengenmäßig) **ausgeglichen**.

Edukte		Produkte	
N_2	2 Atome Stickstoff	NH_3	1 Atom Stickstoff
H_2	2 Atome Wasserstoff		3 Atome Wasserstoff
H_2	2 Atome Wasserstoff	NH_3	1 Atom Stickstoff
H_2	2 Atome Wasserstoff		3 Atome Wasserstoff

Formelindizes beziehen sich auf das Atom, hinter dessen Elementsymbol sie stehen. Sie beschreiben die Zusammensetzung einer Verbindung.

Koeffizienten beziehen sich auf die gesamte Formel, vor der sie stehen. Sie geben an, wie viele dieser Verbindungen an einer Reaktion teilhaben.

In einer chemischen Gleichung muss die Summe der Atome eines jeden Elementes auf beiden Seiten gleich sein.

Aufstellen von Reaktionsgleichungen

Für die **Aufstellung** einer chemischen Gleichung geht man nach einem bestimmten Schema vor, wie hier am Beispiel der Eisenoxidation erklärt:

1. Die **Summenformeln der Edukte** werden auf die **linke Seite** der Gleichung, die **Summenformeln der** zu erwartenden **Produkte** auf die **rechte Seite** der Gleichung geschrieben. In die Mitte setzt man den Reaktionspfeil, bei Gleichgewichtsreaktionen einen Doppelpfeil:

$$Fe + O_2 \rightarrow Fe_2O_3$$

2. Die **Anzahl der Atome je Element** wird nun für die Edukte und Produkte bestimmt:

Fe:	*links 1*	*rechts 2*
O:	*links 2*	*rechts 3*

Die Gleichung wird zunächst für eine Atomsorte erfüllt.

Durch **Einsetzen von Koeffizienten** wird die Bilanz **bei zunächst einer Atomsorte** (z. B. O) ausgeglichen. Das kleinste gemeinsame Vielfache von 2 Sauerstoffatomen auf der linken und 3 Sauerstoffatomen auf der rechten Seite lautet 6. Die Gleichung ist für Sauerstoff also erfüllt, wenn die entsprechenden Verbindungen links mit 3 und rechts mit 2 multipliziert werden:

$$Fe + 3\,O_2 \rightarrow 2\,Fe_2O_3$$

Fe:	*links 1*	*rechts 4*
O:	*links 6*	*rechts 6*

Erfüllen der Gleichung für die zweite Atomsorte

3. Nun wird auch für das **zweite Element** (Fe) ein Koeffizient gewählt. Das Eisenatom auf der linken Seite muss mit 4 multipliziert werden, um somit auf beiden Seiten der Gleichung 4 Eisenatome stehen zu haben:

$$4\,Fe + 3\,O_2 \rightarrow 2\,Fe_2O_3$$

Fe:	*links 4*	*rechts 4*
O:	*links 6*	*rechts 6*

4. Die Gleichung ist nun **stöchiometrisch erfüllt**.

2 Massengesetze

Die Massengesetze gelten in geschlossenen Systemen.

Wird ein Stück Holz verbrannt, verliert es dabei stetig an Masse und wird schließlich zu Asche. Dagegen nimmt die Masse von Eisenwolle während ihrer Verbrennung zu. Der scheinbare Massenschwund bzw. Massengewinn ist jedoch ein Trugschluss: In beiden Fällen handelt es sich um ein offenes System, Luftsauerstoff wird zugeführt und Verbrennungsgase können entweichen. Zur **Beurteilung des Massenverhältnisses** vor und nach einer chemischen Reaktion ist es also erforderlich, ein **geschlossenes System** zu betrachten.

Eine Einweg-Blitzlichtlampe bietet für die Verbrennung ihres inliegenden Metalldrahtes ein solches System. Durch die geschlossene Glaswandung können weder Stoffe eindringen noch entweichen. Die Wägung beweist, die Masse bleibt auch nach Zünden der Lampe konstant.

Das **Gesetz von der Erhaltung der Masse** wurde im Jahre 1785 von ANTOINE LAVOISIER (1743–1794) in die Chemie eingeführt.

Bei jeder chemischen Reaktion bleibt die Gesamtmasse der Stoffe unverändert.

JOSEPH-LOUIS PROUST (1754–1826) entdeckte Anfang des 19. Jahrhunderts, dass sich Elemente stets in gleichbleibenden Massenverhältnissen verbinden. Dieses **Gesetz der konstanten Massenverhältnisse** oder konstanten Proportionen kann beispielweise durch das Abwiegen vor und nach einer Reaktion von Kupferblech mit Schwefelpulver nachvollzogen werden. Es ergibt sich hier ein konstantes Massenverhältnis von *m*(Kupfer) : *m*(Schwefel) von 4:1.

Auch Versuche zur Knallgasreaktion (Wasserstoff-Sauerstoff-Gemisch) liefern dasselbe Ergebnis. Wasserstoff und Sauerstoff verbinden sich in einem festen Volumenverhältnis von 2:1, was einem Massenverhältnis von *m*(Wasserstoff) : *m*(Sauerstoff) = 1:8 entspricht.

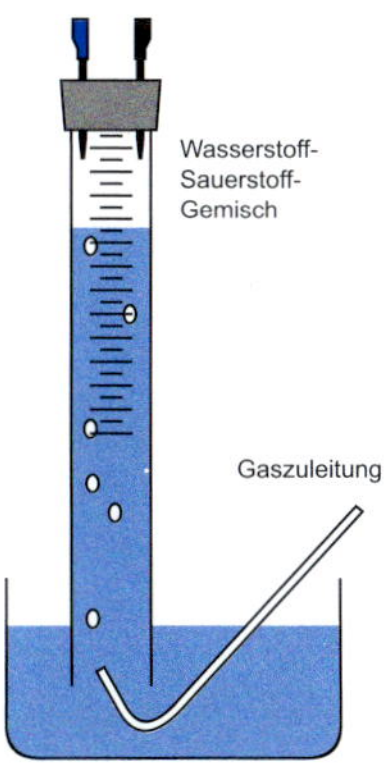

Eudiometer. Es werden nacheinander bestimmte Volumina an Wasserstoff und Sauerstoff in das zuvor vollständig mit Wasser gefüllte Rohr gegeben und dann gezündet. Nur bei einem Volumenverhältnis Wasserstoff : Sauerstoff = 2:1 kommt es zu einer kompletten Umsetzung des Knallgases zu Wasserdampf. Nach dem Abkühlen verbleibt somit kein Gas mehr im Rohrinneren.

Elemente verbinden sich miteinander in konstanten Massenverhältnissen.

JOHN DALTON (1766–1844) entwickelte aus diesen Erkenntnissen sein Atommodell der kleinsten Teilchen. Er erkannte darüber hinaus, dass viele Elemente verschiedenartige Verbindungen miteinander eingehen können. Dabei wird stets das **Gesetz der multiplen Massenverhältnisse** (Proportionen) eingehalten:

Gesetz der multiplen Massenverhältnisse

Bilden zwei Elemente mehrere verschiedenartige Verbindungen miteinander, so stehen die Massen jeweils eines Elementes dieser Verbindungen zueinander im Verhältnis kleiner ganzer Zahlen.

Schwefel bildet mit Sauerstoff u. a. die folgenden Verbindungen:

$$SO_2 \qquad\qquad SO_3$$

Das Massenverhältnis im Schwefeldioxid beträgt *m*(Schwefel) : *m*(Sauerstoff) = 1:1, im Schwefeltrioxid *m*(Schwefel) : *m*(Sauerstoff) = 1:1,5.

Die Massen des Sauerstoffs in beiden Verbindungen stehen zueinander in einem Verhältnis von 2:3 (1:1,5 = 2:3), also in einem Verhältnis kleiner ganzer Zahlen.

3 Stoffmenge – Mol

Beispiel: Bildung von Wasserdampf

Die folgende Reaktion beschreibt die Bildung von Wasserdampf aus den Elementen:

$$2\,H_2 \;+\; O_2 \;\rightarrow\; 2\,H_2O$$

Sie kann in Worten so interpretiert werden, dass zwei Moleküle Wasserstoff mit einem Molekül Sauerstoff zu zwei Molekülen Wasserdampf reagieren. Die Gleichung kann jedoch z. B. mit einem Faktor 10 auf beiden Seiten multipliziert werden und behält dennoch ihre Gültigkeit bei, da die **Verhältnisse der Atome** davon unberührt bleiben:

$$20\ H_2 \quad + \quad 10\ O_2 \quad \rightarrow \quad 20\ H_2O$$

Wichtig ist die Stöchiometrie der Gleichung.

Hier reagieren also 20 Moleküle Wasserstoff mit zehn Molekülen Sauerstoff zu 20 Molekülen Wasserdampf. Andere, beliebige Teilchenzahlen wären ebenso denkbar, solange die **Stöchiometrie der Gleichung** erhalten bleibt. Eine Reaktionsgleichung gibt demnach lediglich die Zahlenverhältnisse an, in denen Stoffe als Teilchen miteinander reagieren. Ihre Gültigkeit ist dabei nicht auf einzelne Atome oder Moleküle beschränkt, sondern erstreckt sich auf beliebige **Stoffmengen**.

Bedeutung der Stoffmengen

In der Chemie kommt den Stoffmengen zudem eine besondere Bedeutung zu. So ist es unerlässlich zu wissen, in welchem Stoffmengenverhältnis die Edukte einer Reaktion vorliegen, um die gewünschten Produkte zu erhalten. Massenangaben allein würden hier nicht weiterhelfen, da sie keine direkte Aussage über die Teilchenverhältnisse zulassen.

1 mol und die Avogadrosche Zahl

Mol. Nun wäre es jedoch sehr unpraktisch, die Stoffmenge in Form einer Teilchenanzahl anzugeben. Der sehr geringen Teilchenmasse wegen würden sich stets gigantische Zahlenwerte ergeben. Auch hier, ähnlich wie bei der relativen Atommasse, wird eine neue Einheit definiert, das **Mol (1 mol)**.

> Die Stoffmenge 1 mol entspricht $6{,}022 \cdot 10^{23}$ Teilchen. Dies sind ebenso viele Teilchen, wie Atome in 12 g des Kohlenstoffisotops ^{12}C enthalten sind.

Die Zahl $6{,}022 \cdot 10^{23}$
(= 602 200 000 000 000 000 000 000)
wird AVOGADROsche Zahl (N_A) genannt.

Eine andere, besonders leicht verständliche Definition des Mols lautet:

Ein Mol eines Stoffes liegt genau dann vor, wenn die Stoffmasse in Gramm zahlenmäßig mit seiner Teilchenmasse in u übereinstimmt.

Für das Kohlenstoffisotop ^{12}C (12,00000 u) ergeben demnach 12,00000 g Kohlenstoff 1 mol. Und dies sind $6{,}022 \cdot 10^{23}$ Teilchen.

Dasselbe gilt auch für Verbindungen: Wasserstoff (H_2) hat eine Molekularmasse von 2 u (1 u + 1 u), deshalb entsprechen 2 g Wasserstoff 1 mol. 4 g Wasserstoff ergeben demnach 2 mol usw.

Element bzw. Verbindung	Teilchenmasse	Masse der Stoffportion	Stoffmenge
^{12}C Kohlenstoff	12,00000 u	12,00000 g	1 mol
H_2 Wasserstoff	1 u + 1u = 2 u	4,0 g	2 mol
H_2O Wasser	1 u + 1 u + 16 u = 18 u	9,0 g	0,5 mol
Al_2O_3 Aluminiumoxid	$2 \cdot 27$ u + $3 \cdot 16$ u = 102 u	10,2 g	0,1 mol

Beziehungen zwischen der Atommasse, der Masse einer vorgegebenen Stoffportion und der sich daraus ergebenden Stoffmenge

Molare Masse. Da Stoffmengen in der Praxis selbstverständlich nicht durch das Zählen von Teilchen ermittelt werden können, ist es wichtig, eine Bezugsgröße zu haben, um aus einer Masse eine Stoffmenge und umgekehrt aus einer Stoffmenge eine Masse berechnen zu können. Diese Größe wird **molare Masse (*M*)** oder kurz Molmasse genannt und ist der Quotient aus der Stoffmasse (*m*) und der Stoffmenge (*n*).

Die molare Masse und ihre Berechnung

$$M = \frac{m}{n} \qquad \left[\frac{\text{g}}{\text{mol}}\right]$$

Sie entspricht zahlenmäßig der Teilchenmasse in u:

$M(\text{C})$ =	12,0 g/mol	
$M(\text{H}_2)$ =	2,0 g/mol	(1,0 u + 1,0 u)
$M(\text{H}_2\text{O})$ =	18,0 g/mol	(2 · 1,0 u + 16,0 u)
$M(\text{CuSO}_4)$ =	159,6 g/mol	(63,5 u + 32,1 u + 4 · 16,0 u)

Im Gegensatz zu den Massen können sich die Volumina der an einer chemischen Reaktion beteiligten Stoffe verändern. Die **Volumina von Gasen verhalten sich** dabei zueinander **wie kleine ganze Zahlen.**

Volumina von Stoffen

Synthese von Wasser aus den Elementen. 2 Volumenteile (VT) Wasserstoff reagieren mit 1 Volumenteil Sauerstoff zu 2 Volumenteilen Wasserdampf.

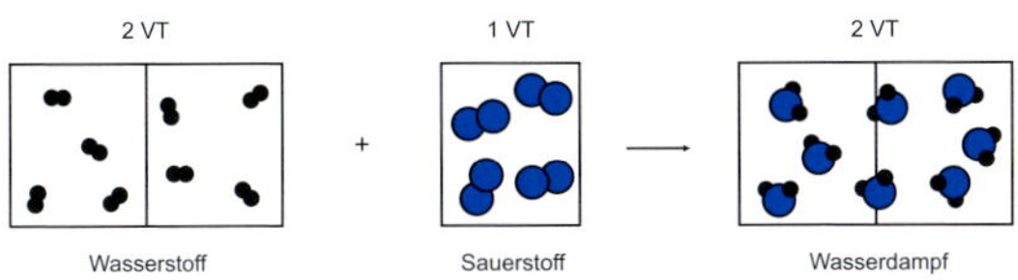

AMADEO AVOGADRO (1776–1856) deutete diese Gesetzmäßigkeit wie folgt:

Satz von AVOGADRO

> Gleiche Volumina verschiedener Gase enthalten bei gleichem Druck und bei gleicher Temperatur die gleiche Anzahl an Teilchen.

Molares Volumen

Molares Volumen. 1 mol ($6{,}022 \cdot 10^{23}$ Teilchen) eines jeden Gases muss folglich bei gegebener Temperatur und gegebenem Druck stets dasselbe Volumen einnehmen:

> 1 mol eines Gases nimmt unter Normbedingungen (0 °C und 1013 hPa) 22,4 l Volumen ein.

Dieses Volumen wird das **molare Volumen (*V_m*)** oder kurz Molvolumen genannt und stellt, analog zur molaren Masse, eine Umrechnungsmöglichkeit zwischen den Stoffmengen und den Volumina von Gasen dar.

$$V_m = \frac{V}{n} \qquad \left[\frac{\text{l}}{\text{mol}}\right]$$

Konzentration von Lösungen

Konzentration. Auch bei **Lösungen** ist es erforderlich zu wissen, welche Mengen an gelöstem Stoff in der Lösung enthalten sind. Die Angabe der Stoffmenge pro Volumen wird die **Konzentration (*c*)** einer Lösung genannt.

$$c = \frac{n}{V} \qquad \left[\frac{\text{mol}}{\text{l}}\right]$$

Molarität von Lösungen

Im Sprachgebrauch wird die Konzentration häufig als **Molarität** angegeben. 1-molar (oder 1 M) bedeutet hierbei eine Konzentration von 1 mol/l , 2-molar (2 M) entspricht 2 mol/l usw.

Eine 2 M Kochsalzlösung enthält demnach also 2 mol/l NaCl. Die Molmasse von NaCl beträgt 58,44 g/mol (Na: 22,99 u + Cl: 35,45 u). In einem Liter dieser Lösung sind folglich 116,88 g ($2 \cdot 58{,}44$ g) NaCl enthalten.

Massenkonzentration

Konzentrationen können auch in g/l, also als **Massenkonzentration** im Gegensatz zur oben beschriebenen **Stoffmengenkonzentration** angegeben werden.

4 Energetik chemischer Reaktionen

Bei chemischen Reaktionen verändern Stoffe ihren Energiegehalt.

Bei einer chemischen Reaktion verändern Stoffe nicht nur ihre chemischen und physikalischen Eigenschaften, sondern auch ihren Energiegehalt. Verläuft eine chemische Reaktion unter Freisetzung von Energie, so wird diese entweder in einem Produkt »gespeichert« oder nach außen hin abgegeben. Wird für die Reaktion hingegen Energie benötigt, so wird diese der Umgebung entzogen. Wichtig ist jedoch, dass auch hier, analog zum Gesetz von der Erhaltung der Masse, in einem geschlossenen System keine Energie verloren gehen kann (**Energieerhaltungssatz**).

> Bei einer chemischen Reaktion gibt es neben dem Stoffumsatz auch einen Energieumsatz.

Reaktionswärme

Wird bei einer chemischen Reaktion Energie frei, so geschieht dies meist in Form von Wärmeenergie, die auch als **Reaktionswärme** (ΔH_R oder ΔH) (sprich: Delta H R) oder Reaktionsenthalpie bezeichnet wird. Aber auch elektrische Energie oder Licht können durch eine chemische Reaktion freigesetzt werden (z. B. bei einer Batterie oder einem Glühwürmchen).

Endotherme und exotherme Reaktionen

Die Reaktionswärme wird stets als Differenz (Δ) des Energiezustandes vor und nach der Reaktion angegeben. Ist die Differenz negativ ($\Delta H_R < 0$), so hat das System Wärme verloren, also nach außen hin abgegeben. Ist sie positiv ($\Delta H_R > 0$), so musste dem System Wärme zugeführt werden.

> Reaktionen, in deren Verlauf Wärmeenergie frei wird, nennt man exotherm ($\Delta H_R < 0$).
>
> Reaktionen, in deren Verlauf Wärmeenergie zugeführt wird, nennt man endotherm ($\Delta H_R > 0$).

Die Standardreaktionswärme ermöglicht Vergleiche.

Die **Reaktionswärme** ist sowohl **temperatur- als auch druckabhängig**. Um die Energieumsätze verschiedener Reaktionen vergleichen zu können, wird deshalb zumeist die **Standardreaktionswärme** (ΔH_R^0) angegeben, die für eine Temperatur von 25 °C und einen Druck von 1013 hPa ermittelt wurde. Ihre Einheit lautet kJ/mol (Kilojoule pro Mol), und sie bezieht sich auf ein Mol des gebildeten Stoffes.

$$2\,H_2\,(g) \quad + \quad O_2\,(g) \quad \longrightarrow \quad 2\,H_2O\,(l) \qquad \Delta H_R^0 = -286\,\frac{kJ}{mol}$$

Bei der Bildung von Wasser aus den Elementen Wasserstoff und Sauerstoff beträgt die Standardreaktionswärme $\Delta H_R^0 = -\,286$ kJ/mol. Interpretiert man die obige Gleichung so, dass 2 mol Wasser (= 36 g) entstanden sind, so ist bei der Reaktion demnach eine Wärmeenergie von $\Delta H_R^0 = 2 \cdot (-286\,kJ) = -\,572\,kJ$ frei geworden.

Aggregatzustände beeinflussen die Standardreaktionswärme.

Bei energetischen Betrachtungen von chemischen Vorgängen ist es zudem unbedingt erforderlich, die **Aggregatzustände der Edukte und Produkte** anzugeben: **s = solid = fest, l = liquid = flüssig, g = gasförmig.** Da für den Übergang vom flüssigen in den gasförmigen Zustand Energie benötigt wird, ergäbe sich beispielsweise für die Bildung von gasförmigem Wasser, also Wasserdampf, nun eine andere Standardreaktionswärme:

$$2\,H_2\,(g) \quad + \quad O_2\,(g) \quad \longrightarrow \quad 2\,H_2O\,(g) \qquad \Delta H_R^0 = -242\,\frac{kJ}{mol}$$

Sie vermindert sich um die **Verdampfungswärme** des Wassers (44 kJ/mol).

Selbst eine exotherm verlaufende Reaktion benötigt zu Beginn eine gewisse Startenergie – trotz der letztendlich frei werdenden Reaktionswärme. Ein Stück Holz beispielsweise muss zuerst angezündet werden, bevor es dann unter großer Wärmeentwicklung verbrennen kann. Diese Mindestenergie, die den Ablauf der Reaktion überhaupt erst ermöglicht, nennt man **Aktivierungsenergie (AE)**.

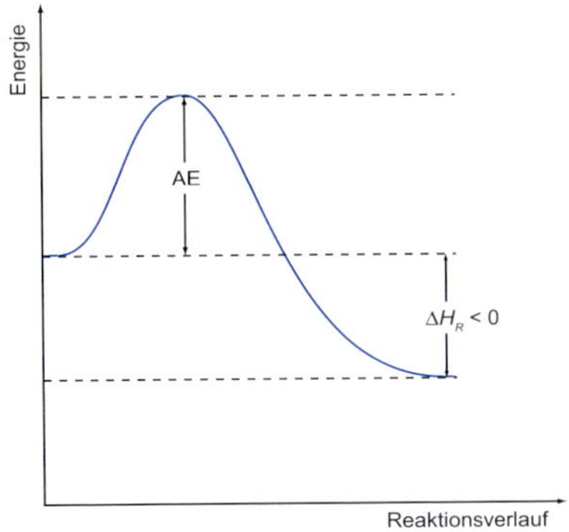

Reaktionsverlauf einer exothermen Reaktion

In einem Energieschema kann man sich die Aktivierungsenergie als einen Berg vorstellen, den die Edukte überwinden müssen, um zu reagieren. Ist der Gipfel erst einmal erreicht, läuft die Reaktion bis zum Energieniveau der Produkte ab. Dieses liegt bei einer exothermen Reaktion niedriger, bei einer endothermen Reaktion indes höher als das Ausgangsniveau. Die Differenz beider Niveaus entspricht der Reaktionswärme ΔH_R.

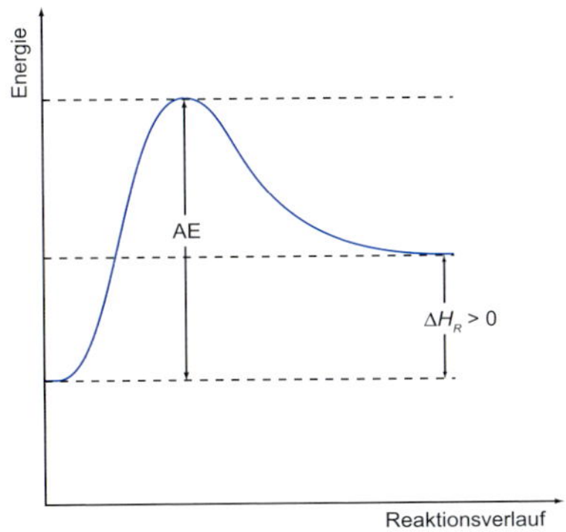

Reaktionsverlauf einer endothermen Reaktion

In der Chemie gibt es Reaktionen, die sehr langsam, und andere, die sehr rasch verlaufen. So dauert es Stunden oder Tage, bis ein Stück Eisen rostet (zu Fe_2O_3 oxidiert wird), während die Knallgasreaktion blitzschnell und explosionsartig verläuft. Die **Reaktionsgeschwindigkeit** wird durch die erforderliche Aktivierungsenergie vorgegeben. Muss ein hoher Aktivierungsberg überschritten werden, so haben nur wenige der Teilchen ausreichend Energie, um dies zu schaffen. Eine nahe liegende Möglichkeit, den

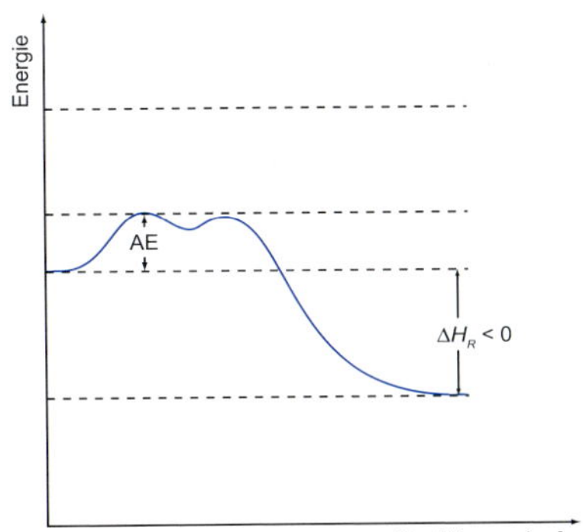

Reaktionsverlauf einer exothermen Reaktion in Anwesenheit eines Katalysators (s. nächste Seite)

Temperatur und Reaktionsgeschwindigkeit: die RGT-Regel

Reaktionsablauf zu beschleunigen, ist die Erhöhung der Temperatur. Viele der Teilchen werden dadurch mit der erforderlichen Aktivierungsenergie ausgestattet – die Barriere (Grenze) kann überwunden werden. Den Zusammenhang zwischen der Reaktionsgeschwindigkeit und der Temperatur beschreibt die **RGT-Regel**:

> Eine Temperaturerhöhung um 10 °C steigert die Reaktionsgeschwindigkeit um das Doppelte.

Ein Katalysator beschleunigt eine Reaktion.

Eine Alternative ist der Einsatz eines **Katalysators**. Dabei handelt es sich um eine Substanz, welche die Aktivierungsenergie einer chemischen Reaktion absenkt. Die Teilchen der Edukte können somit schon bei einer verhältnismäßig niedrigen Temperatur reagieren, die Reaktion verläuft folglich schneller.

> Katalysatoren beschleunigen chemische Reaktionen. Sie nehmen an der Reaktion teil, liegen nach Ablauf jedoch in unveränderter Form vor.

Katalysen (katalysierte Reaktionen), bei denen Edukte und Katalysator in demselben Aggregatzustand vorliegen, werden als **homogen**, andernfalls als **heterogen** bezeichnet.

Anwendung in der Praxis: der 3-Wege-Kat für Kraftfahrzeuge

Ein auch im Alltag bekannter Katalysator ist der Kraftfahrzeug-Abgas-Katalysator (**3-Wege-Kat**). Es handelt sich hier um eine heterogene Katalyse, bei der die drei wichtigsten Schadstoffgruppen Kohlenwasserstoffe (z. B. Methan, CH_4), Kohlenstoffmonoxid (CO) und Stickoxide (z. B. NO_2) an fein verteiltem Platin mit Hilfe von Sauerstoff zu Kohlenstoffdioxid (CO_2), Stickstoff (N_2) und Wasserdampf umgewandelt werden.

Biokatalysatoren: die Enzyme

Vor allem jedoch in der Biochemie begleiten Katalysatoren viele Reaktionswege. Diese Biokatalysatoren werden **Enzyme** genannt und ihr Name endet stets auf **-ase**.

Ein Beispiel für eine enzymatische Reaktion ist die **Spaltung von Stärkemolekülen** zu Zucker. Das Enzym **Amylase**, das im Mundspeichel vorkommt, ermöglicht so die Verdauung von Kohlenhydraten.

Alkoholdehydrogenase (ADH) ist ebenfalls ein Enzym. Es ist in der menschlichen Leber angesiedelt und verrät schon durch seinen Namen, dass es Alkoholmolekülen Wasserstoffatome (Hydrogenium) entzieht. Tatsächlich wird auf diese Weise **Trinkalkohol** im Blutkreislauf **abgebaut**. Vielen Asiaten fehlt dieses Enzym, oder es ist nur in geringem Maße ausgebildet.

5 Chemisches Gleichgewicht

Verlauf von Gleichgewichtsreaktionen

Bei jeder Gleichgewichtsreaktion verläuft eine der Teilreaktionen exotherm, die andere endotherm.

$$N_2 \quad + \quad 3\,H_2 \quad \underset{\text{endotherm}}{\overset{\text{exotherm}}{\rightleftarrows}} \quad 2\,NH_3 \qquad \Delta H_R^0 = -92\,\frac{\text{kJ}}{\text{mol}}$$

Die Angabe der Standardreaktionswärme bezieht sich auf die Reaktion in Richtung des rechts stehenden Produktes. Sie beträgt für die endotherme Rückreaktion demnach $\Delta H_R^0 = +92$ kJ/mol.

Da die beschriebene Ammoniak-Synthese im großtechnischen Verfahren angewendet wird, ist man besonders auf eine hohe Ausbeute, d. h. eine große Menge an Produkt bedacht. Man versucht also, das **chemische Gleichgewicht** zugunsten der Produkte zu **verschieben**.
Henry Le Chatelier (1850–1936) erkannte als erster die Gesetzmäßigkeit, der ein chemisches Gleichgewicht auf äußere Einflüsse hin folgt.

Wird auf ein im Gleichgewicht befindliches System durch Änderung der äußeren Bedingungen ein Zwang ausgeübt, so verschiebt sich die Gleichgewichtslage derart, dass der Zwang vermindert wird.

Dieses Gesetz nennt man auch das **Prinzip des kleinsten Zwangs.**

Welche äußeren Faktoren können sich nun als Zwang auf ein Gleichgewicht auswirken? Am Beispiel der Ammoniaksynthese werden die Einflüsse von Temperatur und Druck betrachtet:

$$N_2 \quad + \quad 3\,H_2 \;\underset{\text{endotherm}}{\overset{\text{exotherm}}{\rightleftarrows}}\; 2\,NH_3 \qquad \Delta H_R^0 = -92\,\frac{kJ}{mol}$$

Hohe Temperaturen führen nicht immer zu höheren Ausbeuten auf Seiten des Produkts.

Die Reaktion verläuft in Richtung des Produkts exotherm, d. h. Wärme wird frei. Setzt man dieser Wärme nun als Reaktionsbedingung eine besonders hohe Temperatur entgegen, so verschiebt sich das Gleichgewicht in Richtung der Edukte. Die Gleichgewichtsreaktion ist dem Zwang ausgewichen und produziert nun weniger Wärme und zugleich auch weniger Produkt. Einen Anreiz zu höherer Ausbeute bietet man der Reaktion also folglich nur bei niedrig vorgewählter Temperatur.

Bei endothermen Reaktionen verhält es sich genau umgekehrt: Eine Temperaturerhöhung begünstigt die Reaktion, eine Senkung hingegen hemmt den Verlauf.

Eine Temperaturerhöhung begünstigt die endotherme Reaktion, eine Temperatursenkung begünstigt die exotherme Reaktion.

$$\underset{\substack{1\ \text{mol}\\ 22{,}4\ \text{l}}}{N_2} \quad + \quad \underset{\substack{3\ \text{mol}\\ 67{,}2\ \text{l}}}{3\,H_2} \;\underset{\text{Volumenzunahme}}{\overset{\text{Volumenabnahme}}{\rightleftarrows}}\; \underset{\substack{2\ \text{mol}\\ 44{,}8\ \text{l}}}{2\,NH_3} \qquad \Delta H_R^0 = -92\,\frac{kJ}{mol}$$

Der Einfluss des Druckes

Interpretiert man die Synthesegleichung als eine Umsetzung von Molen, so reagieren 1 mol Stickstoff und 3 mol Wasserstoff zu 2 mol Ammoniak. Da ein Mol eines jeden Gases bei konstanter Temperatur und konstantem Druck stets dasselbe Volumen einnimmt, reagieren bei Normbedingungen 22,4 l Stickstoff mit 67,2 l Wasserstoff zu 44,8 l Ammoniak. Das Volumen des Produktes ist also um 50 % kleiner als das der Edukte.

Hohe Ausgangsdrücke zwingen das Gleichgewicht der Reaktion folglich in Richtung Produkt, niedrige in Richtung Edukt.

> Eine Druckerhöhung fördert diejenige Reaktion, in deren Verlauf das Volumen abnimmt. Eine Drucksenkung fördert die Reaktion, in deren Verlauf das Volumen zunimmt.

6 Stöchiometrische Berechnungen

Es gelten das Massenerhaltungsgesetz und das Gesetz der konstanten Proportionen.

Chemische Reaktionen unterliegen dem Gesetz von der Erhaltung der Masse und dem Gesetz der konstanten Proportionen. Kennt man die Masse eines der Reaktionspartner, ist es somit möglich, auf die Massen der übrigen zu schließen. Beispielsweise ist man dadurch in der Lage, die Synthese einer ganz bestimmten Masse eines Produkts gezielt zu planen.

Die Berechnungen, die hierfür erforderlich sind, gelten als Grundlage der **Stöchiometrie** (wörtl.: *das Messen von Bestandteilen*).

Schema der stöchiometrischen Rechnung

Ähnlich wie schon beim Aufstellen einer Reaktionsgleichung geht man bei stöchiometrischen Berechnungen am einfachsten nach einem festen Schema vor.

Aufstellen der chemischen Gleichung

1. Die **chemische Gleichung** ist aufzustellen. Im folgenden Beispiel geht es um die Reaktion von Eisenoxid mit Kohlenstoffmonoxid, wie sie im Hochofenprozess zur Eisengewinnung abläuft:

$$Fe_2O_3 \quad + \quad 3\ CO \quad \longrightarrow \quad 2\ Fe \quad + \quad 3\ CO_2$$

Ermitteln der Molmasse

2. Die **Molmassen** der beteiligten Reaktionspartner sind zu ermitteln:

$M(Fe_2O_3) = 159{,}6$ g/mol
$M(CO) = 28{,}0$ g/mol
$M(Fe) = 55{,}8$ g/mol
$M(CO_2) = 44{,}0$ g/mol

Errechnen der Massen aus den Stoffmengen

3. Der Aufgabenstellung wird entnommen, für welchen der Reaktionspartner die Masse **gesucht** und für welchen die Masse **gegeben** ist. Beispiel:

Wie viele Tonnen Eisenerz benötigt man zur Herstellung von einer Tonne Eisen?

gegeben: 1 t Fe
gesucht: x t Fe_2O_3

4. Die Reaktionsgleichung wird als eine Umsetzung von Molen interpretiert. Mit Hilfe der Molmassen werden **aus den Stoffmengen die Massen errechnet**:

Fe_2O_3	+	$3\ CO$	$\longrightarrow$	$2\ Fe$	+	$3\ CO_2$
1 mol		3 mol		2 mol		3 mol
1 · 159,6 g = 159,6 g		3 · 28,0 g = 84,0 g		2 · 55,8 g = 111,6 g		3 · 44,0 g = 132,0 g

5. Zwischenergebnis: Aus 159,6 g Fe_2O_3 entstehen 111,6 g Fe. Da jedoch nach der benötigten Masse an Fe_2O_3 für die Produktion von 1 t Fe gefragt ist, wendet man einen **Dreisatz** an:

$$\frac{111{,}6\ g\ Fe}{1\ t\ Fe} = \frac{159{,}6\ g\ Fe_2O_3}{x}$$

6. Die Massen werden zunächst auf kg umgerechnet und der Dreisatz wird dann gelöst:

$$\frac{0{,}1116\ kg\ Fe}{1000\ kg\ Fe} = \frac{0{,}1596\ kg\ Fe_2O_3}{x}$$

$$x = \frac{0{,}1596\ kg\ Fe_2O_3 \cdot 1000\ kg\ Fe}{0{,}1116\ kg\ Fe}$$

$$x = 1430\ kg\ Fe_2O_3 = \underline{\underline{1{,}430\ t\ Fe_2O_3}}$$

7. Es werden für den Hochofenprozess 1,430 t Eisenerz benötigt, um 1 t Eisen herzustellen.
   (Der tatsächliche Wert liegt jedoch bei ca. 1,8 t, da Eisenerz nicht aus reinem Fe_2O_3 besteht.)

Errechnung eines Gasvolumens. Das Gasvolumen lässt sich direkt aus der Stoffmenge errechnen (1 mol Gas entspricht 22,4 l bei 0 °C und 1013 hPa). Beispiel:

Bei Gasen errechnet sich das Volumen direkt aus der Stoffmenge.

1. Wie viele Kubikmeter CO_2 fallen bei der Produktion von einer Tonne Eisen an?

$$\frac{0{,}1116\ kg\ Fe}{1000\ kg\ Fe} = \frac{3\ mol\ CO_2 \cdot 22{,}4 \frac{l}{mol}}{x}$$

$$x = 602151\ l\ CO_2 = \underline{\underline{602{,}2\ m^3\ CO_2}}$$

2. Es werden 602,2 m^3 CO_2 produziert.
   (Dieses Ergebnis muss jedoch noch mit Hilfe einer Gasausdehnungsgleichung auf die Bedingungen des Hochofenprozesses – Temperatur, Druck – korrigiert werden.)

Auf einen Blick: Chemische Reaktionen

Definitionen, Symbole, Formeln und Gleichungen

- Bei chemischen Reaktionen entstehen neue Stoffe mit neuen Eigenschaften.
- Elemente werden als Symbole, Verbindungen als Formeln und chemische Reaktionen als Gleichungen formuliert.

Massengesetze

- Bei jeder chemischen Reaktion bleibt die Gesamtmasse der Stoffe unverändert.
- Elemente verbinden sich miteinander in konstanten Massenverhältnissen.
- Bilden zwei Elemente mehrere verschiedenartige Verbindungen miteinander, so stehen die Massen jeweils eines Elementes dieser Verbindungen zueinander im Verhältnis kleiner ganzer Zahlen.

Stoffmenge – Mol

- Die Stoffmenge 1 mol entspricht $6{,}022 \cdot 10^{23}$ Teilchen. Ein Mol eines Stoffes liegt genau dann vor, wenn die Stoffmasse in Gramm zahlenmäßig mit seiner Teilchenmasse in u übereinstimmt.
- 1 mol eines Gases nimmt unter Normbedingungen 22,4 l Volumen ein.

Energetik chemischer Reaktionen

- Reaktionen, in deren Verlauf Wärmeenergie frei wird, nennt man **exotherm** ($\Delta H_R < 0$). Reaktionen, in deren Verlauf Wärmeenergie zugeführt wird, bezeichnet man als **endotherm** ($\Delta H_R > 0$).
- Katalysatoren beschleunigen chemische Reaktionen. Sie nehmen an der Reaktion teil, liegen nach Ablauf jedoch in unveränderter Form vor.

Chemisches Gleichgewicht

- Wird auf ein im Gleichgewicht befindliches System durch Änderung der äußeren Bedingungen ein Zwang ausgeübt, so verschiebt sich die Gleichgewichtslage derart, dass der Zwang vermindert wird.

Stöchiometrische Berechnungen

- Chemische Reaktionen unterliegen dem Gesetz von der Erhaltung der Masse und dem Gesetz der konstanten Proportionen. Kennt man die Masse eines der Reaktionspartner, ist es somit möglich, auf die Massen der übrigen zu schließen.

Chemische Bindungen

Stoffe in der Natur bestehen fast ausschließlich aus Verbindungen. Selbst die Atome der in elementarer Form vorgefundenen Stoffe, wie z. B. Wasserstoff, Stickstoff, Sauerstoff oder Schwefel, liegen nicht einzeln, sondern als Verbund gleicher Teilchen vor. Eine Ausnahme bilden nur die Edelgase, von denen keine natürlichen Verbindungen bekannt sind.
Die Unterschiede zwischen den einzelnen Bindungsarten und ihr Einfluss auf die Stoffeigenschaften werden in diesem Kapitel vorgestellt.

1 Ionenbindung

Edelgase erfüllen die Oktettregel.

Die **Edelgase**, die in der VIII. Hauptgruppe des Periodensystems stehen, heben sich durch ihre besondere **Reaktionsträgheit** (Inertie) gegenüber den übrigen Elementen deutlich ab. Grund hierfür ist ein besonders energiearmer und damit stabiler Aufbau ihrer Atomhülle: Sie tragen auf ihrer äußersten Schale acht Elektronen, ein **Oktett**. Die einzige Ausnahme bildet das Helium, seine Schale ist bereits mit zwei Elektronen voll besetzt.

Hauptgruppen

Periode	I	II	III	IV	V	VI	VII	VIII	Schale
1	H 2,1							He	K
2	Li 1,0	Be 1,5	B 2,0	C 2,5	N 3,0	O 3,5	F 4,0	Ne	L
3	Na 0,9	Mg 1,2	Al 1,5	Si 1,8	P 2,1	S 2,5	Cl 3,0	Ar	M
4	K 0,8	Ca 1,0	Ga 1,6	Ge 1,8	As 2,0	Se 2,4	Br 2,8	Kr	N
5	Rb 0,8	Sr 1,0	In 1,7	Sn 1,8	Sb 1,9	Te 2,1	I 2,5	Xe	O
6	Cs 0,7	Ba 0,9	Tl 1,8	Pb 1,9	Bi 1,9	Po	At	Rn	P
7	Fr	Ra							Q

Periodensystem der Elemente mit den Elektronegativitäten nach PAULING

Sämtliche Atome streben für ihre Atomhülle einen energetisch günstigen Zustand an. Die **elektropositiven Alkali- und Erdalkalimetalle** (I. und II. Hauptgruppe) geben deshalb bereitwillig ihre Valenzelektronen (Elektronen auf der äußeren Schale eines Atoms) ab, um die **Elektronenbesetzung** (Konfiguration) **des nächstniedrigeren Edelgases** zu erreichen. Natrium beispielsweise wird durch die Abgabe seines Außenelektrons zu einem Natriumion (Na^+; positiv geladenes Ion = Kation). Seine Konfiguration entspricht dann der des Neons.

Durch Aufnahme bzw. Abgabe von Elektronen wird eine Edelgaskonfiguration erreicht.

Eine solche Elektronenabgabe ist jedoch nur dann möglich, wenn andere Atome im Verlauf einer chemischen Reaktion die zur Verfügung gestellten Elektronen auch aufnehmen können. Es bieten sich hierfür insbesondere die **elektronegativen Elemente der Sauerstoffgruppe und der Halogene** (VI. und VII. Hauptgruppe) an. Sie werden durch das eine bzw. die zwei hinzugewonnenen Elektronen zu negativ geladenen Ionen mit der **Konfiguration des nächsthöheren Edelgases**. Ein Chloratom wandelt sich also zu einem Chloridion (Cl^-; negativ geladenes Ion = Anion) mit der Elektronenbesetzung eines Argonatoms um.

1.1 Elektronegativität

Das Loslösen eines Elektrons aus seiner Schale erfordert Energie. Da das Atom durch den Verlust des Elektrons zu einem positiv geladenen Ion wird, nennt man diese Energie **Ionisierungsenergie**. Umgekehrt wird bei Aufnahme des Elektrons durch den Reaktionspartner Energie frei, man bezeichnet sie als **Elektronenaffinität**.

Die Elektronegativität (*EN*) stellt nach LINUS PAULING (1901–1997) eine Art Mittelwert dieser beiden Größen dar, umgerechnet auf kleine handliche Zahlen. Sie wurde für die meisten Elemente rechnerisch oder experimentell bestimmt und kann Tabellenwerken oder z. T. auch dem Periodensystem entnommen werden.

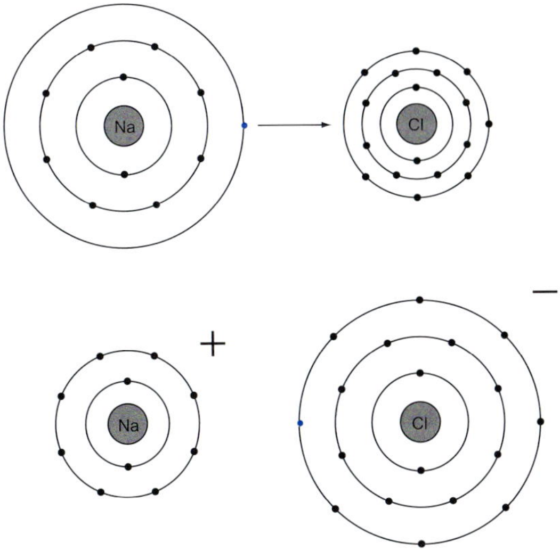

Elektronenübergang bei der Bildung von Kochsalz (NaCl). Natrium wird durch Abgabe seines Valenzelektrons zu einem positiv geladenen Natriumion (Na^+). Das Chloratom nimmt das frei gewordene Elektron auf und ist somit zu einem negativ geladenen Chloridion geworden (Cl^-). Der Radius des Natriumions ist im Vergleich zum Natriumatom geschrumpft. Ursache hierfür ist die überschüssige Kernladung, die die Elektronen nun stärker an sich heranzieht. Hingegen ist der Radius des Chloridions im Verhältnis zum Chloratom gewachsen. Hier ist die Anziehungskraft des Kerns auf die Elektronenhülle durch das hinzugewonnene Elektron geschwächt.

Die Elektronegativität ermöglicht es einzuschätzen, ob in einer chemischen Reaktion ein echter **Elektronenübergang** stattfindet und damit ein Produkt aus positiv und negativ geladenen Ionen entsteht. Als Faustformel gilt:

Ist die Differenz der Elektronegativitäten (ΔEN) zweier Reaktionspartner größer als 1,8 ($\Delta EN > 1{,}8$), so hat die entstandene Bindung einen überwiegend ionischen Charakter.

Die **Grenzen verlaufen** allerdings **fließend**. Nicht immer geben elektropositive Atome ihre Elektronen ganz her, sondern sie teilen sich diese vielmehr mit ihren elektronegativen Partnern. Je geringer also die Differenz der Elektronegativitäten wird, desto mehr wandelt sich eine ionische Bindung in eine polare Atombindung, die im nächsten Abschnitt besprochen wird, um.

1.2 Ionenbindungen bei Salzen

Salze bestehen aus Ionen.

Typische Ionenbindungen liegen in den **Salzen** vor, Verbindungen aus elektropositiven Metallen und elektronegativen Nichtmetallen. Aber auch einige Oxide und Hydroxide, wie z. B. das Aluminiumoxid (Al_2O_3) oder das Natriumhydroxid (NaOH), haben ionische Strukturen.

Bei der **Synthese von Natriumchlorid** reagiert zuvor wärmeaktiviertes Natrium mit Chlorgas unter starker Wärmeentwicklung und gleißendem Licht. Dies verwundert zunächst, da der für die Ionisierungsenergie des Natriums aufzuwendende Energiebetrag und die durch die Elektronenaffinität des Chlors gewonnene Energie in derselben Größenordnung liegen und sich damit aufheben sollten.

Bei der Bildung eines Salzkristalls wird Gitterenergie frei.

Grund für die stark exotherme Reaktion ist jedoch die besonders stabile Struktur, die das entstandene Natriumchlorid während der Reaktion einnimmt. Sie wird als **Kristallgitter** bezeichnet, die bei der Bildung frei werdende Energie als **Gitterenergie**.

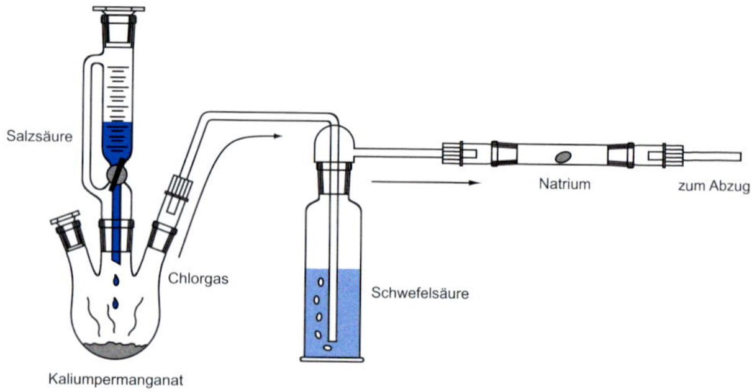

Apparatur zur Synthese von Natriumchlorid. Salzsäure wird vorsichtig auf Kaliumpermanganat getropft. Chlorgas entsteht, das mit Hilfe von Schwefelsäure getrocknet wird und dann das zuvor erhitzte Natrium erfasst.

$2\,Na\,(s) \rightarrow 2\,Na\,(g)$	$E_S = +\,218$ kJ Sublimationsenergie
$Cl_2\,(g) \rightarrow 2\,Cl\,(g)$	$E_D = +\,239$ kJ Dissoziationsenergie
$2\,Na\,(g) \rightarrow 2\,Na^+\,(g) + 2\,e^-$	$E_I = +\,988$ kJ Ionisierungsenergie
$2\,Cl\,(g) + 2\,e^- \rightarrow 2\,Cl^-\,(g)$	$E_A = -779$ kJ Elektronenaffinität
$2\,Na^+\,(g) + 2\,Cl^-\,(g) \rightarrow 2\,\{Na^+Cl^-\}\,(s)$	$E_G = -1520$ kJ Gitterenergie
$2\,Na\,(s) + Cl_2\,(g) \rightarrow 2\,NaCl\,(s)$	**$\Delta H_R^0 = -854$ kJ** **Reaktionswärme**

Einzelschritte der Natriumchloridsynthese aus den Elementen. Der hohe Betrag der Gitterenergie sorgt für den stark exothermen Verlauf der Reaktion ($\Delta H_R^0 = -854$ kJ für obige Reaktion, bei der 2 mol NaCl produziert werden, demnach also $\Delta H_R^0 = -427$ kJ/mol für die Natriumchloridsynthese im Allgemeinen).

Die bei der Bildung des Kochsalzes frei gewordene Energie muss zur Zerstörung des Kristallgitters wieder aufgewendet werden:

> Unter Gitterenergie versteht man den Energiebetrag, der aufgewendet werden muss, um 1 mol eines Stoffes aus dem kristallinen in den gasförmigen Zustand zu überführen.

1.3 Eigenschaften von Salzen

Feste Salze leiten keinen elektrischen Strom, da die Ladungsträger fest an ihre Gitterplätze gebunden sind. Erst in **Lösungen oder Schmelzen** werden sie beweglich und können so **elektrische Ladungen transportieren**. Zum Schmelzen von Salzen muss ebenfalls das Kristallgitter zerstört werden. Salze haben deshalb sehr **hohe Schmelz- und Siedetemperaturen** (NaCl: 801 °C bzw. 1460 °C).

Starke elektrische Anziehungskräfte halten das Gitter zusammen.

Die hohe Stabilität des Gitters lässt sich auf die starken **elektrischen Anziehungskräfte (Coulomb-Kräfte)** zwischen den Kationen und Anionen im Kristall zurückführen. Sie sind umso **stärker, je dichter die Teilchen** beieinanderliegen und je **höher deren Ladung** ist.

Bei den Natriumsalzen der Halogene (NaF, NaCl, NaBr und NaI), deren Ionenradius vom Fluorid bis zum Iodid stetig zunimmt, beobachtet man in derselben Reihenfolge eine Abnahme der Gitterenergie und der Schmelztemperatur. Da die Teilchen größer werden, nimmt auch ihr Abstand zu und die Coulomb-Kräfte werden somit geringer.

$Na^{+}F^{-}$, $Mg^{2+}O^{2-}$, $Zr^{3+}N^{3-}$ und $Ti^{4+}C^{4-}$ sind Salze, deren Ionenradien und damit auch deren Teilchenabstände im Gitter einander sehr ähnlich sind. Sie unterscheiden sich jedoch in ihrer Ionenladungszahl, weshalb die Gitterenergie und die Schmelztemperatur in der beschriebenen Reihenfolge zunehmen.

Dieselben Beziehungen gelten auch für die charakteristische **Härte** von Salzen: Je kleiner die Ionenradien und je größer die Ionenladungszahlen sind, desto härter das Salz.

1.4 Verschiedene Gitterstrukturen

Ionenradien und Gitterstrukturen

Das **Verhältnis der Ionenradien** von Kationen und Anionen (r_K/r_A) wiederum bestimmt die **Struktur des Gitters**, in der das Salz kristallisiert.

Stoffe, die ein Ionenradienverhältnis von $0{,}414 \leq r_K/r_A \leq 0{,}732$ haben, kristallisieren im kubisch-flächenzentrierten Gitter (Natriumchloridgitter).

Stoffe, die ein Ionenradienverhältnis von $0{,}733 \leq r_K/r_A \leq 1{,}000$ haben, kristallisieren im kubisch-innenzentrierten Gitter (Cäsiumchloridgitter).

Natriumchlorid hat ein Ionenradienverhältnis von $r_K/r_A = 0{,}52$ und kristallisiert somit im **kubisch-flächenzentrierten Gitter** (griech.-lat. kubus = *Würfel*). Betrachtet man die Elementarzelle als kleinste Einheit des Gitters, so ist das zentrale Natriumion von sechs Chloridionen, die in der Mitte der Würfelflächen liegen, umgeben. Die **Koordinationszahl** (Anzahl der nächsten Nachbarn) beträgt also KOZ = 6.

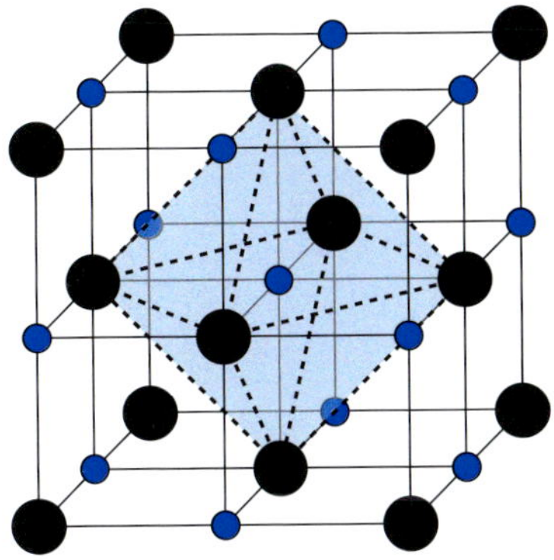

Elementarzelle des kubisch-flächenzentrierten Natriumchloridgitters. Die ungefähr um die Hälfte kleineren Na^+-Ionen (dunkelblau) sind von jeweils sechs Cl^--Ionen (schwarz) umgeben, die sich in der Mitte der Würfelflächen und zugleich auf den Ecken eines Oktaeders (hellblau) befinden. Die Koordinationszahl beträgt demnach KOZ = 6. Aus Gründen der Übersichtlichkeit sind die Abstände der Ionen vergrößert dargestellt.

Um die **Formelzusammensetzung** für das Natriumchlorid zu ermitteln, zählt man die Anteile der einzelnen Ionen an der Elementarzelle, d.h. ob sie ihr ganz, zur Hälfte, zu einem Viertel usw. angehören:

Ionen	Anteil an der Elementarzelle	gesamt
1 Na^+ (Würfelmitte)	1	1 Na^+
6 Cl^- (Flächenmitten)	1/2	3 Cl^-
8 Cl^- (Würfelecken)	1/8	1 Cl^-
12 Na^+ (Kantenmitten)	1/4	3 Na^+

In der Summe ergeben sich somit 4 $\{Na^+Cl^-\}$, vier Formeleinheiten Natriumchlorid. Die Formel lautet also NaCl, wie bisher schon angenommen. Sie stellt jedoch kein Natriumchloridmolekül dar – dies existiert nicht, sondern gibt lediglich das **Zahlenverhältnis** 1:1 an, in dem sich Natrium und Chlor zu Natriumchlorid verbunden haben. Eindeutiger ist deshalb die Schreibweise **Na^+Cl^-**.

Natriumchloridmoleküle existieren nicht.

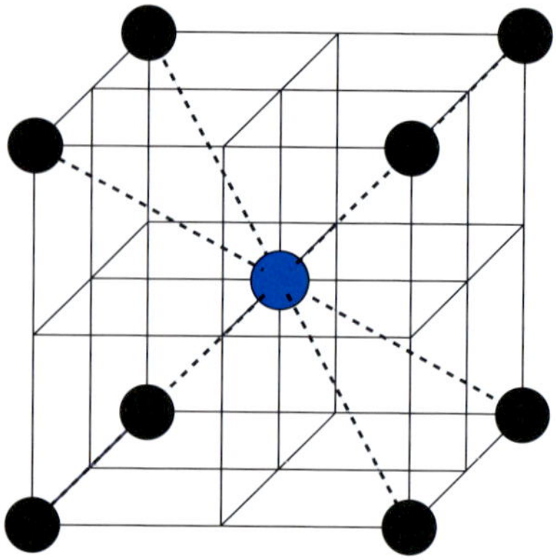

Elementarzelle des kubisch-innenzentrierten Cäsiumchloridgitters. Die Cs^+-Ionen (dunkelblau) sind von jeweils acht ähnlich großen Cl^--Ionen (schwarz) umgeben, die sich auf den Ecken des Würfels befinden. Die Koordinationszahl beträgt demnach KOZ = 8. Aus Gründen der Übersichtlichkeit sind die Abstände der Ionen vergrößert dargestellt.

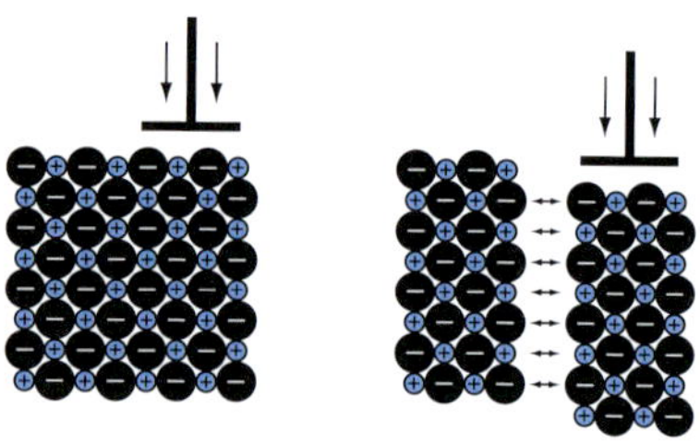

Krafteinwirkungen auf einen Natriumchloridkristall. Im Bild oben wird der Kristall gespalten, im Bild unten werden lediglich die Ionenschichten gegeneinander verschoben.

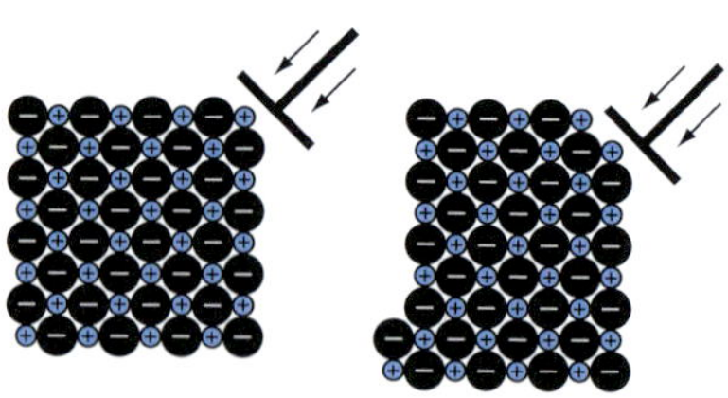

Verbindungen, deren Kationen und Anionen von ähnlicher Größe sind, wie zum Beispiel das **Cäsiumchlorid** (r_K/r_A = 0,93), kristallisieren im **kubisch-innenzentrierten Gitter**. Das zentrale Cäsiumion ist von acht Chloridionen umgeben, die auf den Würfelecken der Elementarzelle sitzen. Die Koordinationszahl beträgt folglich **KOZ = 8.**

Die Elementarzelle beinhaltet ein Cäsiumion im Ganzen sowie acht Chloridionen zu jeweils einem Achtel. In der Summe ergibt sich somit eine Formelzusammensetzung von **Cs^+Cl^-**.

Das Gittermodell gibt auch eine Erklärung dafür, warum **Salzkristalle spröde** sind und sich unter bestimmten Bedingungen **durch Schläge spalten** lassen. Treten die einwirkenden Kräfte parallel zu einer Ebene auf, in der Anionen sowie auch Kationen vertreten sind, so verschieben sich die Ionenschichten im Kristallgefüge derart gegeneinander, dass der Kristall durch die abstoßenden Kräfte der **gleichnamigen Ladungen** gespalten wird.

Wirkt die Kraft auf eine Ebene mit nur gleichnamig geladenen Teilchen ein, verschiebt sich das Gefüge zwar auch, der Kristall bleibt jedoch erhalten, da in diesem Fall nur **ungleichnamige Ladungen** aufeinandertreffen.

2 Atombindung

Verbinden sich **Nichtmetalle** miteinander, so findet **kein vollständiger Elektronenübergang** vom einen zum anderen Bindungspartner statt. Die Elektronegativitätsdifferenzen (ΔEN) sind hierfür zu gering. Um dennoch in die Nähe eines stabilen Zustandes wie dem Elektronenoktett zu gelangen, teilen sich die an der Bindung beteiligten Atome gemeinsame Elektronenpaare. Die Atombindung wird deshalb auch als **Elektronenpaarbindung** und der ähnlichen elektronegativen Eigenschaften der Nichtmetalle wegen als **kovalente Bindung** (lat. kovalent = *gleichwertig*) bezeichnet.

Hier wird die Oktettregel durch »geliehene« Elektronen erfüllt.

Jedes Atom steuert zu einem bindenden Elektronenpaar eines seiner Valenzelektronen bei. Die Anzahl der gebildeten Elektronenpaare entspricht dabei der Wertigkeit des jeweiligen Elementes. Sauerstoff beispielsweise geht stets zwei Bindungen, Wasserstoff stets eine Bindung ein.

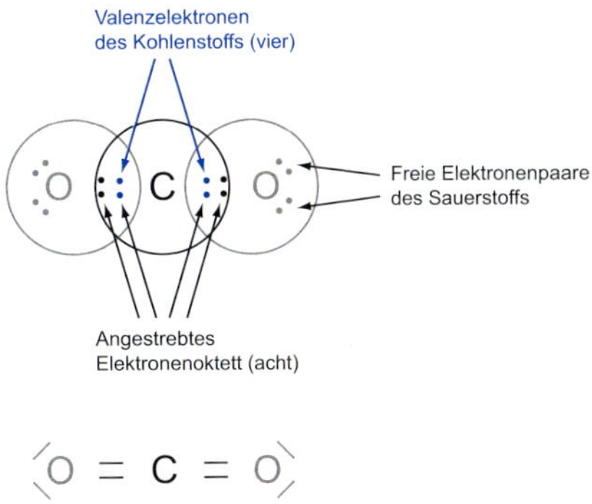

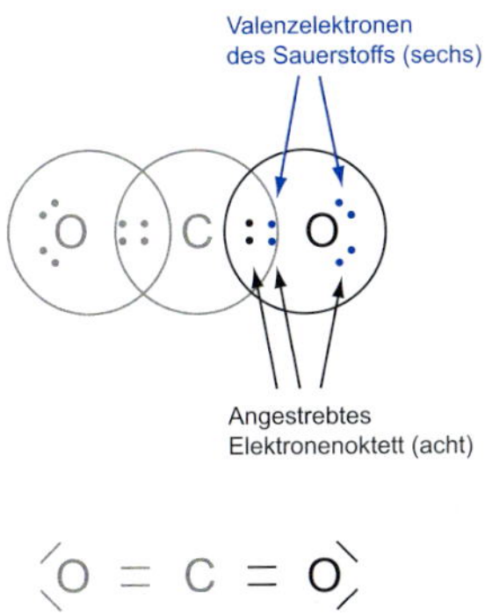

Anwendung der Oktettregel am Beispiel des Kohlenstoffdioxidmoleküls.

Das obere Bild zeigt das Kohlenstoffatom. Es verfügt über vier Valenzelektronen und gelangt über die Ausbildung von insgesamt vier Bindungen (zwei Doppelbindungen) in einen oktettähnlichen, energetisch günstigen Zustand.

Das untere Bild zeigt die Situation am Sauerstoffatom. Von den angestrebten acht Elektronen stellt es sechs Valenzelektronen zur Verfügung und erhält zwei weitere Elektronen aus der Doppelbindung mit dem Kohlenstoff.

Die mithilfe der Wertigkeiten und der Oktettregel ermittelte Strukturformel des Kohlenstoffdioxid (O-C-O) ist die einzig mögliche. Eine andere Anordnung (z. B. C-O-O) verstieße gegen eine der Regeln.

Doppelt hält besser.

Häufig kommt es vor, dass zwei Elemente zwei oder gar drei Elektronenpaare zugleich miteinander teilen, also **Mehrfachbindungen** eingehen. Man spricht deshalb zur besseren Unterscheidung von **Einfach-, Doppel-** und **Dreifachbindungen** (ein, zwei bzw. drei gemeinsame Elektronenpaare). Der Abstand zweier Bindungspartner nimmt von der Einfach- zur Dreifachbindung ab, die Festigkeit der Bindung nimmt dagegen zu. Dargestellt werden die bindenden Elektronenpaare zumeist als Striche, die die Atome zu einem Molekül verknüpfen. Valenzelektronen, die an der Bindung nicht beteiligt sind – z. B. weil das Element seine maximale Wertigkeit nicht erreicht – werden als **freie Elektronenpaare** bezeichnet und als Strich am Elementsymbol wiedergegeben.

Strukturen können oftmals mit Hilfe der Oktettregel vorhergesagt werden.

Mit Hilfe der Wertigkeiten und der Oktettregel ist es möglich, **Strukturen** (Molekülformen) vorherzusagen. Beim Kohlenstoffdioxid beispielsweise ist nur die Anordnung O-C-O, nicht jedoch C-O-O möglich, da sonst eine der beiden Regeln verletzt würde. Die Oktettregel gilt jedoch für Atome mit mehr als zwei Elektronenschalen nur noch eingeschränkt.

2.1 Polarität von Bindungen

Je größer der Unterschied der Elektronegativitäten beider Bindungspartner ausfällt, desto mehr entfernt sich das bindende Elektronenpaar vom weniger elektronegativen zum stärker elektronegativen Element hin. So wird aus einer **homöopolaren** (unpolaren) **Atombindung** ($\Delta EN = 0$) eine **polare Atombindung** ($0 < \Delta EN \leq 1{,}8$), die das Bindeglied zur Ionenbindung ($\Delta EN > 1{,}8$) darstellt. Die Übergänge zwischen diesen drei Bindungsarten sind jedoch fließend, und die Elektronegativitätsdifferenzen sind folglich zur Beurteilung der Bindungsverhältnisse nur als ein Richtwert zu verstehen.

Homöopolare Atombindung:	$\Delta EN = 0$
Polare Atombindung:	$0 < \Delta EN \leq 1{,}8$
Ionenbindung:	$\Delta EN > 1{,}8$

Typische Beispiele für eine homöopolare Atombindung sind elementare Verbindungen (Modifikationen) wie Wasserstoff (H_2), Sauerstoff (O_2), Stickstoff (N_2) und Chlor (Cl_2). Die Elektronegativitätsdifferenzen betragen hier null, da sich jeweils Atome desselben Elementes miteinander verbinden. Sie tragen also **keinerlei elektrische Ladungen** und das bindende Elektronenpaar wird von beiden Partnern in gleichem Maße angezogen.

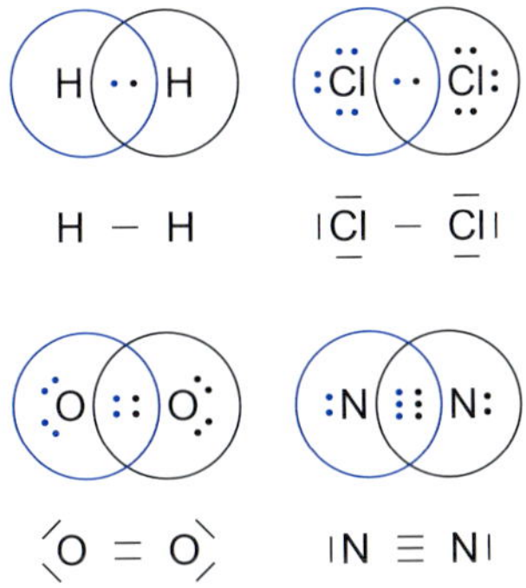

Homöopolare Atombindungen am Beispiel von Wasserstoff, Chlor, Sauerstoff und Stickstoff

Im Gegensatz hierzu ist beispielsweise das Chlorwasserstoffmolekül (HCl) **polarisiert** (es enthält positiv und negativ geladene Bereiche), da das bindende Elektronenpaar aufgrund der Elektronegativitätsdifferenz von $\Delta EN = 0{,}9$ zum Chloratom hin verschoben wird. Um die polare Atombindung besonders kenntlich zu machen, wird der Bindungsstrich oft in Form einer Pfeilspitze dargestellt: Die breite Seite zeigt hierbei den elektronegativeren Partner an.

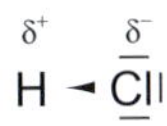

Polare Atombindung am Beispiel des Chlorwasserstoffmoleküls. Die Bindungselektronen werden der höheren Elektronegativität wegen stärker vom Chloratom angezogen (breite Seite der Pfeilspitze). Die sich ergebenden Partialladungen werden durch δ^+ (positiv) bzw. δ^- (negativ) kenntlich gemacht.

Durch die Konzentration der Elektronen aufseiten des Chloratoms entsteht dort ein negativer Ladungsüberschuss, der als **negative Partialladung** (Teilladung) bezeichnet wird. Im Gegenzug fehlen Elektronen in der Umgebung des Wasserstoffatoms, dort ergibt sich somit eine **positive Partialladung.** Als Symbole für Partialladungen werden δ^- bzw. δ^+ (griech. klein delta) verwendet.

2.2 Anordnung von Partialladungen

Die **räumliche Anordnung** der Partialladungen in einem Molekül bestimmt darüber, ob es im Ganzen polarisiert ist oder sich nach außen hin elektrisch neutral verhält. Eine symmetrische Anordnung gleich großer Partialladungen kann zu einer Kompensierung, also Aufhebung, ungleichnamiger Ladungen führen.

Dipol, ja oder nein?
Auf die Summe der Partialladungen kommt es an.

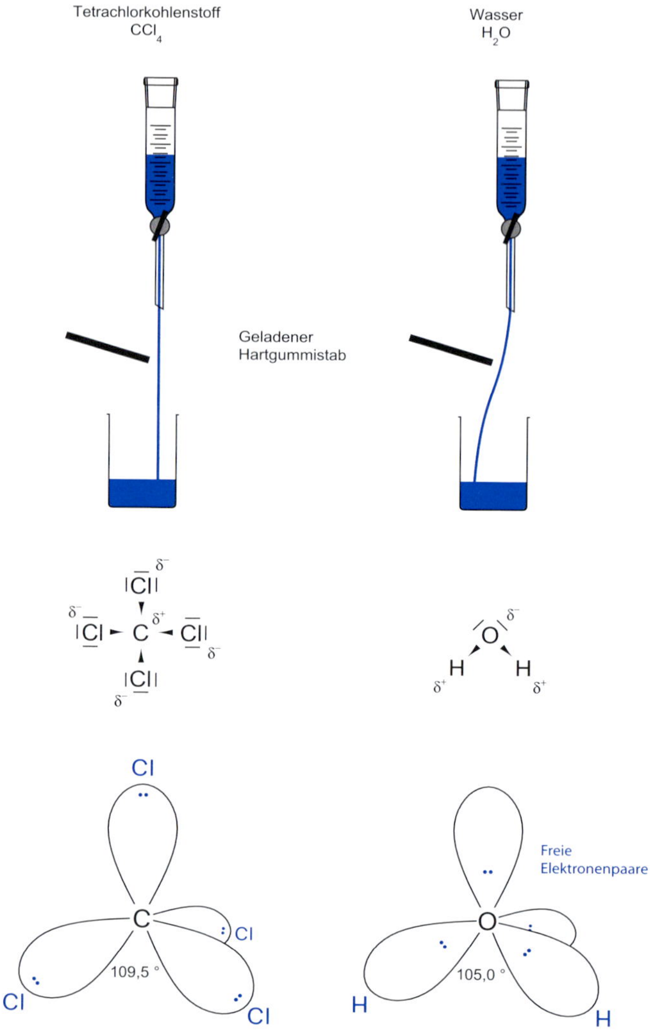

Vergleich der Dipoleigenschaften von Tetrachlorkohlenstoff (CCl_4) und Wasser (H_2O). Während sich beim Tetrachlorkohlenstoff die Partialladungen durch die tetraedrische Anordnung der Chloratome gegenseitig aufheben, besitzt Wasser ein Dipolmoment. Ein feiner Wasserstrahl kann demnach mit Hilfe eines geladenen Gummistabes abgelenkt werden, was beim Tetrachlorkohlenstoff nicht gelingt. Die Strukturformeln geben bei beiden Molekülen nicht den korrekten Bindungswinkel von 109,5 ° bzw. 105,0 ° wieder. Als Aufenthaltsorte der bindenden und freien Elektronenpaare wurden in Anlehnung an das Atomorbitalmodell Elektronenwolken (Orbitale) gezeichnet.

Ein Molekül, das zwei entgegengesetzt elektrisch geladene Bereiche innehat, wird als Dipolmolekül (kurz: Dipol) bezeichnet.

Ein Beispiel für ein Molekül mit stark polarisierten Atombindungen, das jedoch **keinen Dipolcharakter** zeigt, ist der **Tetrachlorkohlenstoff** (CCl_4). Das zentrale Kohlenstoffatom (δ^+) ist umgeben von vier Chloratomen (δ^-), die aufgrund ihrer gleichnamigen Partialladungen bestrebt sind, einen möglichst großen Abstand voneinander einzuhalten. Die **günstigste Anordnung** ist der **Tetraeder**, ein geometrischer Körper aus vier gleich großen, gleichseitigen Dreieckflächen, in dessen Mitte das Kohlenstoffatom und auf dessen Ecken die Chloratome sitzen. Der tatsächliche Abstandswinkel beträgt 109,5 °, während aus der vereinfachten, »flachen« Strukturformel fälschlicherweise ein Winkel von nur 90 ° hervorgeht. Die symmetrische Aufteilung der Partialladungen führt zu einer Ladungskompensation.

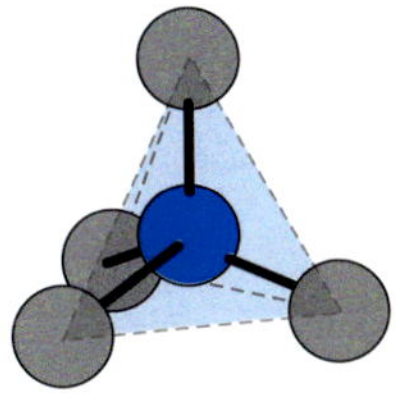

Tetraedrische Anordnung. Der Tetraederwinkel beträgt 109,5 °.

Das Wassermolekül ist ein gewinkelter Dipol.

Auch das Wassermolekül nimmt eine tetraedrische Form ein. Während auf zwei der Ecken die Wasserstoffatome (δ^+) sitzen, werden die übrigen zwei Ecken durch die freien Elektronenpaare des zentralen Sauerstoffatoms (δ^-) besetzt. Die Partialladungen sind hier ungleichmäßig verteilt, **Wasser** ist deshalb ein **Dipolmolekül.** Diese Eigenschaft beweist im Übrigen die **gewinkelte Struktur** (105,0 °) des Wassermoleküls: Bei einer gestreckten Anordnung H-O-H würden sich die Partialladungen zu null aufheben, Wasser hätte folglich keine Dipolnatur.

Die Annahme, dass sich die acht Elektronen eines Oktetts stets paarweise und möglichst weit voneinander entfernt, also tetraedrisch, um den Atomkern anordnen, nennt man **Elektronenpaarabstoßungsmodell.** In seiner stark vereinfachenden Darstellung ähnelt es dem Atomorbitalmodell, das hier ebenfalls eine tetraedrische Struktur vorgibt.

3 Metallbindung

Metalle spenden ihre Elektronen und erreichen so die Edelgaskonfiguration.

Metalle, die als **elektropositive Elemente** links im Periodensystem angeordnet sind, können weder durch einen Elektronenübergang von einem Metallatom zum anderen noch durch die Bildung gemeinsamer Elektronenpaare einen stabilen Oktettzustand erreichen. Vielmehr sind alle Metallatome gezwungen, ihre **Valenzelektronen abzugeben**, um eine komplett gefüllte Außenschale **(Edelgaskonfiguration)** zu erlangen. Die resultierenden positiven Metallionen ordnen sich, ähnlich wie in einem Ionengitter, zu einer dichten Kugelpackung an, dem **Metallgitter**.

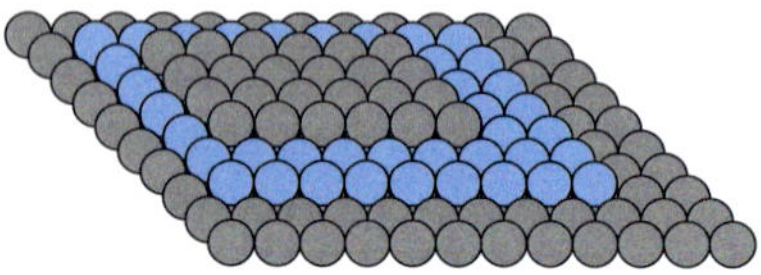

Bild oben: Dichte Kugelpackung in einem Metallgitter. Die einzelnen Ebenen sind verschiedenfarbig dargestellt.

Bild unten: In den Zwischenräumen des Gitters halten sich die abgegebenen Valenzelektronen (blau) auf. Sie sind als Elektronengas frei beweglich.

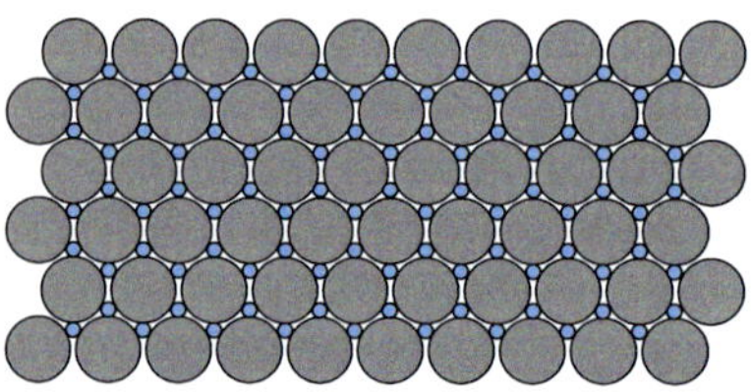

Die abgegebenen Elektronen sind in diesem Gitter frei beweglich und werden deshalb auch als **Elektronengas** bezeichnet. Sie gleichen die positiven Ladungen der Atomrümpfe aus und halten das Gitter dadurch zusammen.

Die hohe Beweglichkeit des Elektronengases ist bei Metallen die Ursache für ihre guten **Leitfähigkeiten** von **elektrischem Strom** und **Wärme**. Legt man eine Spannung an, wandern die Elektronen in Richtung Pluspol und transportieren so die Ladungen durch den Metallkörper. Auch Wärme wird durch die Elektronen aufgenommen und rasch von der Wärmequelle fortgeleitet. Metalle fühlen sich deshalb auch bei Raumtemperatur stets kühl an.

Da ein Metallgitter nur aus einheitlichen Ionen besteht, die durch das Elektronengas geschmeidig gegeneinander verschiebbar sind, lassen sich Metalle besonders gut **verformen**, z. B. also schmieden oder walzen.

4 Zwischenmolekulare Kräfte

Im Vergleich zu den bisher beschriebenen Bindungsarten sind die Anziehungskräfte zwischenmolekularer Wechselwirkungen nur gering. Man unterscheidet hierbei zwischen **Dipol-Wechselwirkungen** und **VAN-DER-WAALSschen Wechselwirkungen** (JOHANNES VAN DER WAALS, 1837–1923).

Dipole können Kristalle bilden.

Moleküle, die aufgrund ihrer Partialladungen über einen Dipolcharakter verfügen, ordnen sich so an, dass negativ geladene Zonen des Moleküls mit positiv geladenen Zonen eines Nachbarmoleküls aufeinandertreffen. Vor allem im festen Zustand ergeben sich dadurch hochgeordnete Strukturen, die **Kristalle**, bei denen die einzelnen Moleküle einem Ionengitter gleich auf festen Gitterplätzen ruhen. Bekanntestes Beispiel sind wohl die **Eiskristalle**, bei denen sich Dipol-Wechselwirkungen in Form von **Wasserstoffbrückenbindungen** ausbilden.

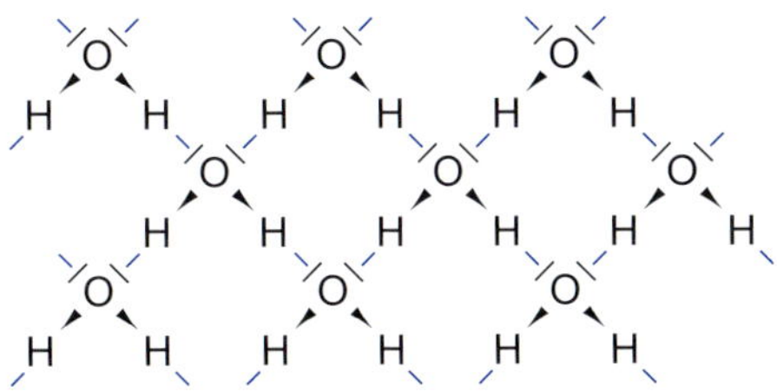

Bild oben: Dipol-Wechselwirkungen in Form von Wasserstoffbrückenbindungen (blau) beim Wasser

Bild unten: Schematische Darstellung einer gleich verteilten (links) und polarisierten (rechts) Anordnung der Elektronen im Chloratom

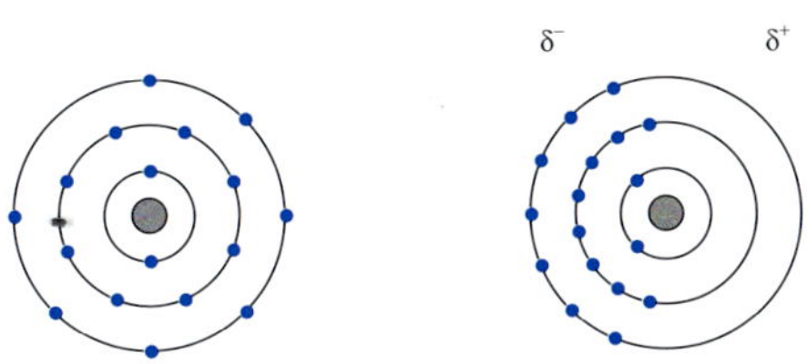

Aber auch Teilchen, Atome wie Moleküle, die keine Dipole sind, können durch eine Verschiebung ihrer Elektronen eine gewisse Polarisierung erfahren. Sind die negativen Ladungen der Elektronenhülle im zeitlichen Mittel zwar gleich verteilt, so kann dennoch für einen kurzen Augenblick die **Elektronendichte uneinheitlich** sein. Es bilden sich somit schwach negative und positive Ladungszonen aus, die zu einer Anziehung der Teilchen führen. Da die Ladungsverschiebungen jedoch nur für sehr kurze Zeit auftreten, sind auch die ausgebildeten Kräfte nur gering.

VAN-DER-WAALS-Kräfte sind nur schwach ausgebildet.

Auf einen Blick: Chemische Bindungen

Ionenbindung

- Ionische Bindungen treten zwischen elektropositiven Metallen und elektronegativen Nichtmetallen auf. Salze sind typische ionische Verbindungen.
- Bei der Ionenbindung gehen die Valenzelektronen vom elektropositiven zum elektronegativen Bindungspartner über, sodass beide den Oktettzustand ihrer Außenschale erreichen. Es bilden sich sehr stabile und hochgeordnete Strukturen, die Kristallgitter, bei denen die einzelnen Ionen auf festen Gitterplätzen ruhen.

Atombindung

- Vor allem Nichtmetalle gehen Atombindungen miteinander ein.
- Ihrer ähnlichen Elektronegativität wegen gibt es hierbei keinen Elektronenübergang, vielmehr teilen sich die Bindungspartner Elektronenpaare, um so einen oktettähnlichen Zustand zu erlangen.
- Man unterscheidet – je nach Elektronegativitätsdifferenz der beteiligten Elemente – zwischen polarer und unpolarer Atombindung. Moleküle, deren Atome polar untereinander gebunden sind, weisen häufig einen Dipolcharakter auf.

Metallbindung

- Metalle erreichen durch Abgabe ihrer Valenzelektronen die Edelgaskonfiguration. Die verbliebenen positiv geladenen Atomrümpfe bilden ein Kristallgitter, das von einem frei beweglichen sogenannten Elektronengas umgeben ist.

Zwischenmolekulare Kräfte

- Dipole bilden Wechselwirkungen untereinander aus, die zu einer Ausrichtung der Moleküle führen. Sie kristallisieren in geordneten Strukturen.
- Durch zeitweilige Verschiebungen der Ladungsdichten in Elektronenhüllen erfahren Atome und Moleküle eine schwache Polarisierung, die VAN-DER-WAALS-Wechselwirkungen der Teilchen hervorruft.

Chemie der Elemente

Nach dem Periodensystem lassen sich die chemischen Elemente in Haupt- und Nebengruppen unterteilen. Die Elemente einer jeden Gruppe haben gemeinsame charakteristische Eigenschaften; dies ist durch den ähnlichen Atomaufbau bedingt. Die wichtigsten Eigenschaften der Elemente und ihre Reaktionen werden im Folgenden, nach Hauptgruppen geordnet, vorgestellt. Der Wasserstoff nimmt hierbei eine Sonderstellung ein.

1 Wasserstoff

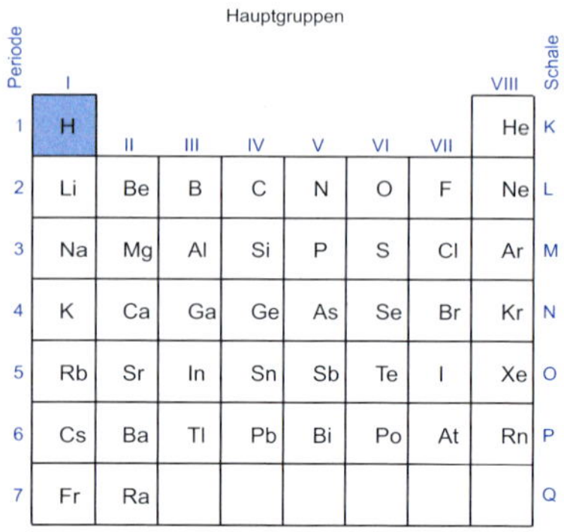

Ordnungszahl	1
Elektronegativität	2,1
Schmelzpunkt (°C)	–259
Siedepunkt (°C)	–253

1.1 Allgemeine Eigenschaften

Wasserstoff ist **das kleinste aller Atome** und verfügt zugleich auch über den einfachsten Atombau. Der Kern besteht aus nur einem Proton, und die Elektronenhülle ist mit nur einem Elektron besetzt. Obwohl Wasserstoff im Periodensystem über der I. Hauptgruppe angeordnet ist, gehört er ihr nicht an. Im Gegensatz zu den Alkalimetallen zeigt Wasserstoff einen typischen **Nichtmetallcharakter** und hat dementsprechend eine vergleichsweise hohe Ionisierungsenergie und hohe Elektronegativität.

H^+-Ionen gehen in der flüssigen Phase immer Verbindungen ein.

Die durch Ionisierung gebildeten **H^+-Ionen sind Protonen.** Sie existieren in der flüssigen Phase nicht allein, sondern bilden stets Verbindungen mit anderen Molekülen oder Atomen. Mit Wasser beispielsweise verbinden sie sich zu **Oxoniumionen** (H_3O^+).

Auch Wasserstoff kann – ähnlich wie die Halogene – durch Aufnahme eines Elektrons die stabile Außenschale eines Edelgases erreichen (H^- = **Hydrid-Ion = Heliumkonfiguration**). Dies ist jedoch nur in Verbindungen mit stark elektropositiven Metallen wie z. B. dem Kalium (Kaliumhydrid, K^+H^-) möglich.

Wasserstoff ist **einwertig** und kann somit je Atom auch nur eine einzige kovalente Bindung eingehen. Typische polare Verbindungen des Wasserstoffs sind z. B. das Wasser (H_2O) oder die Halogenwasserstoffe (HF, HCl, HBr, HI).

Von besonderer Bedeutung sind die vielen organischen Verbindungen mit Kohlenstoff (Kohlenwasserstoffe). Homöopolare Bindungen geht Wasserstoff mit sich selbst in Form eines **zweiatomigen Gases** ein (H_2).

1.2 Vorkommen und Darstellung

Vorkommen in der Natur

Über 90 % der Materie des Weltalls ist Wasserstoff. Auf der Erde kommt er dagegen in weit geringeren Konzentrationen vor: Der Häufigkeit nach ist jedes neunte Atom der Erdkruste ein Wasserstoffatom, in der erdnahen Atmosphäre findet man das Gas nur in Spuren vor (ca. 0,00005 % des Luftvolumens).

Darstellung im Labor

Im Labor kann Wasserstoff am einfachsten durch die **Reaktion** eines **Metalls mit einer Säure** hergestellt werden. Beispiel:

$$Zn + 2\,HCl \rightarrow H_2\uparrow + ZnCl_2$$

Zink wird in Salzsäure aufgelöst, gasförmiger Wasserstoff entsteht unter Bläschenbildung und steigt auf (Pfeilsymbol).

Auch die Reaktion eines stark **elektropositiven Metalls mit Wasser** ergibt Wasserstoffgas:

$$2\,Na + 2\,H_2O \xrightarrow{H_2O} 2\,Na^+_{(aq)} + 2\,OH^-_{(aq)} + H_2\uparrow$$

Die Angabe »H_2O« über dem Reaktionspfeil besagt, dass die Reaktion in wässriger Lösung abläuft. Die Natrium- (Na^+) und Hydroxidionen (OH^-) liegen als Produkte gelöst in Wasser (aq = aqua, lat. *Wasser*) vor, Wasserstoff entweicht als Gas.

In der **Industrie** wird Wasserstoff zumeist aus Reaktionen von Kohlenwasserstoffen (Erdgase, Benzine) und Wasser gewonnen. Ein traditionelles Verfahren ist die Reaktion von Kohle mit überhitztem Wasserdampf (**Kohlevergasung**) bei ca. 1000 °C:

$$C + H_2O \rightleftharpoons CO + H_2 \qquad \Delta H_R^0 = +131\,\frac{kJ}{mol}$$

Die Reaktion verläuft endotherm. Um die notwendige Energie zu erhalten, wird deshalb im Wechsel mit Wasserdampf auch Luft über die Kohle geblasen, die dann exotherm verbrennt und ausreichend Wärmeenergie bereitstellt:

$$C + O_2 \rightarrow CO_2 \qquad \Delta H_R^0 = -394 \frac{kJ}{mol}$$

1.3 Physikalische und chemische Eigenschaften

Wasserstoff ist ein ungiftiges Gas.

Wasserstoff ist ein farb-, geruch- und geschmackloses, brennbares und ungiftiges Gas, das mehr als 14-mal leichter ist als Luft. Bei Raumtemperatur reagiert Wasserstoff nur recht träge, da zur Dissoziation (Spaltung) des Moleküls in die beiden Atome eine recht hohe Energie aufgewendet werden muss:

$$H_2 \rightleftharpoons 2\,H \qquad \Delta H_R^0 = +436 \frac{kJ}{mol}$$

Knallgasreaktion

Katalysatoren wie Platin können diese Reaktion jedoch erheblich begünstigen, sodass ein Gemisch aus Wasserstoff und Sauerstoff (**Knallgas**), das gewöhnlich erst bei einer Temperatur von ca. 400 °C reagiert, sich bereits bei Raumtemperatur explosionsartig umsetzt:

$$2\,H_2\,(g) + O_2\,(g) \rightarrow 2\,H_2O\,(g) \qquad \Delta H_R^0 = -242 \frac{kJ}{mol}$$

Im Labor wird mithilfe dieser Reaktion Wasserstoff nachgewiesen (Knallgasprobe). Im technischen Bereich hingegen nutzt man die große Wärmeentwicklung der Reaktion für das Schmelzen hochschmelzender Stoffe und zum Schweißen und Schneiden von Metallen (**Knallgasgebläse**).

Eine artverwandte Reaktion, die **Chlorknallgasreaktion**, muss ebenfalls aktiviert werden. Es genügt hier jedoch bereits ein Lichtblitz, um die Explosion auszulösen:

$$H_2 + Cl_2 \rightarrow 2\,HCl$$

Molekularer Wasserstoff ist bei höheren Temperaturen in der Lage, viele Metalloxide (wie z. B. CuO) zu reduzieren, also ihnen den Sauerstoff zu entziehen. Wasserstoff selbst reagiert dabei mit dem Sauerstoff zu Wasser und ist somit ein gutes **Reduktionsmittel**. Nach Ablauf der Reaktion bleibt als Produkt reines Kupfer zurück.

Wasserstoff ist ein gutes Reduktionsmittel.

$$CuO \quad + \quad H_2 \quad \longrightarrow \quad Cu \quad + \quad H_2O$$

2 Alkalimetalle (I. Hauptgruppe)

2.1 Gruppeneigenschaften

Alkalimetalle verfügen über nur **ein** einziges **Valenzelektron**, das besonders leicht unter Bildung eines positiv geladenen Ions abgegeben wird. Die Elemente der I. Hauptgruppe zählen somit zu den **reaktivsten Metallen** und **stärksten Reduktionsmitteln** im Periodensystem.

Hauptgruppen

Periode	I	II	III	IV	V	VI	VII	VIII	Schale
1	H							He	K
2	Li	Be	B	C	N	O	F	Ne	L
3	Na	Mg	Al	Si	P	S	Cl	Ar	M
4	K	Ca	Ga	Ge	As	Se	Br	Kr	N
5	Rb	Sr	In	Sn	Sb	Te	I	Xe	O
6	Cs	Ba	Tl	Pb	Bi	Po	At	Rn	P
7	Fr	Ra							Q

Die **Reaktivität** nimmt vom Lithium zum Cäsium hin zu. So reagieren Lithium und Natrium mit Wasser zum Hydroxid (OH^-), ohne dass sich der freigesetzte Wasserstoff entzünden kann. Anders jedoch beim Kalium und Rubidium: Hier genügt die frei werdende Reaktionswärme für eine spontane Entzündung des Gases. Cäsium wiederum reagiert sogar explosionsartig mit Wasser.

$$2\,K \quad + \quad 2\,H_2O \quad \xrightarrow{H_2O} \quad 2\,K^+_{(aq)} \quad + \quad 2\,OH^-_{(aq)} \quad + \quad H_2\uparrow$$

	Lithium Li	Natrium Na	Kalium K	Rubidium Rb	Cäsium Cs
Ordnungszahl	3	11	19	37	55
Elektronegativität	1,0	0,9	0,8	0,8	0,7
Schmelzpunkt (in °C)	181	98	64	39	29
Siedepunkt (in °C)	1342	883	774	689	705
Flammenfärbung	rot	gelb	violett	violett	blau

Francium ist mit seinen Isotopen **radioaktiv**. Das langlebigste Isotop (^{223}Fr) hat eine Halbwertszeit von ca. 21 Minuten.

2.2 Vorkommen, Darstellung und Verwendung

Vorkommen in der Natur

Ihrer hohen Reaktivität wegen kommen die Alkalimetalle in der Natur nicht elementar, sondern nur in **ionischer Form** vor. Natrium, das häufigste Element der Gruppe, macht einen Anteil von 2,5 % der Erdrinde aus. Es wird in großen Lagerstätten vor allem als Steinsalz (NaCl) und Soda (Na_2CO_3) sowie auch in vielen Mineralien vorgefunden. Im Meerwasser sind zudem etwa 3 % NaCl gelöst. Während Kalium als Sylvin (KCl) ebenfalls große Vorkommen bildet, treten Rubidium und Cäsium als Begleiter nur in jeweils sehr geringen Mengen auf. Auch das radioaktive Francium ist extrem selten.

Darstellung in der Industrie

Zur **Gewinnung von elementarem Lithium, Natrium und Kalium** werden die entsprechenden **Salze** geschmolzen und dann **elektrolysiert**, also elektrochemisch zersetzt. Hierzu werden negative Elektroden in die **Schmelze** getaucht; sie versorgen die positiven Metallionen mit Elektronen und wandeln sie somit wieder zu einem Metall um (reduzieren). Das elementare Produkt scheidet sich dann entweder in reiner Form ab oder wird anschließend, z. B. durch Destillation, abgetrennt. **Rubidium** und **Cäsium** erhält man durch chemische Umsetzung ihrer Salze mit Zirconium (Zr).

Verwendung von Alkalimetallen

Lithium wird in der Technik Metallen wie Blei, Aluminium und Magnesium als härtender **Legierungsbestandteil** beigemischt. **Natrium** verwendet man als **Leuchtmittel** (Natriumdampfentladungslampen) und im Labor als **Trocknungsmittel** für organische Lösungsmittel sowie als wichtiges **Reduktionsmittel**. Zudem ist es Ausgangssubstanz zur Herstellung von Verbindungen wie Natriumcyanid (NaCN) und Natriumhydrid (NaH).

Alkalimetalle spalten unter Einwirkung von UV-Strahlung ihr Valenzelektron ab (**Fotoelektrischer Effekt**). **Cäsium** eignet sich aufgrund seiner hohen Elektropositivität hierfür besonders gut und wird deshalb bevorzugt zum Bau von **Fotozellen** verwendet. ^{137}Cs ist ein β-Strahler (Halbwertszeit = 30 Jahre) und wird vor allem in der Medizin als **Strahlungsquelle** eingesetzt.

2.3 Physikalische und chemische Eigenschaften

Alkalimetalle sind weich.

Die Alkalimetalle sind **weich** und lassen sich bequem mit einem Messer schneiden. Lithium ist das leichteste aller bei Raumtemperatur festen Elemente. **Lithium, Natrium und Kalium** sind zudem **leichter als Wasser**. Die Metalle sehen – mit Ausnahme des Cäsiums, das bronzeartig erscheint – **silbrig weiß** aus. Die **Schmelz- und Siedepunkte** liegen im Vergleich zu anderen Metallen **niedrig** und nehmen mit steigender Ordnungszahl ab.

An der Luft laufen Alkalimetalle rasch an, es bildet sich aufgrund von Feuchtigkeit ein Hydroxidfilm. Aufbewahrt werden sie deshalb vor allem unter Petroleum.

Wichtiger Bestandteil einer qualitativen Analyse (Bestimmung der Art der Bestandteile einer Substanz) ist die **Flammenprobe**. Hierzu werden kleine Mengen des zu untersuchenden Stoffes auf Magnesiastäbchen gegeben und in die Flamme eines Bunsenbrenners gehalten.

Charakteristische Flammenfärbungen lassen auf die Anwesenheit von Alkali- und Erdalkalimetallen schließen. So verursacht Lithium eine karminrote, Natrium eine gelbe, Kalium und Rubidium eine violette und Cäsium eine blaue Flammenfärbung. Sie beruht nach dem **BOHRschen Atommodell** auf der Anhebung des Valenzelektrons in eine höhere Schale. Bei Rückkehr auf sein ursprüngliches Energieniveau wird die aufgenommene Wärmeenergie in Form von Licht wieder abgestrahlt.

2.4 Verbindungen

Hydroxide

Alkalimetallhydroxide (LiOH, NaOH, KOH) sind sehr starke Basen. Sie werden in der Alkalichlorid-Elektrolyse hergestellt. NaOH (Ätznatron) wird zum Aufschluss von Aluminiumerzen und zur Herstellung von Papier und Zellstoff benötigt. KOH (Ätzkali) spielt vor allem in der Seifen- und Waschmittelproduktion eine wichtige Rolle.

Halogenide

Bei den **Halogeniden** sind Natriumchlorid (NaCl) und Kaliumchlorid (KCl) hervorzuheben. NaCl ist Ausgangsprodukt für die Herstellung von Natronlauge ($NaOH_{(aq)}$), Salzsäure ($HCl_{(aq)}$), Chlor (Cl_2) und Soda (Na_2CO_3, nach dem SOLVAY-Verfahren) und damit die industriell bedeutendste Natriumverbindung. Aus KCl wird Kalilauge ($KOH_{(aq)}$) sowie Kaliumcarbonat (K_2CO_3) gewonnen.

Carbonate, Nitrate

Während die **Carbonate** vor allem in der Waschmittelproduktion und Glasfabrikation eingesetzt werden, kommt den **Alkalimetallnitraten** eine besondere Bedeutung in der Düngemittelherstellung ($NaNO_3$, KNO_3) und Sprengstofftechnik (KNO_3, Bestandteil von Schwarzpulver) zu.

3 Erdalkalimetalle (II. Hauptgruppe)

3.1 Gruppeneigenschaften

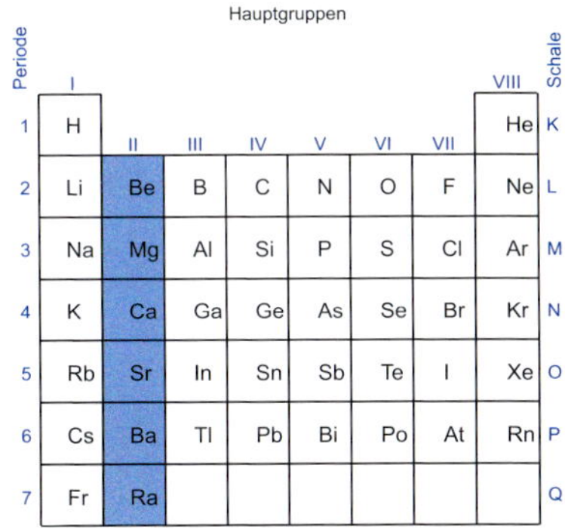

Die Elemente der Erdalkalimetalle verfügen über **zwei Valenzelektronen** auf ihrer äußersten Schale. Trotz der relativ hohen 2. Ionisierungsenergie wird nach dem ersten auch das zweite Elektron zum Erreichen der Edelgaskonfiguration abgegeben. Die Stabilität der zweifach positiv geladenen Ionen wird durch die hohe **Gitterenergie** in Verbindungen und die hohe **Hydratationsenthalpie** (Energie, die beim Lösen eines Stoffes durch Anlagerung von Wassermolekülen frei wird) in wässrigen Lösungen gewährleistet. Erdalkalimetalle sind **reaktionsfreudig, elektropositiv** und starke **Reduktionsmittel**.

Beryllium nimmt eine **Sonderstellung** in der II. Hauptgruppe ein. Es ist dem im Periodensystem schräg benachbarten Aluminium ähnlicher als seinem nächsten Gruppennachbarn, dem Magnesium. Ursache hierfür ist vor allem der kleine Ionenradius des Berylliums, der dem des Aluminiums nahezu entspricht. Auch die vergleichsweise hohe Elektronegativität, die eher zu kovalenten als zu ionischen Bindungen führt, ist gleich der von Aluminium.

	Beryllium Be	Magnesium Mg	Calcium Ca	Strontium Sr	Barium Ba
Ordnungszahl	4	12	20	38	56
Elektronegativität	1,5	1,2	1,0	1,0	0,9
Schmelzpunkt (in °C)	1285	650	851	769	725
Siedepunkt (in °C)	2970	1107	1482	1384	1640
Flammenfärbung	–	–	ziegelrot	karminrot	grün

Sämtliche Isotope des **Radiums**, ein Zerfallsprodukt des ^{238}U, sind **radioaktiv**. Das langlebigste Isotop hat eine Halbwertszeit von 1600 Jahren.

3.2 Vorkommen, Darstellung und Verwendung

Vorkommen in der Natur

Auch die Erdalkalimetalle treten in der Natur wegen ihrer hohen Reaktivität nicht elementar auf. **Beryllium** ist nur selten vertreten, am häufigsten in Mineralien wie dem Beryll. Im Gegensatz dazu gehören **Magnesium** und **Calcium** mit 1,9 % bzw. 3,4 % der Erdrinde zu den zehn häufigsten Elementen der Erde.

Magnesium kommt in zahlreichen Mineralien sowie in Salzlagerstätten in Form von Magnesiumchlorid ($MgCl_2$) und Magnesiumsulfat ($MgSO_4$) zumeist als Mischkristall mit Kaliumchlorid (KCl) vor. Im Meerwasser sind 0,13 % Magnesium gelöst. Calcium findet man in den gesteinsbildenden Mineralien vor. Als Carbonat ($CaCO_3$) bildet es Kalkstein, Kreide und Marmor. In großen Mengen kann vor allem Gips (Calciumsulfat, $CaSO_4$) und Apatit ($Ca_5(PO_4)_3(OH, F, Cl)$) abgebaut werden.

Strontium und **Barium** sind seltener und ebenfalls in Mineralien vertreten. Das radiumreichste Mineral ist Pechblende (zum Großteil Uranoxid, UO_2), das **Radium** als ein Zerfallsprodukt des ^{238}U enthält (0,34 g Ra / t U).

Darstellung

Beryllium, Magnesium und Calcium können – ebenso wie die Alkalimetalle – durch Schmelzelektrolyse aus ihren Halogenidsalzen gewonnen werden. Barium und auch Calcium werden technisch jedoch im Aluminothermischen Verfahren erzeugt.

Verwendung von Erdalkalimetallen

In der Metallurgie wird **Beryllium** als **verfestigender Legierungsbestandteil** eingesetzt. Auch spezielle **optische Gläser**, die keine Röntgenstrahlung zurückhalten dürfen, werden aus Beryllium gefertigt. **Magnesiumlegierungen** kommen ihrer geringen Dichte wegen insbesondere im **Flugzeugbau** und in der **Raumfahrt** zum Einsatz.

3.3 Physikalische und chemische Eigenschaften

Erdalkalimetalle sind Leichtmetalle.

Die Erdalkalimetalle sind **Leichtmetalle. Beryllium** unterscheidet sich aufgrund seiner **Sonderstellung** auch in den physikalischen Eigenschaften deutlich von den übrigen Gruppenelementen: Es ist grau, spröde und hart. Auch der Schmelz- und der Siedepunkt heben sich deutlich von den anderen Elementen ab. Magnesium ist deutlich weicher als Beryllium, silbrig glänzend und läuft bei Kontakt mit Luft matt-weiß an. Calcium, Strontium und Barium sind relativ weiche Metalle, haben eine silbrig weiße Farbe und laufen ebenfalls an Luft rasch an.

Alle Gruppenelemente werden von Luftsauerstoff oxidiert. Beryllium und Magnesium bilden hierbei jedoch als einzige eine kompakte Oxidschicht, die sie vor weiterer Oxidation schützt (Passivierung). Beim Beryllium ist die Passivierungsschicht durchsichtig, es tritt deshalb an Luft keine Farbveränderung auf. Die schwereren Gruppenelemente werden weiter oxidiert, Calcium vollständig bis zum Kern.

Nicht alle Erdalkalimetalle reagieren mit Wasser.

Die Passivierung der Oberfläche hat zur Folge, dass **Beryllium** und **Magnesium** auch **nicht mit Wasser reagieren**, während sich **Calcium, Strontium** und **Barium sehr heftig** und unter Wärmeentwicklung **umwandeln**. Calcium zeigt eine ziegelrote, Strontium eine karminrote und Barium eine grüne **Flammenfärbung**.

3.4 Verbindungen

Hydroxide der Erdalkalimetalle sind Basen.

Mit Ausnahme des Berylliumhydroxids ($Be(OH)_2$), das amphotere Eigenschaften zeigt, also je nach Bedingungen als Säure oder als Base reagiert, sind die **Erdalkalimetallhydroxide** typische Basen. Calciumhydroxid ($Ca(OH)_2$) wird, da es sehr kostengünstig hergestellt werden kann, in großem Umfang in der Industrie eingesetzt (z. B. SOLVAY-Verfahren zur Sodaherstellung). Barytwasser, eine wässrige Lösung aus Bariumhydroxid ($Ba(OH)_2$), wird im Labor als Nachweismittel für Kohlenstoffdioxid verwendet. Das dabei gebildete Bariumcarbonat, das in Wasser nahezu unlöslich ist, fällt als weißer Niederschlag aus (Pfeilsymbol).

$$Ba^{2+}_{(aq)} + 2\,OH^{-}_{(aq)} + CO_2 \rightarrow BaCO_3\downarrow + H_2O$$

Oxide

Die **Oxide** der Erdalkalimetalle erhält man durch die Zersetzung der Carbonate bei Temperaturen um die 1000 °C. Beim Kalkstein (Calciumcarbonat, $CaCO_3$) wird dies als **Kalkbrennen** bezeichnet:

$$CaCO_3 \rightarrow CaO + CO_2 \qquad \Delta H_R^0 = +178\,\frac{kJ}{mol}$$

Gebrannter Kalk (CaO) reagiert unter großer Wärmeentwicklung mit Wasser zu Calciumhydroxid ($Ca(OH)_2$). Dieser Vorgang wird **Kalklöschen** genannt:

$$CaO + H_2O \rightarrow Ca(OH)_2 \qquad \Delta H_R^0 = -65\,\frac{kJ}{mol}$$

Herstellung von Luftkalkmörtel

Aus gelöschtem Kalk ($Ca(OH)_2$) wird durch Beimischung von Kies und anderen Zuschlagsstoffen **Luftkalkmörtel** hergestellt. Er härtet durch das in der Luft enthaltene Kohlenstoffdioxid aus und verbindet dadurch Baumaterialien miteinander:

$$Ca(OH)_2 + CO_2 \rightarrow CaCO_3 + H_2O$$

Magnesium verbrennt an der Luft unter gleißendem Licht und hoher Wärmeentwicklung zu Magnesiumoxid:

$$2\,Mg + O_2 \rightarrow 2\,MgO \qquad \Delta H_R^0 = -602\,\frac{kJ}{mol}$$

Gemische von Magnesiumpulver und Sauerstofflieferanten wie dem Kaliumchlorat ($KClO_3$) werden deshalb in Einwegblitzlichtlampen für die Fotografie verwendet.

Sulfate

Von den **Erdalkalimetallsulfaten** ist Calciumsulfat (Gips, $CaSO_4$) wegen seiner Verwendung im Baugewerbe, in der keramischen Industrie und im Bildhauerhandwerk das technisch bedeutendste. Gips kann aus großen Lagerstätten in der Natur abgebaut werden und geht bei Erhitzen auf etwa 120 °C in gebrannten Gips über. Dabei wird Wasser, das in den Gipskristallen eingelagert ist (**Kristallwasser**), verdrängt. Mit Wasser bindet gebrannter Gips rasch wieder zu einer festen Masse ab.

Kristallwasser wird in chemischen Gleichungen mit einem Multiplikationssymbol an das entsprechende Salz symbolisch angefügt. Es handelt sich hierbei jedoch um keinen mathematischen Faktor.

$$CaSO_4 \cdot 2\,H_2O \quad \rightarrow \quad CaSO_4 \cdot 0{,}5\,H_2O$$

Bariumsulfat ($BaSO_4$) ist nahezu wasserunlöslich, darum ungiftig, und wird in der Medizin als Röntgenkontrastmittel eingesetzt. Darüber hinaus verwendet man es auch als weißes Pigment für Malerfarbe.

Phosphate

Calcium**phosphat**, das in der Natur als Apatit abgebaut werden kann, wird durch Reaktion mit Schwefelsäure in **Superphosphat**, einen der wichtigsten Mineraldünger, umgewandelt:

$$Ca_3(PO_4)_2 \quad + \quad 2\,H_2SO_4 \quad \rightarrow \quad 2\,CaSO_4 \quad + \quad Ca(H_2PO_4)_2$$

Phosphate wurden früher in Waschmitteln zur Wasserenthärtung eingesetzt. Sie binden die für die Wasserhärte verantwortlichen Calcium- und Magnesiumionen. Später wurden die Phosphate durch **Polyphosphate** (Ketten aneinandergereihter Phosphate) ersetzt. Heute benutzt man ionentauschende Silikate, die Zeolithe, um eine Überdüngung der Gewässer zu vermeiden.

4 Borgruppe (III. Hauptgruppe)

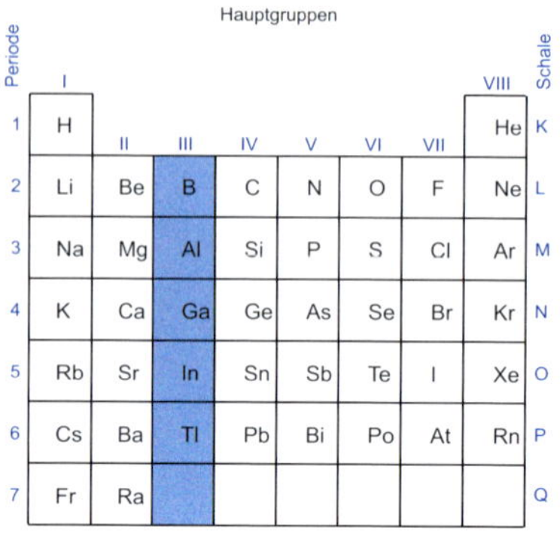

4.1 Gruppeneigenschaften

Entsprechend ihrer Elektronenkonfiguration treten die Elemente der III. Hauptgruppe vornehmlich **dreiwertig** auf. Mit zunehmender Ordnungszahl findet man jedoch **auch einwertige Formen** vor. Einwertige Thalliumverbindungen beispielsweise sind stabiler als dreiwertige und werden somit bevorzugt gebildet. **Bor** nimmt innerhalb der Gruppe eine **Sonderstellung** ein und zeigt eine enge Verwandtschaft zum schräg benachbarten Silicium (IV. Hauptgruppe). Im Gegensatz zu den übrigen Gruppenelementen, die **Nichtmetalle** sind, zeichnet sich Bor durch typische Halbleitereigenschaften aus. Bor wird deshalb zu den **Halbmetallen** gezählt.

Die Elemente der Borgruppe sind reaktionsfähig und zeigen eine höhere Affinität (Bindungsbestreben) zu den elektronegativen Elementen (vor allem Sauerstoff und Halogene) als zu den elektropositiven. Bor bildet als einziges Element der Gruppe keine freien B^{3+}-Ionen.

4.2 Vorkommen, Darstellung und Verwendung

Vorkommen in der Natur

Die Elemente der III. Hauptgruppe treten in der Natur nur in Verbindungen auf. Bor liegt in Form von Boraten vor, die beiden wichtigsten Mineralien sind hierbei Borax ($Na_2B_4O_7 \cdot 10\ H_2O$) und Kernit ($Na_2B_4O_7 \cdot 4\ H_2O$). Aluminium ist, als das häufigste Metall der Erdrinde, an zahlreichen mineralischen Verbindungen beteiligt. Für die Darstellung ist Bauxit von besonderer Bedeutung. Bauxit ist ein Gemisch aus Aluminiumhydroxidoxid ($AlO(OH)$) und Aluminiumhydroxid ($Al(OH)_3$).

	Bor B	Aluminium Al	Gallium Ga	Indium In	Thallium Tl
Ordnungszahl	5	13	31	49	81
Elektronegativität	2,0	1,5	1,6	1,7	1,8
Schmelzpunkt (in °C)	2300	660	30	157	304
Siedepunkt (in °C)	2550	2467	2400	2080	1457

Gallium, Indium und Thallium sind als Begleiter in Zinkblende (Zinksulfid, ZnS) enthalten.

Darstellung

Zur Darstellung von **Bor** werden die Borate in Boroxid (B_2O_3) überführt und dann mit Magnesium reduziert:

$$B_2O_3 \quad + \quad 3\,Mg \quad \rightarrow \quad 2\,B \quad + \quad 3\,MgO$$

Aluminium wird mit Hilfe der Schmelzflusselektrolyse aus Aluminiumoxid (Al_2O_3) hergestellt. Als Ausgangsstoff dient Bauxit, mit Aluminiumhydroxidoxid ($AlO(OH)$) als Hauptbestandteil. **Gallium, Indium** und **Thallium** können durch Elektrolysen ihrer wässrigen Salzlösungen hergestellt werden.

Verwendung in der Technik und im Alltag

Borverbindungen werden in der Technik aufgrund ihrer hohen Härte als **Schleifmittel** verwendet. **Bor** selbst wird zur **Vergütung von Stahl** eingesetzt. **Aluminium** ist nach Eisen das bedeutendste Gebrauchsmetall. Es findet eine sehr vielseitige Verwendung in Haushalt und Industrie. Wegen seiner guten chemischen Widerstandsfähigkeit, Formbarkeit und geringen Dichte wird es vor allem für **Konstruktionen im Haus-, Fahrzeug-, Schiff-** und **Flugzeugbau** benutzt. **Gallium, Indium** und **Thallium** werden als Legierungsmetalle eingesetzt.

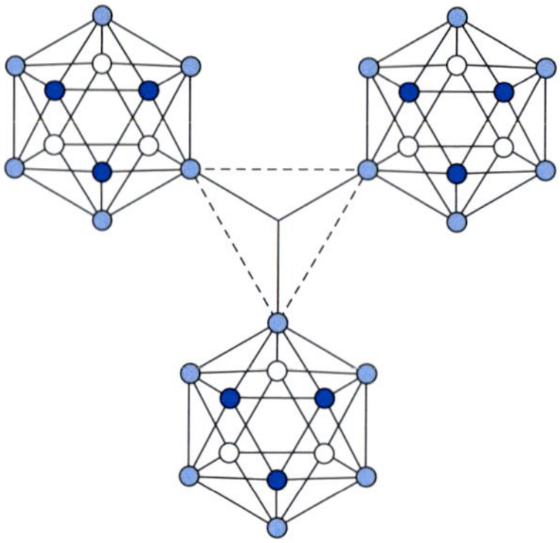

Die α-rhomboedrische Modifikation von Bor. Die Ikosaeder sind durch 3-Zentren-BBB-Bindungen miteinander verknüpft.

4.3 Physikalische und chemische Eigenschaften

Bor nimmt nicht nur als Halbmetall in seiner Hauptgruppe eine **Sonderstellung** ein. Auch seine Kristallstrukturen und Verbindungen sind einzigartig im Periodensystem. Bor kristallisiert in verschiedenen Formen (Modifikationen), die zum Großteil auf **B_{12}-Ikosaedern** basieren (20-flächige geometrische Körper, die aus zwölf Boratomen aufgebaut sind). Im α-rhomboedrischen Bor sind die Ikosaeder durch 3-Zentren-BBB-Bindungen miteinander verknüpft.

Bor ist ein starkes Reduktionsmittel.

Die einzelnen Bormodifikationen sind zum Teil **ähnlich hart wie Diamant** und halbleitend. Bor ist **reaktionsträge**, reagiert erst bei Temperaturen ab 400 °C und ist ein **starkes Reduktionsmittel**.

Aluminium ist ein Leichtmetall.

Aluminium ist ein silberweißes **Leichtmetall** mit **guter elektrischer Leitfähigkeit**. An Luft bildet es eine dünne, kompakte Oxidschicht aus, die es vor weiterer Oxidation schützt. Diese **Passivierung** wird in der Industrie durch elektrochemische Oxidation, das **Eloxieren**, noch verbessert. Man erzielt so eine stabile Oxidhaut von wenigen Hundertstel Millimetern, die das Aluminium gegen Säuren, Laugen und Meerwasser schützt (wichtig vor allem beim Schiffbau).

Die hohe Reaktionswärme bei der Bildung von Aluminiumoxid (Al_2O_3) macht man sich beim **Aluminothermischen Verfahren** zunutze. Oxide von Metallen werden mit Aluminiumspänen gemischt (Thermitgemisch) und gezündet. Aluminium reduziert das Metalloxid, und flüssiges Metall fällt an. So erhaltenes Eisen wird beispielsweise zum Schweißen von Schienensträngen im Bahnbau verwendet.

$$3\,Fe_3O_4 + 8\,Al \rightarrow 4\,Al_2O_3 + 9\,Fe \qquad \Delta H_R^0 = -3341\,\frac{kJ}{mol}$$

Gallium, Indium und **Thallium** sind weißlich glänzende Metalle. Die Verformbarkeit nimmt vom Gallium zum Thallium hin zu. Gallium und Indium werden ihrer Passivierung wegen **von Wasser nicht angegriffen, Thallium** jedoch **reagiert in Gegenwart von Luft und Wasser** zu Thalliumhydroxid (TlOH).

4.4 Verbindungen

Hydroxide der Borgruppe haben teils Säurecharakter, teils basischen Charakter.

Der Säurecharakter der **Hydroxide** nimmt innerhalb der Borgruppe vom Bor zum Thallium hin ab. Borhydroxid ($B(OH)_3$ oder auch H_3BO_3) hat die Eigenschaften einer Säure, Aluminiumhydroxid ($Al(OH)_3$) und Galliumhydroxid ($Ga(OH)_3$) sind amphoter, Indiumhydroxid ($In(OH)_3$) und Thalliumhydroxid ($Tl(OH)_3$) haben indes überwiegend basischen Charakter.

Verbindungen des Bors

Aus der Vielzahl der **Borverbindungen** sind insbesondere die Hydroxoborate, die Perborate und das Bornitrid hervorzuheben. Der bekannteste Vertreter der **Hydroxoborate** (Sauerstoffverbindungen des Bors, die zudem Hydroxidgruppen [OH^-] oder Kristallwasser enthalten) ist der Borax (Natriumtetraborat, $Na_2B_4O_7 \cdot 10\,H_2O$). Borax wird vor allem in der Glas- und Keramikindustrie eingesetzt. Wasch- und Bleichmittel enthalten häufig **Perborate**, z. B. $NaBO_2 \cdot H_2O_2 \cdot 3\,H_2O$. Dies sind Borate, denen neben Wassermolekülen auch Wasserstoffperoxidmoleküle (H_2O_2) angelagert sind. Beim Waschvorgang werden hieraus nun Sauerstoffatome freigesetzt, die bleichend wirken.

Ein wichtiger Ersatzstoff für Diamanten als Schleifmittel ist das **Bornitrid** (BN_3). Auch hier sind mehrere Modifikationen bekannt, sie ähneln in ihrer Struktur denen des Kohlenstoffs. Die extrem harte, diamantähnliche Modifikation wird Borazon genannt. Sie verbrennt erst bei 1900 °C zu Boroxid (B_2O_3).

Verbindungen des Aluminiums

Beim Prozess der Aluminiumgewinnung werden aus Bauxit große Mengen an Aluminiumoxid (**Korund**, Al_2O_3) hergestellt; dieses wird in der Schmelzelektrolyse weiter verarbeitet. Korund selbst jedoch zählt bereits zu einer der wichtigsten **Aluminiumverbindungen**. Es wird als Schleif- und Poliermittel sowie in gebrannter Form (gesintert) für die Herstellung von hitzebeständigen Geräten benutzt. Künstliche Edelsteine wie Rubine und Saphire werden aus Korund-Metallschmelzen gezüchtet. **Aluminiumchlorid** ($AlCl_3$) ist in der Organischen Chemie als ein wichtiger Katalysator von Bedeutung.

Verbindungen von Gallium, Indium und Thallium

Gallium- und **Indiumverbindungen** ähneln weitestgehend denen des Aluminiums. **Thalliumverbindungen** sind in ihrer dreiwertigen Form Tl(III) sehr starke Oxidationsmittel, während Tl(I)-Verbindungen in ihren Eigenschaften den Alkalimetallen ähneln. Thalliumverbindungen sind sehr giftig und daher auch Bestandteil von Rattengift. Sie färben eine Flamme intensiv grün.

5 Kohlenstoffgruppe (IV. Hauptgruppe)

Hauptgruppen

Periode	I	II	III	IV	V	VI	VII	VIII	Schale
1	H							He	K
2	Li	Be	B	C	N	O	F	Ne	L
3	Na	Mg	Al	Si	P	S	Cl	Ar	M
4	K	Ca	Ga	Ge	As	Se	Br	Kr	N
5	Rb	Sr	In	Sn	Sb	Te	I	Xe	O
6	Cs	Ba	Tl	Pb	Bi	Po	At	Rn	P
7	Fr	Ra							Q

5.1 Gruppeneigenschaften

Die Elemente der Kohlenstoffgruppe besitzen **vier Valenzelektronen**, die **maximale Wertigkeit** beträgt demnach ebenfalls **vier**. Mit steigender Ordnungszahl nimmt die Beständigkeit von Verbindungen aus **zweiwertig** reagierenden Elementen zu. Nur beim Blei jedoch sind Pb(II)-Verbindungen auch stabiler als die Pb(IV)-Verbindungen.

	Kohlenstoff C	Silicium Si	Germanium Ge	Zinn Sn	Blei Pb
Ordnungszahl	6	14	32	50	82
Elektronegativität	2,5	1,8	1,8	1,8	1,9
Schmelzpunkt (in °C)	3550	1414	937	232	328
Siedepunkt (in °C)	4830	2477	2830	2625	1744

Von den leichten Elementen hin zu den schweren kann man einen Wechsel vom Nichtmetall zum Metall feststellen: Kohlenstoff ist ein Nichtmetall, Germanium und Silicium sind Halbmetalle und Zinn sowie Blei Metalle. Die Übergänge sind jedoch fließend; Zinn z. B. erinnert in seinen Strukturen noch an ein Nichtmetall, während Silicium dort schon metallischen Charakter zeigt.

Die Übergänge zwischen Metallen und Nichtmetallen sind fließend.

5.2 Vorkommen, Darstellung und Verwendung

Elementarer Kohlenstoff ist auf der Erde in drei Modifikationen verbreitet: als Graphit, Diamant sowie als Fullerene. Den Großteil der natürlichen Vorkommen bilden jedoch die Mineralien, allen voran das Calciumcarbonat ($CaCO_3$) in Form von Kalkstein, Marmor und Kreide. Mischkristalle von Magnesiumcarbonat ($MgCO_3$) und Calciumcarbonat bilden den Dolomit.

Vorkommen in der Natur

Mit seinen organischen Verbindungen ist Kohlenstoff wesentlich am Aufbau eines jeden biologischen Organismus beteiligt. Heutige Vorkommen an Erdöl, Kohle und Erdgas entstammen den Überbleibseln urzeitlicher Lebewesen. Luft enthält einen Volumenanteil von 0,03 %, Meerwasser einen Massenanteil von 0,005 % Kohlenstoffdioxid (CO_2).

Silicium ist das zweithäufigste Element der Erdrinde. Es tritt jedoch nicht elementar, sondern zum Großteil in Form von Siliciumdioxid (Quarz, SiO_2) oder Silikaten auf. Germanium wird in der Natur hingegen nur selten vorgefunden, Ausgangsstoff für die Darstellung ist Germanit, eine mineralische Sulfidverbindung ($Cu_6FeGe_2S_8$). Das bedeutendste Erz für die Zinndarstellung ist Zinnstein (Zinnoxid, SnO_2), für Blei der Bleiglanz (Bleisulfid, PbS).

Darstellung und Verwendung von Kohlenstoff

Kohlenstoff wird in seiner diamantenen Modifikation in Minen abgebaut und dann weiterverarbeitet. 95 % der Diamanten setzt man aufgrund ihrer großen Härte als **Bohr-, Schleif-** und **Schneidmittel** ein, der übrige Teil wird zu wertvollen **Edelsteinen** verarbeitet. Seit den fünfziger Jahren werden Diamanten auch **synthetisch** bei hohen Drücken und Temperaturen aus Graphit hergestellt.

Einsatzgebiete von Kohlenstoffmodifikationen in Technik und Medizin

In der Modifikation des **Graphits** findet man Kohlenstoff vor allem in Koks und Holzkohle vor, jedoch in einer verunreinigten, minderwertig-kristallinen Form. Künstlichen Graphit, der als **Schmiermittel, Elektrodenmaterial** und für die Herstellung von **Bleistiftminen** benötigt wird, stellt man bei Temperaturen von etwa 3000 °C aus Koks her.

In Labor, Technik und Medizin wird **Aktivkohle**, eine lockere, feinkristalline Form des Graphits, wegen ihrer großen spezifischen Oberfläche (ca. 1000 m^2/g) zu **Reinigungs-** und **Filtrationszwecken** genutzt. **Pyrolysegraphit** schließlich, hochgeordnet aufgebauter Graphit, leitet Wärme besonders gezielt ab und dient deshalb beispielsweise als Material für Hitzeschilde im Raumfahrzeugbau.

Fullerene, kugelförmige und käfigartige Moleküle, wurden erst in den letzten Jahrzehnten vor allem in Flammenruß entdeckt.

Fossile Kohle (aus der Urzeit stammend) setzt sich aus komplizierten organischen Kohlenstoffgerüsten zusammen, die, je älter die Kohle ist, umso höhere Anteile an Kohlenstoff enthalten. Bei Braunkohle (Gewinnung im Tagebau) beträgt der Gehalt an Kohlenstoff 65–75 %, bei Steinkohle (Gewinnung im Untertagebau) 75–90 % und bei Anthrazit, der energiereichsten Steinkohle, bis zu 95 %. Kohle wird vor allem in der Industrie, aber auch in privaten Haushalten zur **Energie- und Wärmegewinnung** eingesetzt.

Herstellung und Verwendung von Silicium

Silicium wird technisch aus Quarz (SiO_2) durch Reduktion mit Koks bei ca. 2000 °C hergestellt:

$$SiO_2 \quad + \quad 2\,C \quad \rightarrow \quad Si \quad + \quad 2\,CO \qquad \Delta H_R^0 = +690 \frac{kJ}{mol}$$

Technisches Silicium wird im **Zonenschmelzverfahren** von Verunreinigungen befreit. Hierzu werden Siliciumblöcke ihrer Länge nach kontinuierlich in einem begrenzten Bereich geschmolzen. Die Verunreinigungen lösen sich und durchwandern so den gesamten Block. Nach mehreren Schmelzdurchgängen kann Silicium in hoher Reinheit (Verunreinigungen $< 10^{-9}\,\%$) gewonnen werden, was für die spätere Verwendung in der **Halbleitertechnik**, maßgeblich z. B. für die Computerindustrie, von großer Bedeutung ist.

Technische Gewinnung und Verwendung von Germanium

Durch die Aufbereitung von Germanit ($Cu_6FeGe_2S_8$) gewinnt man technisches **Germanium**, das ebenfalls für die Produktion von **Halbleiterelementen** im Zonenschmelzverfahren gereinigt wird.

Herstellung und Verwendung von Zinn

Analog zur Siliciumdarstellung aus Quarz erhält man **Zinn** durch die Reduktion von Zinnstein (SnO_2) mit Kohle. Zinn ist Bestandteil einer Reihe von **Legierungen**, wie z. B. Bronze (Kupfer und Zinn) oder Weichlot (Lötzinn).

Für **Verpackungsmaterialien** wird oft Weißblech (verzinntes Eisenblech) verwendet. Auch in der **Weltraumtechnik** kommt Zinn, legiert mit Titan, zum Einsatz.

Herstellung und Verwendung von Blei

Bleiglanz (PbS) ist die Ausgangssubstanz für die Darstellung von **Blei**. Nach dem Rösten (Oxidation von Bleiglanz) wird das entstandene Bleioxid (PbO) im Hochofen mit Koks (bzw. dem durch die Koksverbrennung entstehenden Kohlenstoffmonoxid, CO) zu Blei reduziert:

$$2\,PbS + 3\,O_2 \rightarrow 2\,PbO + 2\,SO_2 \qquad \text{Rösten}$$

$$2\,PbO + 2\,CO \rightarrow 2\,Pb + 2\,CO_2 \qquad \text{Reduktion}$$

Blei wird zur Herstellung von **Rohren, Geschossen, Kabelummantelungen** sowie **Akkumulatorplatten** (z. B. Autobatterie) verwendet.

5.3 Physikalische und chemische Eigenschaften

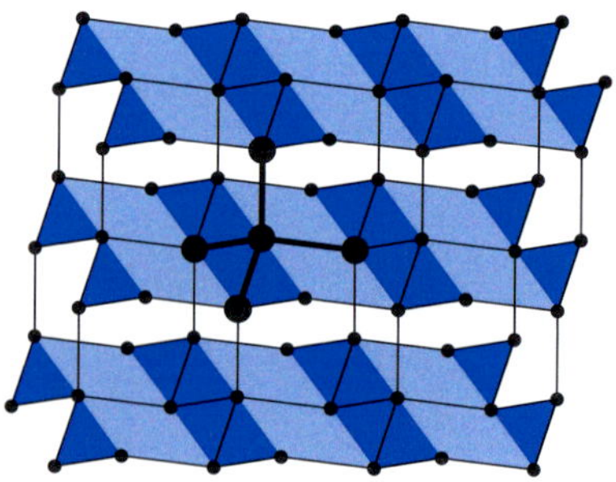

Kristallgitter des Diamanten. Die Kohlenstoffatome sind tetraedrisch angeordnet, die Bindungswinkel betragen 109,5°.

Die drei Modifikationen des **Kohlenstoffs** unterscheiden sich stark in ihrer Struktur und in ihren chemischen und physikalischen Eigenschaften. Im Kristallgitter des **Diamanten** sind die einzelnen Kohlenstoffatome **tetraedrisch** miteinander zu einem besonders festen Gefüge verbunden.

Die hohe Festigkeit der C-C-Bindungen macht den Diamanten zum **härtesten natürlichen Stoff**. Er ist **farblos, durchsichtig, stark lichtbrechend** und **leitet keinen elektrischen Strom**. Bei etwa 800 °C verbrennt Diamant zu Kohlenstoffdioxid (CO_2).

Graphit hingegen kristallisiert in Schichten, die parallel zueinander angeordnet sind. Jedes Kohlenstoffatom ist von drei weiteren Atomen umgeben, die miteinander ein Dreieck bilden **(trigonal-planar)**. Das jeweils vierte Valenzelektron eines jeden Kohlenstoffatoms – für die Bindung von drei Partnern werden nur drei der vier Außenelektronen benötigt – ist zwischen den Schichten frei beweglich. Graphit **leitet** somit den **elektrischen Strom** ähnlich gut wie ein Metall. Zudem sorgen die freien Elektronen für eine geschmeidige Verschiebbarkeit der einzelnen Graphitschichten. Graphit ist **schwarz** und **metallisch glänzend**, sehr **weich** und leicht in dünne Blättchen spaltbar.

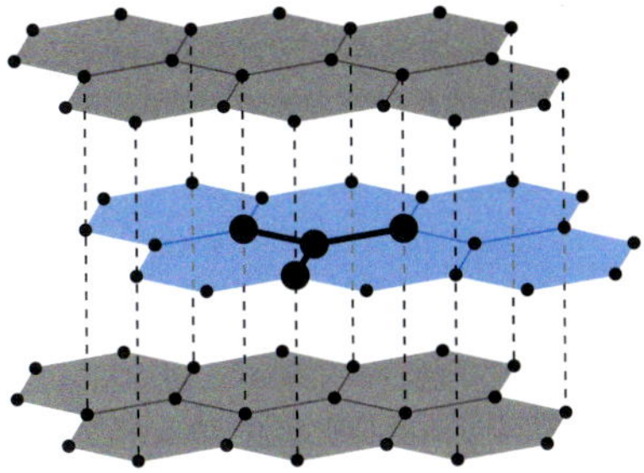

Kristallgitter von Graphit. Die Kohlenstoffatome sind trigonal-planar angeordnet, die Bindungswinkel betragen 120°.

Die Struktur des bekanntesten **Fullerens**, C_{60}, stellt man sich idealerweise als einen **Lederfußball** vor, der aus regelmäßigen Fünf- und Sechsecken zusammengesetzt ist. Auf jeder Ecke ist ein Kohlenstoffatom platziert, das mit seinen Nachbarn ein **kugelförmiges Käfigmolekül** bildet. Fullerene, die erst 1985 entdeckt wurden, existieren auch in weitaus komplizierteren Aufbauten. So bilden Moleküle wie C_{960} verschachtelte Käfigstrukturen, die in ihrer Geometrie an eine Zwiebel erinnern.

Silicium, Germanium und **Zinn** kristallisieren ebenfalls im Diamantgitter. Da jedoch die Bindungsstärken in Richtung Zinn abnehmen, sind somit immer mehr Elektronen frei im Gitter beweglich. Silicium und Germanium sind

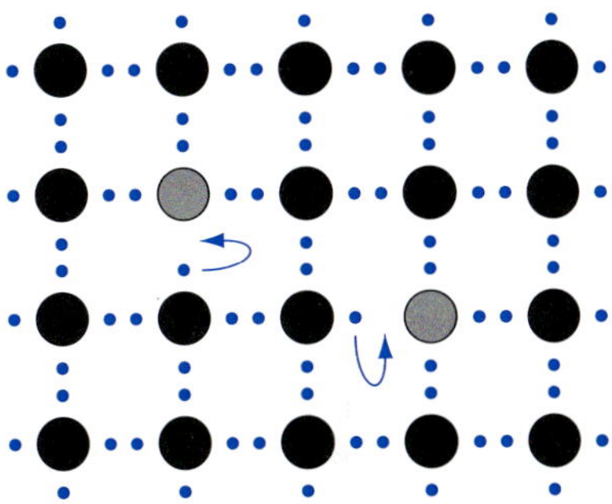

Schema eines Halbleiters. Die Atome des Halbleiters (hier z. B. Silicium, schwarze Kugeln) sind umgeben von ihren nur wenig beweglichen Valenzelektronen (blau). Durch Dotierung (»Verunreinigung«) mit einem Element der nächstniedrigeren Hauptgruppe (hier z. B. Gallium, graue Kugeln) entstehen wegen der geringeren Anzahl an Valenzelektronen Fehlstellen, in die die benachbarten Elektronen des Siliciums schlüpfen können. Die Leitfähigkeit kann so nach Belieben gesteigert werden.

deshalb **Halbleiter**, Zinn verhält sich überwiegend wie ein typischer metallischer **Leiter**.

Blei, ein **graues, weiches** und **dehnbares Schwermetall**, reagiert an der Luft mit Sauerstoff und wird rasch von einer vor weiterer Oxidation schützenden **Passivierungsschicht** überzogen.

5.4 Verbindungen

Verbindungen des Kohlenstoffs

Kohlenstoff besitzt die Fähigkeit, mit anderen Nichtmetallatomen – auch mit sich selbst – **Mehrfachbindungen** einzugehen (Doppel- und Dreifachbindungen). Je nach Bindigkeit ergibt sich eine tetraedrische, trigonal-planare oder lineare Anordnung der Kohlenstoffatome. Gleichfalls zeigt Kohlenstoff die größte Neigung aller Elemente, sich zu **langkettigen** und **ringförmigen Verbindungen** zusammenzuschließen. Die hieraus resultierende Verbindungsvielfalt – bis heute sind über vier Millionen Kohlenstoffverbindungen bekannt – wird in einer eigenen Fachrichtung der Chemie, der **Organik**, behandelt.

Von der Organik, also der Organischen Chemie, grenzen sich traditionell einige wenige anorganische Kohlenstoffverbindungen ab. Hierzu zählen u. a. die Oxide des Kohlenstoffs, die Kohlensäure sowie die Blausäure.

Kohlenstoffmonoxid:

$$|\overset{-}{C} \equiv \overset{+}{O}|$$

Kohlenstoffmonoxid (CO) ist ein farb- und geruchloses, sehr giftiges Gas, das bei der unvollständigen Verbrennung von Kohlenstoff entsteht:

$$2\,C \quad + \quad O_2 \quad \rightleftharpoons \quad 2\,CO$$

Technisch fällt Kohlenstoffmonoxid in großen Mengen bei der Darstellung von Wasserstoff an. CO ist vor allem für die Umsetzung mit Wasserstoff zur Herstellung von Kohlenwasserstoffen in der Industrie von Bedeutung. Je nach Synthesebedingungen erhält man Alkohole oder gesättigte (ohne

Mehrfachbindungen) und ungesättigte (mit Mehrfachbindungen) Kohlenwasserstoffe als Produkte.

Kohlenstoffdioxid (CO_2) ist ein farb- und geruchloses, nicht brennbares Gas, das bei der vollständigen Verbrennung von Kohlenstoff anfällt:

Kohlenstoffdioxid:

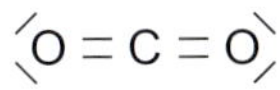

$$C + O_2 \rightarrow CO_2$$

In der Industrie entsteht Kohlenstoffdioxid als Nebenprodukt beim Kalkbrennen:

$$CaCO_3 \xrightarrow{1000°C} CaO + CO_2$$

Festes CO_2 sublimiert bei −78 °C und wird in Gemischen mit Alkohol oder Aceton als Kältemittel verwendet. Da es weder brennbar ist noch Verbrennungen unterhält, wird es auch als Feuerlöschmittel genutzt. Pflanzen nehmen CO_2 aus der Luft auf und wandeln es mit Hilfe von Sonnenenergie in Kohlenhydrate um (Assimilation).

Wird CO_2 in Wasser gelöst, so bildet sich **Kohlensäure**, die in zwei Stufen dissoziiert, also zerfällt, und dabei ihre Protonen abgibt:

Bildung von Kohlensäure (H_2CO_3)

$$CO_2 + H_2O \rightleftharpoons H_2CO_3$$

$$H_2CO_3 + H_2O \rightleftharpoons \underset{\text{Oxoniumion}}{H_3O^+} + \underset{\text{Hydrogencarbonation}}{HCO_3^-}$$

$$HCO_3^- + H_2O \rightleftharpoons H_3O^+ + \underset{\text{Carbonation}}{CO_3^{2-}}$$

Wichtigste Salze der Kohlensäure sind das Calciumhydrogencarbonat ($Ca(HCO_3)_2$) und das Calciumcarbonat ($CaCO_3$). Calciumhydrogencarbonat ist wasserlöslich und maßgeblich für die Wasserhärte verantwortlich (Carbonathärte oder temporäre Härte). Bei Hitze spaltet es Kohlensäure ab, die in Form von CO_2 entweicht, und wandelt sich somit in schwer lösliches Calciumcarbonat (Kesselstein) um:

$$Ca(HCO_3)_2 \rightarrow CaCO_3\downarrow + H_2O + CO_2\uparrow$$

Blausäure: Verbindung des Kohlenstoffs mit Wasserstoff und Stickstoff

Die technische Darstellung von **Blausäure** (Cyanwasserstoff, HCN), einer farblosen, äußerst giftigen und nach bitteren Mandeln riechenden Flüssigkeit, erfolgt aus Methan und Ammoniak:

$$CH_4 + NH_3 \xrightarrow[\text{Katalysator}]{1200\,^{\circ}C} HCN + 3\,H_2$$

Blausäure wird vor allem zur technischen Gewinnung von Edelmetallen (Cyanidlaugerei von Silber und Gold) eingesetzt.

Verbindungen des Siliciums

Bei den **Siliciumverbindungen** sind insbesondere das Siliciumdioxid (SiO_2) und die Silikate (Salze der Kieselsäure, H_4SiO_4) hervorzuheben. SiO_2 ist in der Natur weit verbreitet und tritt in zahlreichen Modifikationen auf. Die bedeutendste ist der Quarz, aus dessen Schmelzen besonders temperaturbeständige Gläser, die auch für UV-Licht durchlässig sind, gefertigt werden.

Für den Bau von Quarzuhren macht man sich die Piezoelektrizität (durch Druck entstandene Elektrizität) von Quarz zunutze. Durch Anlegen einer geeigneten Wechselspannung wird der Kristall zu Eigenschwingungen angeregt, die als Taktgeber für das Uhrwerk dienen. Besonders formschön ausgebildete Kristalle werden in der Schmuckindustrie weiterverarbeitet. Hierzu zählen u. a. der Bergkristall (wasserklar) und der Amethyst (violett).

Der Hauptbestandteil der Erdrinde setzt sich aus **Silikaten** zusammen, die eine Vielzahl von weit vernetzten Strukturen ausbilden. Silicium ist hierbei stets tetraedrisch von vier Sauerstoffatomen umgeben. Die wichtigste technische Verwendung liegt in der Produktion von Keramiken und Gläsern. Synthetische Silikate, wie z. B. Zeolith A ($Na_{12}[Al_{12}Si_{12}O_{48}] \cdot 27\ H_2O$), werden u.a. als Ionentauscher zur Wasserenthärtung eingesetzt. Beim Durchspülen der Hohlräume, die wie bei einer Raumstation durch kleinere Kanäle miteinander verbunden sind, werden die Ca^{2+}-Ionen des harten Wassers durch die Na^{+}-Ionen des Zeoliths ausgetauscht.

Von den **Bleiverbindungen** wird Bleiweiß ($Pb(OH)_2 \cdot 2\ PbCO_3$) als ein hoch deckendes, jedoch giftiges Farbpigment verwendet. Mennige (Blei(II, IV) oxid, Pb_3O_4) dient als Rostschutzmittel.

Schematische Darstellung eines Kettensilikats (oben) und eines Schichtsilikats (unten), die sich aus SiO_4-Tetraedern zusammensetzen.

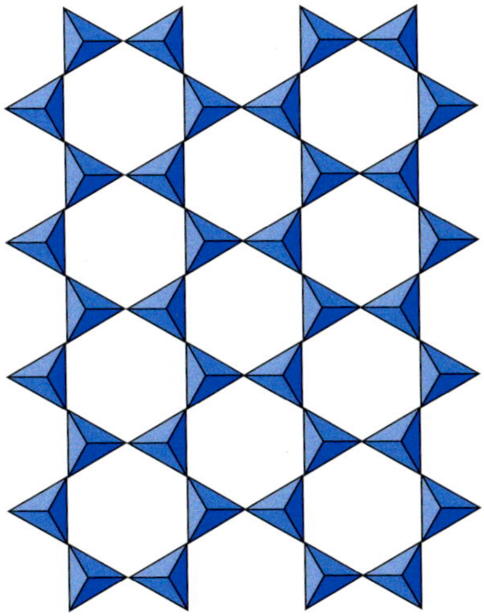

6 Stickstoffgruppe (V. Hauptgruppe)

6.1 Gruppeneigenschaften

Auch in der fünften Hauptgruppe gehen die Elemente von einem klassischen Nichtmetall (Stickstoff) zu einem typischen Metall (Bismut) über.

Hauptgruppen

Periode	I	II	III	IV	V	VI	VII	VIII	Schale
1	H							He	K
2	Li	Be	B	C	N	O	F	Ne	L
3	Na	Mg	Al	Si	P	S	Cl	Ar	M
4	K	Ca	Ga	Ge	As	Se	Br	Kr	N
5	Rb	Sr	In	Sn	Sb	Te	I	Xe	O
6	Cs	Ba	Tl	Pb	Bi	Po	At	Rn	P
7	Fr	Ra							Q

	Stickstoff N	Phosphor P	Arsen As	Antimon Sb	Bismut Bi
Ordnungszahl	7	15	33	51	83
Elektronegativität	3,0	2,1	2,0	1,9	1,9
Schmelzpunkt (in °C)	−210	44	–	630	271
Siedepunkt (in °C)	−196	281	613 Subl.	1753	1560

Die Elemente dieser Gruppe verfügen über fünf Valenzelektronen und reagieren in den Wertigkeiten drei und fünf. Mit steigender Ordnungszahl werden die Verbindungen der Wertigkeitsstufe drei stabiler, die der Stufe fünf instabiler.

Wie so häufig, nimmt das namensgebende Gruppenelement, hier der **Stickstoff**, eine **Sonderstellung** innerhalb der Gruppe ein. Zum einen liegt dies daran, dass Stickstoff erheblich **elektronegativer** als die übrigen Elemente der Gruppe ist. Zum anderen kann er im Höchstfalle nur **vierbindig** sein, da seine Valenzschale, die L-Schale, voll besetzt nur acht Elektronen umfassen kann.

6.2 Vorkommen, Darstellung und Verwendung

Vorkommen in der Natur

Stickstoff ist mit gut 78 % Hauptbestandteil der Luft. Als Mineral kommt er in der Hauptsache als Chilesalpeter (Natriumnitrat, $NaNO_3$) vor.

Phosphor ist ein sehr reaktionsfreudiges Element und wird somit in der Natur nur in gebundener Form vorgefunden. Das häufigste Mineral ist der Apatit ($Ca_5(PO_4)_3(OH, F, Cl)$).

Arsen, Antimon und Bismut treten überwiegend in sulfidischen Mineralien, wie dem Arsenkies (FeAsS), Grauspießglanz (Sb_2S_3) sowie Bismutglanz (Bi_2S_3), auf.

Darstellung in Labor und Industrie

Stickstoff wird industriell durch fraktionierende, also in die einzelnen Bestandteile zerlegende, Destillation von flüssiger Luft gewonnen. Im Labor kann chemisch reiner Stickstoff durch die thermische Zersetzung von Natriumazid (NaN_3) hergestellt werden:

$$2\ NaN_3 \xrightarrow{300^\circ C} 2\ Na + 3\ N_2 \uparrow$$

Phosphor wird aus der Reduktion von Calciumphosphat ($Ca_3(PO_4)_2$) mit Koks dargestellt. Quarzsand (SiO_2) wird der Reaktion als Schlackebildner zugeführt. Der entstandene Phosphor entweicht als Dampf:

$$2\ Ca_3(PO_4)_2 + 6\ SiO_2 + 10\ C \rightarrow 6\ CaSiO_3 + 10\ CO + P_4 \uparrow$$

Arsen gewinnt man durch Erhitzen von Arsenkies:

$$FeAsS \rightarrow FeS + As \uparrow$$

Im Röstreduktionsverfahren (Erhitzen mit Sauerstoff, Reduktion mit Kohle) wird **Antimon** aus Grauspießglanz dargestellt:

$$Sb_2S_3 + 5\ O_2 \rightarrow Sb_2O_4 + 3\ SO_2 \quad \text{Rösten}$$

$$Sb_2O_4 + 4\ C \rightarrow 2\ Sb + 4\ CO \quad \text{Reduktion}$$

Analog zur Antimondarstellung wird **Bismut** im Röstreduktionsverfahren aus Bismutglanz (Bi_2S_3) gewonnen.

Verwendung in der Industrie

In der chemischen Industrie wird **Stickstoff** in erster Linie zur **Synthese von Ammoniak** nach dem HABER-BOSCH-Verfahren eingesetzt. Darüber hinaus eignet sich Stickstoff aufgrund seiner hohen Stabilität und Reaktionsträgheit als **Schutzgas** bei vielen chemischen Reaktionen. Flüssiger Stickstoff dient als **Kühlmittel** in der Kältetechnik.

Der größte Teil des industriell produzierten **Phosphors** wird zu **Phosphorsäure** verarbeitet. Roten Phosphor, eine ungiftige Modifikation, setzt man in der Zündholzindustrie zur **Beschichtung von Reibeflächen** ein.

Arsen, Antimon und **Bismut** werden als Legierungsmetalle eingesetzt. Arsen ist hierbei vor allem in der **Halbleiterindustrie** von Bedeutung, während aus Antimon-Blei-Legierungen **Buchdrucklettern** und aus Bismut-Blei-Legierungen **tiefschmelzende Sicherungen** in Sprinkleranlagen hergestellt werden.

6.3 Physikalische und chemische Eigenschaften

Stickstoff ist ein ungiftiges Gas.

$|N \equiv N|$

Stickstoff ist bei Raumtemperatur ein farb-, geruch- und geschmackloses, ungiftiges und unbrennbares **Gas**. Es setzt sich aus N_2-Molekülen zusammen. Die Bindungsstärke zwischen den beiden Stickstoffatomen ist aufgrund der Dreifachbindung besonders hoch. Stickstoff ist deshalb **chemisch sehr stabil** und entsprechend **reaktionsträge.**

Phosphor kommt in mehreren Modifikationen vor.

Phosphor kommt in mehreren festen Modifikationen vor, die sich in ihren chemischen und physikalischen Eigenschaften stark voneinander unterscheiden. **Weißer Phosphor** entsteht z. B. bei der Kondensation von Phosphordampf während der Synthese aus Calciumphosphat. Er hat eine **weißliche bis gelbe** Farbe und eine **wachsartige** Konsistenz. Weißer Phosphor ist darüber hinaus **sehr reaktionsfähig** und **giftig**, reagiert bereits bei Raumtemperatur mit Luftsauerstoff zu P_4O_6 und **entzündet sich** dann **spontan** (Oxidation zu P_4O_{10}). Er wird deshalb unter Wasser aufbewahrt. Im Dunkeln leuchtet weißer Phosphor; man nennt das **Chemilumineszenz.**

Die hohe Reaktionsfähigkeit des weißen Phosphors lässt sich durch seine instabile Struktur erklären. Er liegt in allen

Aggregatzuständen in P_4-Molekülen vor, wobei die Phosphoratome auf den Ecken eines Tetraeders angeordnet sind. Da – im Gegensatz zu anderen tetraedrischen Verbindungen wie z. B. dem Methan – ein Zentralatom fehlt, betragen die Bindungswinkel nur 60°. Die bindenden Elektronenpaare stoßen sich somit gegenseitig stark ab und destabilisieren das Molekül.

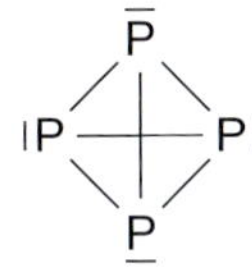

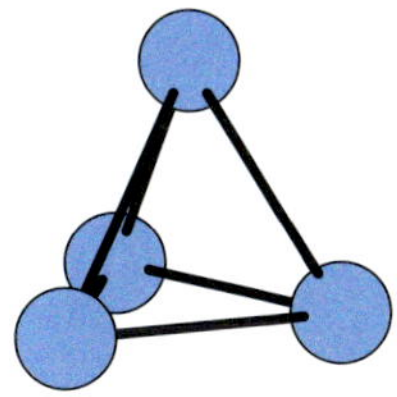

Unter Lichteinwirkung wandelt sich weißer Phosphor in den **ungiftigen** und **reaktionsträgen roten Phosphor** um. Er besteht aus dreidimensionalen, großflächigen Netzwerken, die durch starke VAN-DER-WAALS-Kräfte zusammengehalten werden. Roter Phosphor entzündet sich erst oberhalb von 300 °C.

Als weitere Modifikationen sind darüber hinaus noch **violetter** und **schwarzer Phosphor** bekannt.

Beim **Arsen** und **Antimon** sind die metallischen Modifikationen, graues Arsen bzw. graues Antimon, die beständigsten. Sie sind **spröde, glänzen metallisch** und **leiten** den **elektrischen Strom**. Während die Kristalle des grauen Arsens auch **grau** erscheinen, sind die des grauen Antimons hingegen **silbrig weiß**.

Bismut tritt nur in einer einzigen Modifikation auf, die auch **elektrisch leitfähig** und **spröde** ist. Seine Farbe ist leicht **rötlich-silbrig glänzend**.

6.4 Verbindungen

Verbindungen des Stickstoffs

Ammoniak (NH_3) ist die technisch bedeutendste **Stickstoffverbindung**. Es ist Ausgangsstoff für die Herstellung von Salpetersäure (HNO_3), Kunstdüngern, Sprengstoffen, Farbstoffen und Arzneimitteln.

Die Synthese erfolgt nach dem HABER-BOSCH-Verfahren aus den Elementen bei einer Temperatur von 400–500 °C, einem

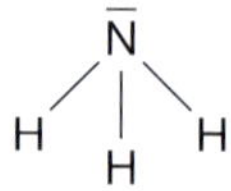

Druck von 30 MPa und mit Hilfe von Eisenoxid (Fe_2O_3, Fe_3O_4) als Katalysator:

$$3\,H_2 \quad + \quad N_2 \quad \rightarrow \quad 2\,NH_3$$

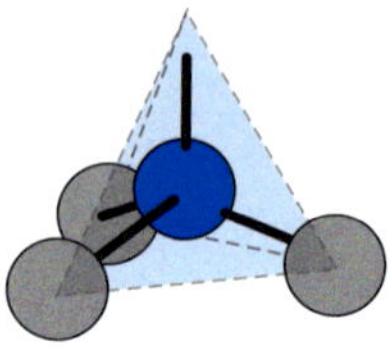

Das Ammoniakmolekül hat die Struktur eines **Tetraeders**, bei dem die drei Wasserstoffatome sowie das freie Elektronenpaar auf jeweils einer der Ecken sitzen.

Beim Lösen in Wasser bildet Ammoniakgas **Salmiakgeist** (Ammoniakwasser, $NH_4^+OH^-$), der aufgrund der freien Hydroxidionen eine Base ist.

$$NH_3 \quad + \quad H_2O \quad \rightarrow \quad NH_4^+ \quad + \quad OH^-$$

Ammoniak reagiert auch direkt mit Säuren, wobei **Ammoniumsalze** entstehen:

$$NH_3\,(g) \quad + \quad HCl\,(g) \quad \rightarrow \quad \underset{\text{Ammoniumchlorid}}{NH_4Cl} \quad (s)$$

Stickstoff bildet mit Sauerstoff die Stickoxide.

Stickstoff bildet eine Reihe von **Sauerstoffverbindungen**, die **Stickoxide**. Distickstoffmonoxid (Lachgas, N_2O) wird als Anästhetikum (Narkosemittel) verwendet.

Stickstoffmonoxid (NO) entsteht als ein Zwischenprodukt bei der Herstellung von Salpetersäure durch die Oxidation von Ammoniak. Die Reaktion erfolgt nach dem OSTWALD-Verfahren katalytisch an Platinnetzen bei Temperaturen von etwa 900 °C:

$$4\,NH_3 \quad + \quad 5\,O_2 \quad \rightarrow \quad 4\,NO \quad + \quad 6\,H_2O$$

Mit Sauerstoff reagiert NO spontan zu NO_2 (Stickstoffdioxid):

$$2\,NO + O_2 \rightleftharpoons 2\,NO_2$$

Stickoxide schaden der Umwelt.

Stickoxide gelangen durch Abgase aus Industrie und Fahrzeugverkehr in die Umwelt. Sie lösen sich in herabfallendem Regen und bilden so Salpetersäure und salpetrige Säure, »sauren Regen«, der Pflanzen, aber auch Bauwerke empfindlich beeinträchtigt. Um den Ausstoß von Stickoxiden zu verringern, werden Industrieanlagen heutzutage jedoch mit entsprechenden Filteranlagen und Kraftfahrzeuge mit Katalysatoren ausgestattet.

Salpetersäure (HNO_3) ist eine starke oxidierende Säure, die auch Edelmetalle, nicht jedoch Gold und Platin, angreift. Ein Gemisch von konzentrierter Salpetersäure und konzentrierter Salzsäure (HCl) im Volumenverhältnis 1:3 nennt man **Königswasser**, das selbst Gold und Platin zu zersetzen vermag.

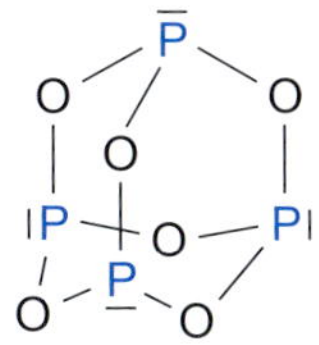

Die Salze der Salpetersäure sind die **Nitrate (NO_3^-)**, die insbesondere als Kunstdünger (z. B. Ammoniumnitrat, NH_4NO_3) von großer Bedeutung sind. Kaliumnitrat (Salpeter, KNO_3) ist als Sauerstofflieferant in Schwarzpulver, einem Explosivstoff, enthalten.

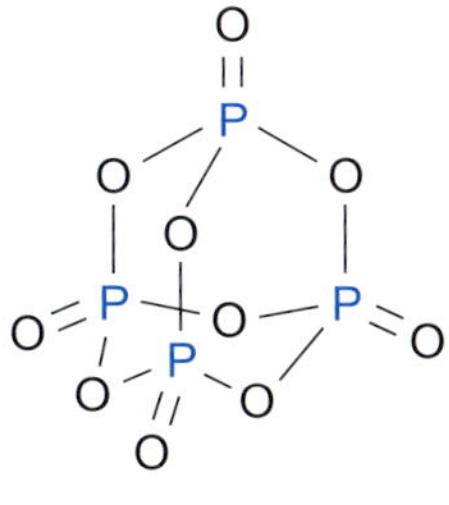

Eine mittelstarke Säure ist die **salpetrige Säure (HNO_2)**, die als Salze die **Nitrite (NO_2^-)** bildet.

Verbindungen des Phosphors

Bei der **Oxidation** von **Phosphor** entstehen Phosphor(III)-oxid (Phosphorhexaoxid, P_4O_6), bzw. bei Sauerstoffüberschuss Phosphor(V)-oxid (Phosphordekaoxid, P_4O_{10}). Die Strukturen leiten sich aus der Tetraederstruktur des P_4 ab.

Bildung von Phosphorsäure

P_4O_{10} ist ein weißes Pulver, das wegen seiner starken hygroskopischen (wasseranziehenden) Eigenschaft als Trockenmittel eingesetzt wird. Mit Wasser reagiert es äußerst heftig zu **Phosphorsäure (H_3PO_4)**:

$$P_4O_{10} + 6\,H_2O \rightarrow 4\,H_3PO_4 \qquad \Delta H_R^0 = -378\,\frac{kJ}{mol}$$

Phosphorsäure ist eine mittelstarke dreiprotonige Säure, die in drei Stufen dissoziiert:

Dissoziation der Phosphorsäure

1. Stufe: $$H_3PO_4 + H_2O \rightleftharpoons \underset{\text{Dihydrogenphosphat}}{H_2PO_4^-} + H_3O^+$$

2. Stufe: $$H_2PO_4^- + H_2O \rightleftharpoons \underset{\text{Hydrogenphosphat}}{HPO_4^{2-}} + H_3O^+$$

3. Stufe: $$HPO_4^{2-} + H_2O \rightleftharpoons \underset{\text{Phosphat}}{PO_4^{3-}} + H_3O^+$$

Lösliche Phosphate dienen als Kunstdünger.

Lösliche **Phosphate** werden vor allem als Kunstdünger eingesetzt. Das in der Natur in großen Mengen vorkommende Calciumphosphat ($Ca_3(PO_4)_2$) ist jedoch unlöslich und muss daher mit Hilfe von Schwefelsäure in das lösliche Calciumdihydrogenphosphat ($Ca(H_2PO_4)_2$) überführt werden:

$$Ca_3(PO_4)_2 + 2\,H_2SO_4 \rightarrow 2\,CaSO_4 + Ca(H_2PO_4)_2$$

Das anfallende Gemisch aus Calciumdihydrogenphosphat und Calciumsulfat heißt Superphosphat und wird als Düngemittel vertrieben.

Arsenverbindungen sind sehr giftig.

Arsen(III)-Verbindungen sind sehr starke Gifte. 100 Milligramm Arsenik (Arsen(III)-oxid, As_2O_3) können beim Menschen bereits tödlich wirken. Arsenverbindungen finden in der Halbleiterindustrie Verwendung. In der analytischen Chemie bedient man sich der besonders geringen Löslichkeit von Alkalimetallsalzen der **Hexahydroxoantimonsäure** ($H[Sb(OH)_6]$) zum Nachweis von Natriumionen.

7 Sauerstoffgruppe (VI. Hauptgruppe)

7.1 Gruppeneigenschaften

Die Elemente der VI. Hauptgruppe, auch Chalkogene genannt, können aufgrund ihrer Schalenbesetzung (sechs Valenzelektronen) **zwei kovalente Bindungen** eingehen und dadurch eine Edelgaskonfiguration erreichen. Schwefel, Selen und Tellur treten jedoch auch **vier-** und **sechswertig** in Erscheinung.

Sauerstoff nimmt aufgrund seiner hohen Elektronegativität eine **Sonderstellung** innerhalb der Gruppe ein. **Schwefel** neigt dazu, **Ketten** und **Ringe** zu bilden und liegt somit in den meisten Modifikationen vor.

Hauptgruppen

Periode	I	II	III	IV	V	VI	VII	VIII	Schale
1	H							He	K
2	Li	Be	B	C	N	O	F	Ne	L
3	Na	Mg	Al	Si	P	S	Cl	Ar	M
4	K	Ca	Ga	Ge	As	Se	Br	Kr	N
5	Rb	Sr	In	Sn	Sb	Te	I	Xe	O
6	Cs	Ba	Tl	Pb	Bi	Po	At	Rn	P
7	Fr	Ra							Q

	Sauerstoff O	Schwefel S	Selen Se	Tellur Te	Polonium Po
Ordnungszahl	8	16	34	52	84
Elektronegativität	3,5	2,5	2,4	2,1	1,8
Schmelzpunkt (in °C)	−219	110	221 graues Selen	449	254
Siedepunkt (in °C)	−183	445	685	1390	962

> Von den leichten zu den schweren Elementen hin nimmt der metallische Charakter zu: Sauerstoff und Schwefel sind Nichtmetalle, Selen und Tellur Halbmetalle und Polonium ist ein Metall.

Sämtliche Isotope des **Poloniums** sind **radioaktiv**. Das langlebigste (^{209}Po) hat eine Halbwertszeit von 103 Jahren.

7.2 Vorkommen, Darstellung und Verwendung

Vorkommen in der Natur

Sauerstoff ist das häufigste Element der Erdrinde. In der Luft kommt es elementar zu 21 % vor, darüber hinaus gebunden im Wasser und in zahlreichen Verbindungen (Silicaten, Carbonaten, Oxiden).

Schwefel kann elementar in großen Lagerstätten vorgefunden werden, darüber hinaus in Erzen wie beispielsweise Pyrit (Eisensulfid, FeS_2), Zinkblende (Zinksulfid, ZnS) und Bleiglanz (Bleisulfid, PbS).

Selen und Tellur kommen als binäre Verbindungen in Spuren in sulfidischen Erzen vor.

Darstellung und Verwendung

In der Industrie wird **Sauerstoff**, ebenso wie Stickstoff, durch fraktionierende Destillation verflüssigter Luft dargestellt. Ein großer Teil des so produzierten Sauerstoffs wird bei der **Herstellung von Stahl** aus Roheisen verbraucht. Darüber hinaus dient er als **Oxidationsmittel** für viele **chemische Synthesen** sowie zur Erzeugung stark exothermer Verbrennungsvorgänge (z. B. beim **Schweißen** oder bei einem **Raketenantrieb**).

Im Labor wird Sauerstoff durch katalytische Zersetzung von Wasserstoffperoxid (H_2O_2) hergestellt:

$$2\,H_2O_2 \xrightarrow{Fe^{3+}} 2\,H_2O + O_2$$

Sauerstoff wird von Menschen und Tieren zur **Atmung** benötigt. Grüne Pflanzen dagegen produzieren Sauerstoff durch Photosynthese.

Förderung von Schwefel

Elementarer **Schwefel** (etwa 70 % der Weltproduktion) wird im FRASCH-Verfahren gefördert. Hierzu wird der Schwefel mit heißem Wasserdampf unter Tage geschmolzen und mit Druckluft durch Rohrsysteme an die Erdoberfläche gepresst.

Der überwiegende Teil der Schwefelproduktion wird zur Herstellung von **Schwefelsäure** verwendet. Den Rest nutzt man zur Verarbeitung in der **Gummi-** und **Zündholzindustrie** sowie zur Produktion von **Explosivstoffen**.

Selen und **Tellur** fallen als Nebenprodukte bei der elektrolytischen Kupferraffination an. Selen findet als **Halbleitermaterial** technische Anwendung.

7.3 Physikalische und chemische Eigenschaften

Sauerstoff ist ein zweiatomiges Gas.

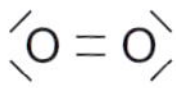

Sauerstoff ist ein farb-, geruch- und geschmackloses **zweiatomiges Gas**. Es setzt sich aus O_2-Molekülen zusammen, die aufgrund ihrer Doppelbindung recht **beständig** sind. Eine Umsetzung mit Sauerstoff erfolgt bei den meisten Stoffen somit erst bei höheren Temperaturen (**Verbrennung**). Insbesondere mit einigen Metallen jedoch reagiert Sauerstoff bereits bei Raumtemperatur. Diese langsame Oxidation (**»stille Verbrennung«**) macht sich durch ein Anlaufen oder Rosten des Metalls bemerkbar.

Oxidationen laufen in reinem Sauerstoff viel rascher ab als in der Luft. Im Laborversuch flammt beispielsweise ein in der Luft nur glimmender Holzspan zu hellem Licht auf, wenn er in reinen Sauerstoff getaucht wird (**Glimmspanprobe**).

Ozon ist ein dreiatomiges Gas.

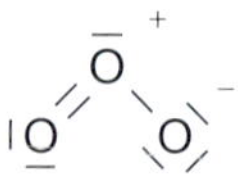

Eine weitere Modifikation des Sauerstoffs ist das **Ozon (O_3)**. Ozon ist ein blass-blaues, durchdringend riechendes **dreiatomiges Gas.** Es ist ein **starkes Oxidationsmittel** und zerfällt im reinen Zustand oftmals explosionsartig.

Dank seines hohen Absorptionsvermögens (Absorption = Aufnahme) schützt die in den oberen Schichten der Atmosphäre gelegene **Ozonschicht** die Lebewesen auf der Erde vor übermäßiger **UV-Strahlung** der Sonne.

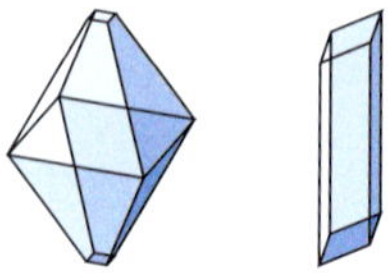

Rhombischer (links) und monokliner Schwefel

Je nach Temperatur kristallisiert **Schwefel** in verschiedenen Modifikationen. Unterhalb von 95 °C erhält man **rhombische Kristalle**, wohingegen eine Schwefelschmelze (> 110 °C) in **monoklinen Kristallen** erstarrt. Beide Kristallformen sind hellgelb, spröde und in Wasser unlöslich.

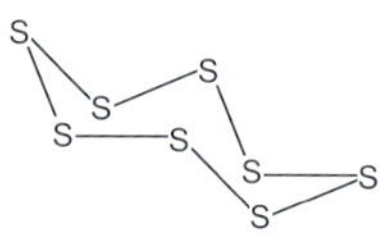

Im Gegensatz zu den Modifikationen des Kohlenstoffs ähneln sich die beiden beschriebenen Modifikationen des Schwefels in ihren physikalischen und chemischen Eigenschaften. Ursache hierfür ist, dass sich das Kristallgitter jeweils aus denselben Molekülen zusammensetzt (**Cyclooktaschwefel, Achtring S_8**), die jedoch unterschiedlich eng gepackt sind. Im S_8-Molekül, dem stabilsten Schwefelmolekül, sind die Atome in einer **kronenartigen Anordnung** durch Einfachbindungen miteinander verknüpft.

Cyclooktaschwefel ist bei Raumtemperatur recht reaktionsträge. Bei höheren Temperaturen reagiert er direkt mit vielen Metallen und Nichtmetallen zu **Sulfiden**:

$$Cu + S \rightarrow \underset{\text{Kupfersulfid}}{CuS}$$

$$H_2 + S \rightarrow \underset{\text{Schwefelwasserstoff}}{H_2S}$$

Synthetisch lassen sich Schwefelmodifikationen mit den Ringgrößen S_6, S_7, S_9, S_{10}, S_{11}, S_{12}, S_{13}, S_{18}, S_{20} herstellen.

Die Viskosität der Schwefelschmelze ist abhängig von der Temperatur.

Eine **Schwefelschmelze** durchläuft mit zunehmender Temperatur **verschiedene** Stufen ihrer **Viskosität** (Zähflüssigkeit). Kurz vor Beginn des Schmelzvorganges lagern sich die rhombisch angeordneten Moleküle in spitze Nadeln um (95 °C–119 °C). Während des Schmelzens lösen sich die S_8-Ringe von ihren Gitterplätzen und bilden eine dünne Flüssigkeit (119 °C–160 °C). Im Temperaturbereich von 160 °C–200 °C wird die Schmelze allmählich wieder dickflüssiger, da die S_8-Ringe zu Bruchstücken zerfallen, die sich durch die freien Elektronenpaare zu langen Ketten zusammenschließen (**polymerisieren**). Die maximale Viskosität ist im Bereich von 200 °C–250 °C erreicht. Weitere Wärmezufuhr führt wiederum zu einer abnehmenden Zähflüssigkeit, da die langen Ketten durch die starken Teilchenschwingungen zerstört werden. Ab 445 °C ist Schwefel gasförmig.

Das »Abschrecken« einer Schwefelschmelze, beispielsweise in kaltem Wasser, ergibt **plastischen Schwefel**, der sich zäh und gummiartig anfühlt.

Selen und Tellur

Von den **Selen**-Modifikationen ist das graue (metallische) Selen die stabilste Form. Rotes kristallines Selen ist analog zum S_8 aus gewellten Se_8-Ringen aufgebaut. Lichteinwirkung verstärkt die elektrische Leitfähigkeit des grauen Selens. **Tellur** hat ein graues, glänzendes Aussehen.

7.4 Verbindungen

Verbindungen des Sauerstoffs

Von den **Wasserstoffverbindungen** des **Sauerstoffs** ist Wasser die mit Abstand bedeutendste. Tiere, Pflanzen und Menschen bestehen zu einem Großteil aus Wasser, das so wichtige Aufgaben wie das Lösen und den Transport von Nährstoffen und Stoffwechselprodukten übernimmt.

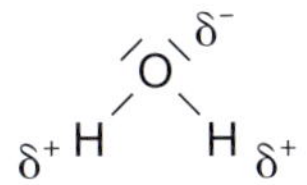

Wasser gefriert bei 0 °C und siedet bei 100 °C. Die maximale Dichte beträgt 1,0000 g/cm^3 und wird bei +4 °C erreicht. Wasser dehnt sich beim Gefrieren um etwa 9 % aus. Eis hat somit eine geringere Dichte als Wasser und schwimmt daher an der Oberfläche. Zwischen den einzelnen Wassermolekülen bilden sich Wasserstoffbrückenbindungen aus. Sie sind die Ursache für die ungewöhnlichen physikalischen Eigenschaften des Wassers, verglichen mit den anderen Hydriden der Gruppe. Wassermoleküle sind sehr stabil.

Wasserstoffperoxid:

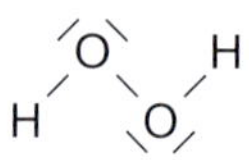

Wasserstoffperoxid (H_2O_2) ist eine zähe, farb- und geruchlose Flüssigkeit, die für gewöhnlich in 30 %iger Verdünnung gebraucht wird (Perhydrol). Die Atome liegen in Form einer verdrillten Kette vor. H_2O_2 ist eine instabile Verbindung, da die mittige O-O-Bindung nur schwach ausgebildet ist. Bei höheren Temperaturen zersetzt sich Wasserstoffperoxid explosionsartig. Spuren an Eisen(III) katalysieren den Zerfall:

$$2\,H_2O_2 \xrightarrow{Fe^{3+}} 2\,H_2O + O_2$$

Seiner Oxidationswirkung wegen wird H_2O_2 in der Technik als Desinfektionsmittel und Bleichmittel verwendet.

Verbindungen des Schwefels

Schwefelwasserstoff (H_2S) ist ein äußerst giftiges und nach faulen Eiern riechendes Gas, das aus den Elementen dargestellt werden kann:

$$H_2 + S \xrightarrow{600^\circ C} H_2S \qquad \Delta H_R^0 = -20\,\frac{kJ}{mol}$$

In Wasser dissoziiert es als sehr schwache zweiprotonige Säure:

$$\text{1. Stufe:} \quad H_2S + H_2O \rightarrow \underset{\text{Hydrogensulfid}}{HS^-} + H_3O^+$$

$$\text{2. Stufe:} \quad HS^- + H_2O \rightarrow \underset{\text{Sulfid}}{S^{2-}} + H_3O^+$$

Sein Molekülbau ist gewinkelt und ähnelt dem des Wassers. H_2S hat vor allem in der analytischen Chemie eine große Bedeutung. Man macht sich hierbei die pH-abhängige Löslichkeit der Metallsulfide zunutze. Nach Einleiten von H_2S in eine Lösung verschiedenartiger Salze können durch Regulierung des pH-Wertes gruppenweise die Metallionen als Sulfide ausgefällt werden. Besonders schwer lösliche Salze wie Qecksilbersulfid (HgS), Bleisulfid (PbS), Kupfersulfid (CuS) und Cadmiumsulfid (CdS) fallen bereits in saurer Lösung als Niederschlag aus; Nickel- (NiS), Eisen- (FeS), Mangan- (MnS) und Zinksulfid (ZnS) folgen erst in basischer Lösung.

Die Bedeutung von Schwefelwasserstoff in der Analytik

Bei der Verbrennung von Schwefel entsteht **Schwefeldioxid**, ein farbloses, stechend riechendes Gas, das sich sehr gut in Wasser löst und dabei **schweflige Säure** (H_2SO_3) bildet:

Entstehung von Schwefeloxiden

$$S + O_2 \rightarrow SO_2 \qquad \Delta H_R^0 = -297 \frac{kJ}{mol}$$

$$SO_2 + H_2O \rightarrow H_2SO_3$$

Schweflige Säure dissoziiert ebenfalls in zwei Stufen und bildet als Salze die **Hydrogensulfite (HSO_3^-)** sowie die **Sulfite (SO_3^{2-})**. H_2SO_3 existiert nur in gelöster Form und lässt sich nicht als wasserfreie Verbindung isolieren.

Alternativ kann man SO_2 auch durch Erhitzen sulfidischer Erze an der Luft gewinnen (Rösten):

$$4\,FeS_2 + 11\,O_2 \rightarrow 2\,Fe_2O_3 + 8\,SO_2 \qquad \Delta H_R^0 = -396 \frac{kJ}{mol}$$

Schwefeldioxid gelangt mit den Abgasen fossiler Brennstoffe (vor allem der stark schwefelhaltigen Braunkohle) in die Atmosphäre. Dort wird es mit Luftsauerstoff zu **Schwefeltrioxid (SO_3)** oxidiert, das – ebenso wie Stickstoffdioxid – der Hauptverursacher des sauren Regens ist.

Schwefeltrioxid schadet der Umwelt.

Technische Herstellung von Schwefelsäure

In der Industrie wird die Oxidation von SO_2 zu SO_3 katalytisch durch Vanadiumoxid (V_2O_5) beschleunigt. Die Reaktion ist Kern des Kontaktverfahrens zur **Schwefelsäureherstellung**.

Das gebildete Schwefeltrioxid wird nur schwer von Wasser aufgenommen und deshalb in konzentrierter Schwefelsäure (H_2SO_4) gelöst. Es entsteht **Dischwefelsäure ($H_2S_2O_7$)**, aus der durch Verdünnung mit Wasser dann wieder konzentrierte Schwefelsäure gewonnen werden kann.

Schwefelsäure ist eine sehr starke zweiprotonige Säure, die als Salze die **Hydrogensulfate (HSO_4^-)** sowie **Sulfate (SO_4^{2-})** bildet. H_2SO_4 greift auch Edelmetalle an, nicht jedoch Gold und Platin. Ihr Aussehen ist farblos und ölig und sie ist extrem hygroskopisch (wasseranziehend). Kohlenhydrate beispielsweise werden durch konzentrierte Schwefelsäure entwässert, es verbleibt reiner Kohlenstoff:

$$\underset{\text{Rohrzucker}}{C_{12}H_{22}O_{11}} \xrightarrow{H_2SO_4} 12\,C + 11\,H_2O$$

Schwefelsäure wird in großen Mengen hergestellt: weltweit etwa 150 Millionen Tonnen jährlich. Sie wird vor allem in der chemischen Industrie genutzt.

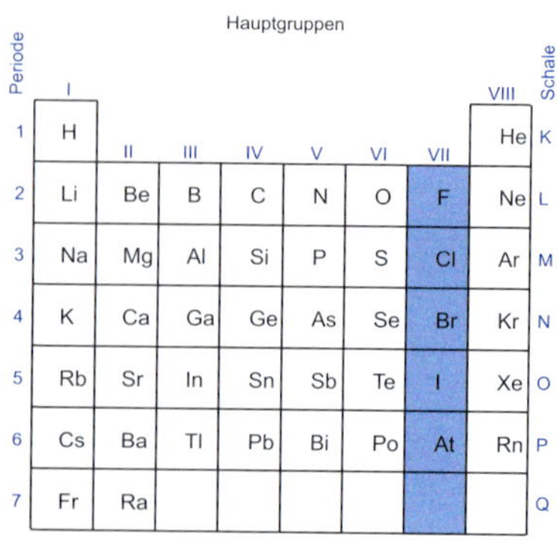

8 Halogene (VII. Hauptgruppe)

8.1 Gruppeneigenschaften

Die Halogene ähneln sich in ihren Eigenschaften. Sie sind allesamt typische **Nichtmetalle, elektronegativ** und sehr **reaktionsfreudig. Fluor** ist das **reaktionsfähigste Element** überhaupt.

	Fluor F	Chlor Cl	Brom Br	Iod I
Ordnungszahl	9	17	35	53
Elektronegativität	4,0	3,0	2,8	2,5
Schmelzpunkt (in °C)	−220	−101	−7	114
Siedepunkt (in °C)	−188	−34	59	185

Durch Aufnahme eines Elektrons erreichen Halogene die Edelgaskonfiguration. Sie werden deshalb größtenteils in einwertiger Form vorgefunden. Da aufgrund der hohen Elektronegativität fast ausschließlich Ionenverbindungen gebildet werden, nennt man sie oftmals auch Salzbildner.

Alle bekannten Isotope des äußerst seltenen **Astats** sind **radioaktiv**. Das stabilste Isotop (^{210}At) hat eine Halbwertszeit von nur gut acht Stunden.

8.2 Vorkommen, Darstellung und Verwendung

Vorkommen in der Natur

Ihrer großen Reaktionsfähigkeit wegen kommen die Halogene in der Natur nur in gebundener Form vor. Ausgangsstoffe für die Darstellung von Fluor sind der Flussspat (Calciumfluorid, CaF_2) und der Apatit ($Ca_5(PO_4)_3(OH, F, Cl)$). Chlor und Brom werden in großen Salzlagerstätten als Steinsalz (Natriumchlorid, NaCl) und Sylvin (Kaliumchlorid, KCl) vorgefunden. Iod tritt als Begleiter in Form von Calciumiodat ($Ca(IO_3)_2$) in Chilesalpeter (Natriumnitrat, $NaNO_3$) auf. Chlor, Brom und Iod kommen darüber hinaus gelöst in Meerwasser vor.

Darstellung und Verwendung

Fluor wird industriell durch Elektrolyse fluoridhaltiger Schmelzen gewonnen. Es dient in elementarer Form als flüssiger **Raketentreibstoff** und in Verbindungen zur Herstellung von **Kühlmitteln** (SF_6) sowie zur **Aufarbeitung von Kernbrennstoffen** (UF_6).

Chlor dient u. a. als Bleich- und Desinfektionsmittel.

Chlor wird durch Elektrolyse wässriger Natriumchloridlösungen hergestellt. Der Großteil der Produktion wird für **Chlorierungen** in der organisch-chemischen Industrie verbraucht. Daneben benötigt man Chlor für die **Darstellung** von **Chlorwasserstoff** (HCl) und **Brom** (Br_2). Chlor wird zudem als **Bleich-** und **Desinfektionsmittel** eingesetzt.

Zur Darstellung von **Brom** wird Chlorgas in bromidhaltige Lösungen aus der Kalisalzverarbeitung geleitet. Elementares Brom wird freigesetzt, da Chlor durch seine höhere Elektronegativität das überschüssige Elektron des Bromids zu sich heranziehen kann. Das entstandene Chlorid geht in Lösung:

$$2\,Br^- \quad + \quad Cl_2 \quad \rightarrow \quad Br_2 \quad + \quad 2\,Cl^-$$

Iod wird durch die Reduktion iodathaltiger (IO_3^-) Lösungen gewonnen. Brom und Iod werden ebenso wie Chlor hauptsächlich in der organisch-chemischen Industrie verarbeitet.

8.3 Physikalische und chemische Eigenschaften

Reaktivität und Giftigkeit der Halogene werden vom Fluor zum Iod hin geringer.

Die Halogene liegen elementar als zweiatomige Verbindungen vor. Reaktivität und Giftigkeit nehmen vom Fluor zum Iod hin ab. Fluor ist ein gelbliches Gas, stechend und aggressiv im Geruch sowie ätzend, wie auch die übrigen Gruppenelemente. Chlor ist ein gelbgrünes Gas, ebenfalls mit stechendem Geruch, Brom hingegen eine braune, riechende Flüssigkeit. Iod bildet grauschwarze, glänzende Kristalle, die bereits bei Raumtemperatur zu einem violetten Gas sublimieren.

Entsprechend der oben beschriebenen Darstellung von Brom mit Hilfe von Chlor kann Fluor innerhalb der Gruppe sämtliche Elemente freisetzen. Chlor vermag dies nur beim Brom und Iod; Brom verdrängt letztlich nur noch das Iod aus seinen Verbindungen.

Während Fluor und Chlor bereits schon bei niedrigen Temperaturen mit nahezu allen Elementen des Periodensystems reagieren, ist die Reaktionsfähigkeit von Brom und Iod schon deutlich geringer. Eine besonders charakteristische Reaktion des Iods ist die **Iodstärkereaktion**, die sich für den Nachweis kleinster Iodmengen bzw. den Nachweis von Stärke eignet. Sie beruht darauf, dass Iod in die Stärkemoleküle eingeschlossen wird und somit eine intensive Blaufärbung der Lösung hervorruft.

Nachweis von Stärke mit Iod

8.4 Verbindungen

Fluorwasserstoff (HF), **Chlorwasserstoff (HCl)**, **Bromwasserstoff (HBr)** und **Iodwasserstoff (HI)** sind farblose, stechend riechende und ätzende Gase. Mit Ausnahme des HF bilden die Moleküle untereinander keine Wasserstoffbrückenbindungen aus. Im Vergleich zu den übrigen Halogenwasserstoffen hat HF deshalb einen hohen Schmelz- und Siedepunkt.

Halogenide: Verbindungen mit Wasserstoff

Alle Halogenwasserstoffe lösen sich gut in Wasser und bilden unter Abspaltung eines Protons Säuren. Die Säurestärke nimmt von HF nach HI zu.

$$HCl + H_2O \rightarrow \underset{\text{Chlorid}}{Cl^-} + H_3O^+$$

HF und HCl werden durch Umsetzen ihrer Salze mit konzentrierter Schwefelsäure hergestellt:

$$CaF_2 + H_2SO_4 \rightarrow 2\ HF + CaSO_4$$

HBr und HI hingegen werden aus einem Gemisch von rotem Phosphor, Halogen und Wasser dargestellt. Es entsteht Halogenwasserstoff und daneben phosphorige Säure.

Eine wässrige Lösung von HF nennt man **Flusssäure**; eine wässrige Lösung von HCl **Salzsäure**. Flusssäure greift als mittelstarke Säure Glas an und wird daher in Polyethylenflaschen aufbewahrt. Konzentrierte Salzsäure ist eine starke Säure, die unedle Metalle wie Zink, Aluminium und Eisen, nicht jedoch Kupfer, Quecksilber, Silber, Gold oder Platin angreift.

Chlorate:
Salze der Chlorsäure

Chlorate (Salze der Chlorsäure, $HClO_3$) sind sehr starke Oxidationsmittel. Gemische mit oxidierbaren Substanzen wie Schwefel, Phosphor oder organischen Stoffen sind explosiv. Chlorate werden in der Zündholz-, Feuerwerks- und Sprengstoffindustrie verarbeitet.

Perchlorate:
Salze der Perchlorsäure

Perchlorate (Salze der Perchlorsäure, $HClO_4$) sind sehr beständige Salze. Ammoniumperchlorat (NH_4ClO_4) wird als Raketentreibstoff eingesetzt.

9 Edelgase (VIII. Hauptgruppe)

Hauptgruppen

Periode	I	II	III	IV	V	VI	VII	VIII	Schale
1	H							He	K
2	Li	Be	B	C	N	O	F	Ne	L
3	Na	Mg	Al	Si	P	S	Cl	Ar	M
4	K	Ca	Ga	Ge	As	Se	Br	Kr	N
5	Rb	Sr	In	Sn	Sb	Te	I	Xe	O
6	Cs	Ba	Tl	Pb	Bi	Po	At	Rn	P
7	Fr	Ra							Q

9.1 Gruppeneigenschaften

Die Edelgase besitzen auf ihrer Außenschale ein **Elektronenoktett** (acht Valenzelektronen) und befinden sich somit in einem besonders **stabilen, reaktionsträgen** Zustand. Nur beim Helium ist die K-Schale bereits mit zwei Elektronen voll besetzt.

Edelgase liegen in atomarer Form vor. Sie sind farb-, geruch- und geschmacklos, ungiftig und nicht brennbar.

Die Isotope des **Radons** sind **radioaktiv**. Das stabilste Isotop hat eine Halbwertszeit von knapp vier Tagen (^{222}Rn).

	Helium He	Neon Ne	Argon Ar	Krypton Kr	Xenon Xe
Ordnungszahl	2	10	18	36	54
Schmelzpunkt (in °C)	-271	-249	-189	-157	-112
Siedepunkt (in °C)	-269	-246	-186	-153	-108
Farbe der Gasentladung	gelb	rot	rot	gelbgrün	violett

Lediglich von Krypton und Xenon sind einige wenige **synthetische Verbindungen** bekannt, wie beispielsweise Xenonfluoride (XeF_2, XeF_4, XeF_6), Xenonoxide (XeO_3, XeO_4) sowie Kryptonfluorid (KrF_2).

In der **Gasentladungsröhre** leuchten die Edelgase in charakteristischen Farben.

9.2 Vorkommen, Gewinnung und Verwendung

Vorkommen und Gewinnung von Edelgasen

In der Luft sind Edelgase in geringen Konzentrationen enthalten: Argon (0,93 %), Neon (0,0016 %), Helium (0,0005 %), Krypton (0,0001 %), Xe (0,000009 %). Sie werden durch fraktionierende Destillation gewonnen. Helium kommt darüber hinaus in Volumenanteilen von bis zu 8 % in einigen Erdgasquellen vor.

Verwendung in der Technik

Die überwiegende Anwendung der Edelgase liegt in der **Licht-** und **Schweißtechnik**. Argon wird als Schutzgas beim Lichtbogenschweißen eingesetzt, um die Metalle vor dem Verbrennen zu bewahren. Für Glühlampen werden Argon, Krypton und Xenon als Füllgase verwendet. Xenon-Hochdrucklampen strahlen ein tageslichtähnliches Spektrum aus und eignen sich somit besonders gut zu Beleuchtungszwecken.

Auf einen Blick: Chemie der Elemente

Wasserstoff

- Wasserstoff ist das kleinste Atom im Periodensystem der Elemente (PSE) und ein Nichtmetall. Elementar liegt es als zweiatomiges Gas vor. H_2 ist ein gutes Reduktionsmittel. Die Darstellung erfolgt aus der wichtigsten Verbindung, dem Wasser.

I. Hauptgruppe (Alkalimetalle)

- Weiche elektropositive Metalle, die aus ihren Salzen dargestellt werden. Sie sind sehr reaktiv, starke Reduktionsmittel und bilden mit Wasser starke Laugen.

II. Hauptgruppe (Erdalkalimetalle)

- Weiche elektropositive Metalle, die aus ihren Salzen dargestellt werden. Sie sind sehr reaktiv, gute Reduktionsmittel und bilden mit Wasser Laugen.

III. Hauptgruppe (Borgruppe)

- Die Elemente dieser Gruppe sind reaktive Metalle, die aus ihren Salzen dargestellt werden. Bor nimmt eine Sonderstellung ein (Halbmetall, ähnelt dem Si). Al ist das technisch bedeutendste Gruppenelement.

IV. Hauptgruppe (Kohlenstoffgruppe)

- Hier sind ein Nichtmetall (C), Halbmetalle (Si, Ge) und Metalle (Sn, Pb) vertreten. Sie kommen elementar (C) und in Verbindungen vor. C nimmt eine Sonderstellung ein (Mehrfachbindungen, organische Verbindungen).

V. Hauptgruppe (Stickstoffgruppe)

- Diese Gruppe umfasst Nichtmetalle (N, P), Halbmetalle (As, Sb) und ein Metall (Bi), die mit Ausnahme des N_2 nur in Verbindungen vorkommen. NH_3, HNO_3 und H_3PO_4 sind die technisch bedeutendsten Produkte dieser Elemente.

VI. Hauptgruppe (Sauerstoffgruppe)

- Nichtmetalle (O, S), Halbmetalle (Se, Te) und Metall (Po) liegen elementar (O_2, S_x) und in Verbindungen vor. O ist das häufigste Element der Erdkruste, H_2SO_4 das wichtigste technische Produkt.

VII. Hauptgruppe (Halogene)

- Die Halogene sind sehr reaktive und elektronegative Nichtmetalle, die als Salze vorkommen und in elementarer Form zweiatomige Moleküle bilden. Von technischer Bedeutung sind vor allem die Halogenwasserstoffe.

VIII. Hauptgruppe (Edelgase)

- Edelgase sind äußerst reaktionsträge Elemente, die als atomare Gase auftreten. Sie besitzen die von den meisten Elementen angestrebte Oktettkonfiguration (acht Elektronen) auf ihrer Valenzschale, Ausnahme: Helium.

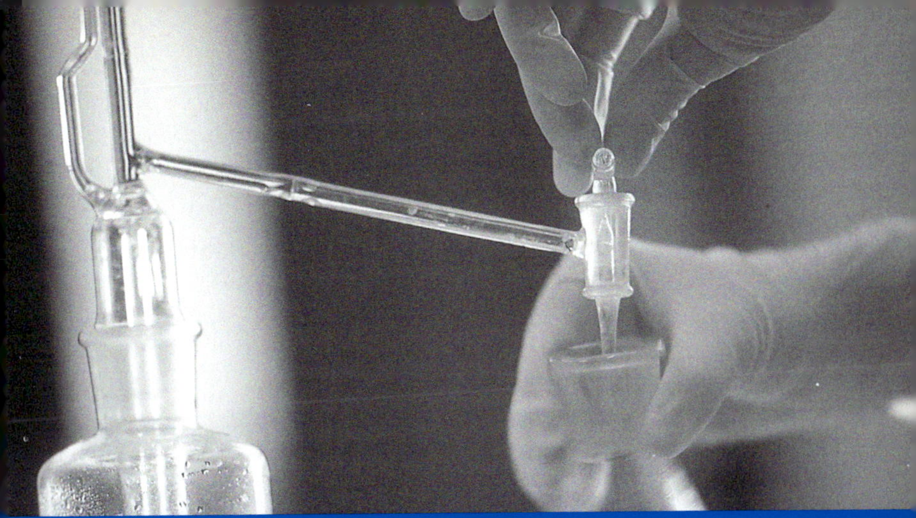

Säuren, Basen, Salze

Ob Kohlensäure, Limonade, Wasch- und Reinigungsmittel oder Speisesalz – Säuren, Basen und Salze sind Wegbegleiter des täglichen Lebens und nicht nur als Reagenzien in der chemischen Industrie zu finden.

In diesem Kapitel werden die verschiedenen Ansätze zur Begriffsdefinition behandelt. Darüber hinaus werden typische Säure-Base-Reaktionen, Farbreaktionen als Nachweismöglichkeiten sowie eine handliche Größe zur Angabe des Säurecharakters einer Lösung vorgestellt.

1 Säure- und Base-Definitionen

1.1 Definition nach Arrhenius

Säuren sind Wasserstoffverbindungen.

Lange Zeit galt Sauerstoff als der charakteristische Bestandteil einer jeden Säure. Diesem Irrtum verdankt er im Übrigen auch seinen Namen. JUSTUS VON LIEBIG (1803–1873) erkannte im Jahre 1839 jedoch, dass **Säuren Wasserstoffverbindungen** sein müssen, deren Wasserstoff unter Bildung eines Salzes durch Metalle ersetzt werden kann:

$$Mg \quad + \quad 2\,HCl_{(aq)} \quad \longrightarrow \quad MgCl_{2\,(aq)} \quad + \quad H_2 \uparrow$$

SVANTE ARRHENIUS (1859–1927) führte allgemeine Definitionen für die Begriffe »Säure« und »Base« ein.

> Säuren sind Verbindungen, die in Wasser in Protonen (H^+, positiv geladene Wasserstoffionen) und negativ geladene Säurerestionen dissoziieren (zerfallen).

$$H_2SO_4 \quad \overset{H_2O}{\longrightarrow} \quad 2\,\underset{\text{Proton}}{H^+_{(aq)}} \quad + \quad \underset{\text{Säurerestion}}{SO^{2-}_{4\,(aq)}}$$

H^+ macht die Säuren sauer.

Für den **sauren Charakter** einer Säure sind demnach allein die dissoziierenden **Protonen** verantwortlich. Man unterscheidet weiter in **sauerstoffhaltige Säuren** (z. B. Schwefelsäure H_2SO_4, Salpetersäure HNO_3) und **sauerstofffreie Säuren** (z. B. Chlorwasserstoff HCl, Schwefelwasserstoff H_2S).

Heute ist bekannt, dass Protonen in wässriger Lösung nie allein, sondern stets in Verbindung mit einem Wassermolekül auftreten. Zusammen bilden sie das stabile **Oxoniumion (H_3O^+)**, so dass eine Säuredissoziationsgleichung korrekt lauten muss:

$$HCl \quad + \quad H_2O \quad \overset{H_2O}{\longrightarrow} \quad \underset{\text{Oxoniumion}}{H_3O^+_{(aq)}} \quad + \quad Cl^-_{(aq)}$$

Das Oxoniumion hat dieselbe tetraedrische Struktur und dieselbe Anzahl an Elektronen (isoelektronisch) wie das Ammoniakmolekül (NH_3). Drei der Ecken des Tetraeders sind hierbei mit Wasserstoffatomen, die vierte ist mit dem freien Elektronenpaar des zentralen Sauerstoffatoms besetzt.

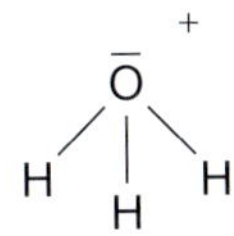

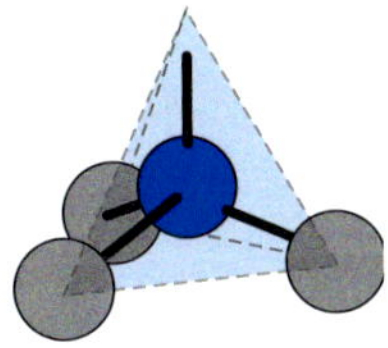

Säuren können **dargestellt** werden, indem man ein **Nichtmetalloxid** mit **Wasser** reagieren lässt:

$$SO_2 \quad + \quad H_2O \quad \rightarrow \quad H_2SO_3$$

In obigem Beispiel reagieren Schwefeldioxid und Wasser zu schwefliger Säure.

Basen (Laugen) sind Verbindungen, die in Wasser in Hydroxidionen (OH^-) und positiv geladene Metallionen dissoziieren.

$$NaOH \xrightarrow{H_2O} \underset{\text{Metallion}}{Na^+_{(aq)}} \quad + \quad \underset{\text{Hydroxidion}}{OH^-_{(aq)}}$$

Das **alkalische (basische) Verhalten** wird also durch die entstehenden **Hydroxidionen** hervorgerufen.

OH^- macht die Laugen basisch.

Zur **Darstellung** von **Basen** werden **elektropositive Metalle** (z. B. Natrium) mit **Wasser** unter Freisetzung von Wasserstoff umgesetzt:

$$2\,Na \quad + \quad 2\,H_2O \quad \rightarrow \quad 2\,NaOH \quad + \quad H_2\uparrow$$

Aber auch **Metalloxide** reagieren mit **Wasser** unter Bildung einer Base:

$$CaO \quad + \quad H_2O \quad \rightarrow \quad Ca(OH)_2$$

Obige Reaktion von Calciumoxid (CaO, gebrannter Kalk) mit Wasser zu Calciumhydroxid nennt man auch Kalklöschen.

Hydratation von Ionen

Oxoniumionen und Hydroxidionen werden, wie andere gelöste Ionen auch, von Molekülen ihres Lösungsmittels umlagert (Solvatation; lat. solvens = *Lösungsmittel*). Im Falle von wässrigen Lösungen spricht man von einer **Hydratation**, die durch den Formelzusatz (aq) deutlich gemacht wird.

Der Einfachheit halber wird darauf oftmals jedoch verzichtet. Salzsäure wird deshalb nicht, wie es eigentlich korrekt wäre, als $H^+Cl^-_{(aq)}$ bezeichnet, sondern üblicherweise als HCl. Die Unterscheidung vom Gas Chlorwasserstoff ergibt sich jedoch zumeist schon aus dem Zusammenhang.

1.2 Definition nach Brønsted

Johannes Brønsted (1879–1947) erweiterte die Definitionen von Säure und Base:

> Säuren sind Stoffe, die Protonen abgeben können (Protonendonatoren, lat. donator = *Spender*).
>
> Basen sind Stoffe, die Protonen aufnehmen können (Protonenakzeptoren, lat. acceptor = *Empfänger*).

Damit ergibt sich, dass jede **Säure** durch **Abgabe eines Protons** zu einer **Base** wird. Diese kann nämlich, und damit ist sie nach Brønsted ein Protonenakzeptor, in der Rückreaktion wieder ein Proton aufnehmen. Umgekehrt wird jede **Base** durch **Aufnahme eines Protons** zu einer **Säure**, die ihr hinzugewonnenes Proton bei geeigneten Bedingungen wieder abgeben kann.

Säure und Base bilden ein Paar.

Zu jeder Säure existiert also eine Base, die ein Proton weniger besitzt, und zu jeder Base eine Säure, die über ein Proton mehr verfügt. Man spricht deshalb auch von **konjugierten** oder **korrespondierenden Säure-Base-Paaren** (z. B. HCl/Cl^-, HNO_3/NO_3^-, HS^-/S^{2-} etc.).

Diese Beziehung kann durch eine Gleichgewichtsreaktion beschrieben werden, bei der die **Hin-** wie auch die **Rückreaktion** möglich sind:

$$\text{Säure} \rightleftharpoons \text{Base} + \text{Proton}$$

$$HCl \rightleftharpoons Cl^- + H^+$$

$$H_2SO_4 \rightleftharpoons HSO_4^- + H^+$$

$$HSO_4^- \rightleftharpoons SO_4^{2-} + H^+$$

$$NH_4^+ \rightleftharpoons NH_3 + H^+$$

Auch Ionen können Säuren oder Basen sein.

Ein wichtiger Unterschied zur ARRHENIUSschen Definition von Säure und Base wird an obigen Beispielen deutlich: Nicht nur die klassischen Neutralsäuren, d. h. Molekülsäuren wie HCl oder H_2SO_4, sondern auch **Ionen** können als **Säure** oder **Base** auftreten. Bei der Dissoziation von HCl ist das Chloridion (Cl^-) beispielweise eine Base, da es in der Rückreaktion ein Proton aufnimmt (Protonenakzeptor). Das BRØNSTEDsche Konzept beschreibt also **keine Stoffklassen**, sondern vielmehr eine **Funktion**, nämlich die Fähigkeit, Protonen aufzunehmen oder abzugeben.

Weiter fällt ins Auge, dass einige Teilchen offenbar **als Säure *und* als Base reagieren** können. Das Hydrogensulfation (HSO_4^-) z. B. verhält sich beim Zerfall der Schwefelsäure wie eine Base (Protonenakzeptor in der Rückreaktion), spaltet jedoch in der nächsten Stufe selbst ein Proton ab (Protonendonator) und ist damit zugleich eine Säure.

Stoffe bzw. Teilchen, die je nach Reaktionsbedingungen als Base oder als Säure reagieren können, nennt man Ampholyte, ihr Verhalten amphoter.

Protolyse ist ein Protonenübergang.

Eine Säure gibt jedoch nur dann ein Proton ab, wenn zugleich ein anderer Stoff dieses Proton auch aufzunehmen vermag. Bei einer Protonenreaktion handelt es sich folglich immer um einen **Protonenübergang** von einem Stoff auf einen anderen, **Protolyse** genannt. Säuren und Basen werden daher auch als **Protolyten** bezeichnet.

In wässrigen Lösungen stehen den Säuren Wassermoleküle als Protonenakzeptoren (BRØNSTEDsche Basen) zur Verfügung. Es entstehen, wie schon erwähnt, Oxoniumionen (H_3O^+). Säuren bilden also mit Wasser ein System aus **zwei konjugierten Säure-Base-Paaren** (HCl/Cl^- und H_3O^+/H_2O):

$$\underset{\text{Säure 1}}{HCl} + \underset{\text{Base 2}}{H_2O} \rightleftharpoons \underset{\text{Säure 2}}{H_3O^+} + \underset{\text{Base 1}}{Cl^-}$$

Ebenso verhalten sich Basen in wässriger Lösung, wie hier am Beispiel von Ammoniak gezeigt:

$$\underset{\text{Base 1}}{NH_3} + \underset{\text{Säure 2}}{H_2O} \rightleftharpoons \underset{\text{Säure 1}}{NH_4^+} + \underset{\text{Base 2}}{OH^-}$$

Auch Wasser ist ein Ampholyt.

Hier jedoch dient das Wassermolekül als Protonendonator (BRØNSTEDsche Säure). Auch Wasser ist demnach ein Ampholyt.

Mehrprotonige Säuren

Abhängig von der Anzahl der Protonen, die eine Säure in Lösung maximal abzugeben vermag, wird sie als **ein-, zwei-** oder **dreiprotonig** bezeichnet. Salzsäure (HCl) beispielsweise ist einprotonig, Schwefelsäure (H_2SO_4) zweiprotonig und Phosphorsäure (H_3PO_4) dreiprotonig. Ihre Protolyse lässt sich in einzelnen Reaktionsschritten so formulieren:

Protolyse der Phosphorsäure

1\. Stufe: $$H_3PO_4 + H_2O \rightleftharpoons \underset{\text{Dihydrogenphosphation}}{H_2PO_4^-} + H_3O^+$$

2\. Stufe: $$H_2PO_4^- + H_2O \rightleftharpoons \underset{\text{Hydrogenphosphation}}{HPO_4^{2-}} + H_3O^+$$

3\. Stufe: $$HPO_4^{2-} + H_2O \rightleftharpoons \underset{\text{Phosphation}}{PO_4^{3-}} + H_3O^+$$

Benennung der Säurerestionen

Die verbliebenen Säurerestionen werden gemäß ihrer Anzahl an **noch gebundenen Protonen** benannt, im Falle der Phosphorsäure also als **Dihydrogen**phosphat (**zwei** noch gebundene Protonen), **Hydrogen**phosphat (**ein** gebundenes Proton) und schließlich Phosphat (**kein** gebundenes Proton mehr). Schwefelsäure kann demnach Hydrogensulfate und Sulfate, Salzsäure hingegen lediglich Chloride bilden. Mit jeder **Abgabe** eines **Protons erhöht** sich die **negative Ladung** des Säurerestions um eins.

2 Salze

Um den Begriff »Salz« zu klären, ist vorab eine andere Definition notwendig:

> Elektrolyte sind Stoffe, die in der Schmelze und in Lösungen zu Ionen dissoziieren und somit den elektrischen Strom leiten.

Salze sind Elektrolyte.

Salze sind **Elektrolyte**. Bereits im Kristallgitter liegen sie als Ionen vor und zerfallen in wässrigen Lösungen und in Schmelzen zu positiv geladenen Metallionen und negativ geladenen Säurerestionen:

$$Al_2(SO_4)_3 \rightleftharpoons 2\ Al^{3+} + 3\ SO_4^{2-}$$

Salze entstehen durch die Reaktion einer **Säure** mit einer **Base**. Bei geeigneter Mischung heben sich hierbei die sauren Eigenschaften gegen die basischen gerade auf. Diese Art von Reaktion wird deshalb auch **Neutralisationsreaktion** genannt.

Ursache für Neutralisationsreaktionen

Ursache für die Neutralisation ist die Umsetzung sämtlicher **Oxoniumionen und Hydroxidionen** zu **Wasser** (Beispiel: Neutralisation von Salzsäure (HCl) mit Natronlauge (NaOH) im Mischungsverhältnis von 1:1):

$$H^+ + Cl^- + Na^+ + OH^- \rightarrow H_2O + Na^+ + Cl^- \qquad \Delta H_R^0 < 0$$

Weder die positiven Metallionen (Na^+) noch die negativen Säurerestionen (Cl^-) nehmen an der stark exothermen Reaktion teil. Sie verbleiben in Lösung, können jedoch durch Abdampfen des Wassers in ionische Natriumchlorid-Kristalle überführt werden.

Aber auch durch andere Reaktionen erhält man Salze:

Reaktionen, bei denen Salze entstehen

Metall + Nichtmetall:

$$Ca + Cl_2 \rightarrow CaCl_2$$

Metall + Säure:

$$Ca + 2\,HCl \rightarrow CaCl_2 + H_2\uparrow$$

Metalloxid + Säure:

$$CaO + 2\,HCl \rightarrow CaCl_2 + H_2O$$

Nichtmetalloxid + Base:

$$CO_2 + Ca(OH)_2 \rightarrow CaCO_3 + H_2O$$

3 Indikatoren

Bei chemischen Synthesen ist es oft von elementarer Bedeutung, ob ein Reaktionsgemisch sauer oder basisch reagiert. Viele Reaktionen laufen im jeweils anderen Milieu (Bereich) gar nicht erst ab, oder aber es bilden sich unerwünschte Produkte.

Eine nützliche **Nachweismethode** auf **Säuren** bzw. **Basen** stellen **Indikatoren** (Anzeiger) dar. Es handelt sich hierbei um **Farbstoffe**, die in basischer Lösung einen anderen Farbton annehmen als in saurer Lösung. Man gibt sie der Probe entweder als Lösung zu oder taucht einen Papierstreifen, der mit dem Indikatorstoff präpariert ist, hinein. An der Art und Intensität der Verfärbung kann dann der Charakter der Lösung schon nach wenigen Sekunden festgestellt werden.

Indikatoren zeigen Säuren und Basen an.

Indikator	Farbe im sauren Milieu	Farbe im basischen Milieu
Lackmus	rot	blau
Phenolphtalein	farblos	rosa
Methylorange	rot	gelb
Bromthymolblau	gelb	blau
Bromkresolrot	gelb	rot

In der Chemie gebräuchliche Indikatoren

Indikatoren sind – wie die meisten Farbstoffe – aus **komplexen organischen Ringmolekülen** aufgebaut, deren Kohlenstoffatome **abwechselnd** durch **Einfach-** und **Doppelbindungen** miteinander verknüpft sind. Diesem geordneten System aus Doppelbindungen, das sich besonders gut für die Absorption und Emission (Aufnahme und Abgabe) von sichtbarem Licht eignet, verdanken Farbstoffe ihre charakteristische Farbigkeit. Verbindet sich ein Indikatormolekül mit einem Proton, kommt es zu einer **Verschiebung der Ladungen** im Molekül. Die Elektronen der Doppelbindungen liegen nun nicht mehr an derselben Stelle, folglich ändert sich auch deren Fähigkeit, sichtbares Licht aus-

Die Eigenschaften von Indikatoren beruhen auf ihrem System aus Doppelbindungen.

zusenden. Man bemerkt dies entweder an einer **Farbtonverschiebung** oder am gänzlichen Verschwinden der Farbigkeit.

Säure-Base-Indikatoren sind Protolyten.

Säure-Base-Indikatoren sind also auch **Protolyten**, da sie Protonen aufnehmen und wieder abgeben können. Bezeichnet man einen Indikator beispielsweise als »HInd« in der Säureform und als »Ind^-« in der Basenform, wird dies schnell deutlich:

$$\underset{\text{Farbigkeit 1}}{HInd} \rightleftharpoons \underset{\text{Farbigkeit 2}}{Ind^-} + H^+$$

Indikatoren spielen eine wichtige Rolle bei der Säure-Base-Titration zur quantitativen Bestimmung der Konzentration einer Säure oder Base.

4 Autoprotolyse des Wassers

Auch Wasser dissoziiert.

In einem sehr geringen Maße unterliegt auch Wasser der **Dissoziation** und zerfällt in Ionen:

$$H_2O + H_2O \rightleftharpoons \underset{\text{Oxoniumion}}{H_3O^+} + \underset{\text{Hydroxidion}}{OH^-}$$

Nach BRØNSTED ist auch diese Reaktion eine Protolyse; eines der beiden Wassermoleküle reagiert als Protonendonator (Säure), das andere dagegen als Protonenakzeptor (Base). Da der Zerfall ohne äußeres Einwirken »von selbst« erfolgt, spricht man von einer **Autoprotolyse** des Wassers (griech. autós = *selbst*).

Die Konzentration der Oxoniumionen und Hydroxidionen ist in reinem Wasser stets gleich groß und nur sehr gering. In einem Liter sind bei 22 °C 10^{-7} mol H_3O^+-Ionen und 10^{-7} mol OH^--Ionen enthalten (10^{-7} = 1/10 000 000).

Zwischen den **Konzentrationen der H_3O^+-Ionen und OH^--Ionen** besteht für alle wässrigen Lösungen ein **gesetzmäßiger Zusammenhang**:

Das Produkt aus der Konzentration der Oxoniumionen und der Konzentration der Hydroxidionen ist bei gleichbleibender Temperatur konstant und wird als das Ionenprodukt des Wassers K_W bezeichnet.

$$c(H_3O^+) \cdot c(OH^-) = \text{konst.} = K_W$$

Es beträgt bei 22 °C

$$K_W = 10^{-7}\ \text{mol/l} \cdot 10^{-7}\ \text{mol/l} = 10^{-14}\ \text{mol}^2/\text{l}^2.$$

Dies hat zur Folge, dass man für alle Arten von wässrigen Lösungen, also auch für Lösungen von Salzen, Säuren und Basen, bei Kenntnis der Konzentration der H_3O^+-Ionen die Konzentration der OH^--Ionen und umgekehrt bei Kenntnis der Konzentration der OH^--Ionen die der H_3O^+-Ionen errechnen kann.

Errechnen der Konzentration von H_3O^+-Ionen und OH^--Ionen

Beispiel: In einer 1-molaren (1 mol/l) Salzsäure beträgt die Konzentration der H_3O^+-Ionen ebenfalls 1 mol/l, da jedes Chlorwasserstoffmolekül in ein Proton und in ein Chloridion zerfällt. Das Proton verbindet sich mit Wasser zu einem Oxoniumion:

$$\underset{1\ \text{mol/l}}{HCl} + H_2O \rightarrow \underset{1\ \text{mol/l}}{H_3O^+} + \underset{1\ \text{mol/l}}{Cl^-}$$

Die Konzentration der OH^--Ionen kann nun errechnet werden:

$$\begin{aligned} c(OH^-) \cdot c(H_3O^+) &= K_W \\ c(OH^-) \cdot 1\ \text{mol/l} &= 10^{-14}\ \text{mol}^2/\text{l}^2 \\ c(OH^-) &= \underline{\underline{10^{-14}\ \text{mol/l}}} \end{aligned}$$

Bei einer Konzentration der Oxoniumionen von 10^0 mol/l (= 1 mol/l) beträgt demnach die Konzentration der Hydroxidionen lediglich noch 10^{-14} mol/l, also 1/100 000 000 000 000 der H_3O^+-Ionenkonzentration.

Achtung: Die Berechnung gilt nur für verdünnte wässrige Lösungen.

Die mathematische Beziehung des Ionenprodukts gilt jedoch nur für **verdünnte wässrige Lösungen**. Exakte Ergebnisse erhält man deshalb nur in einem Konzentrationsbereich bis ungefähr 1 mol/l. Für konzentriertere Lösungen bedient man sich anstelle der Konzentration *c* der **Aktivität** *a*, welche die tatsächliche Verfügbarkeit und damit die »echte« Konzentration der Teilchen in Lösung angibt. Mit der Konzentration *c* ist die Aktivität *a* über einen Faktor verknüpft. Ihre Einheit beträgt ebenfalls mol/l.

Für die **Beurteilung des sauren, neutralen oder basischen Charakters** einer Lösung wird in der Praxis die Konzentration der Oxoniumionen betrachtet. Dies genügt, da sich hieraus die Konzentration der Hydroxidionen zwangsläufig ergibt:

In sauren Lösungen ist die Oxoniumionenkonzentration größer als 10^{-7} mol/l.

In neutralen Lösungen beträgt die Oxoniumionenkonzentration 10^{-7} mol/l.

In basischen Lösungen ist die Oxoniumionenkonzentration kleiner als 10^{-7} mol/l.

5 pH-Wert

Als Maß für den Säurecharakter einer Lösung ist der pH-Wert praktisch.

Die Konzentration der Oxoniumionen als Maß für den sauren Charakter einer Lösung anzusetzen, hat den Nachteil, dass deren Zahlenwerte äußerst unhandlich sind. Der pH-Wert (pH = potentia Hydrogenii, lat. = *Kraft des Wasserstoffs*) schafft hier Abhilfe. Er gibt den Säurecharakter in kleinen handlichen Zahlen an.

Der pH-Wert ist der negative dekadische Logarithmus des Zahlenwertes der Oxoniumionenkonzentration.

$$pH = -\lg \frac{c(H_3O^+)}{\frac{mol}{l}}$$

Beispiele:

$c(OH^-) = 10^{-5}$ mol/l Aus dem Ionenprodukt folgt:

$c(H_3O^+) = 10^{-9}$ mol/l

$pH = -\lg 10^{-9}$

$\underline{\underline{pH = 9}}$

$c(H_3O^+) = 1{,}5 \cdot 10^{-2}$ mol/l

$pH = -\lg 1{,}5 \cdot 10^{-2}$

$\underline{\underline{pH = 1{,}8}}$

Eine Base der Konzentration von $c(OH^-) = 10^{-5}$ mol/l hat demnach einen pH-Wert von pH = 9, während eine Säure von $c(H_3O^+) = 1{,}5 \cdot 10^{-2}$ mol/l einen pH-Wert von pH = 1,8 besitzt.

Für die Umrechnung des pH-Wertes in eine Oxoniumionenkonzentration gilt:

$$c(H_3O^+) = 10^{-pH} \frac{mol}{l}$$

Beispiele:

$pH = 2$

$c(H_3O^+) = \underline{\underline{10^{-2}\ mol/l}}$

$pH = 6{,}7$

$c(H_3O^+) = 10^{-6{,}7}\ mol/l = 10^{0{,}3} \cdot 10^{-7}\ mol/l = 2 \cdot \underline{\underline{10^{-7}\ mol/l}}$

Lösungen mit einem pH-Wert pH < 7 reagieren sauer.

Lösungen mit einem pH-Wert pH = 7 reagieren neutral.

Lösungen mit einem pH-Wert pH > 7 reagieren basisch.

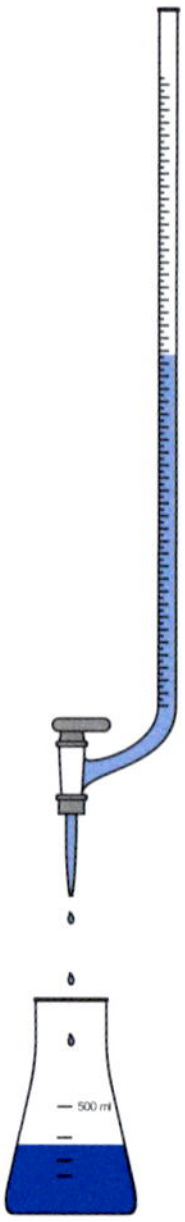

Titration mit Hilfe einer Bürette. Einem genau abgemessenen Volumen an saurer oder alkalischer Probelösung wird bis zum Neutralisationspunkt alkalische bzw. saure Maßlösung hinzugetropft. Nach Umschlag des Indikators liest man das verbrauchte Volumen auf der Bürettenskala ab. Da auch die Konzentration der Maßlösung bekannt ist, kann die Konzentration der Probelösung nun errechnet werden.

6 Säure-Base-Titration

Bei einer Neutralisationsreaktion werden **gleiche Stoffmengen an Oxoniumionen und Hydroxidionen** miteinander zu Wasser umgesetzt. Dies bedeutet, dass man zur Neutralisation einer Säure mit einer bestimmten Konzentration an H_3O^+-Ionen dasselbe Volumen Base mit derselben Konzentration an OH^--Ionen einsetzen muss.

Ein Liter einer **einprotonigen Säure** (z. B. HCl) der Konzentration $c(\text{HCl}) = 1$ mol/l wird folglich durch einen Liter einer Base (z. B. NaOH) der Konzentration $c(\text{NaOH}) = 1$ mol/l neutralisiert.

$$\text{HCl} \quad + \quad \text{NaOH} \quad \rightarrow \quad H_2O \quad + \quad \text{NaCl}$$

Zweiprotonige Säuren jedoch (z. B. H_2SO_4) benötigen zur Neutralisation das doppelte Volumen an Base derselben Konzentration, oder aber dasselbe Volumen einer doppelt konzentrierten Base. Da bei der Dissoziation der Säure die zweifache Stoffmenge an Oxoniumionen frei wird, muss entsprechend auch die zweifache Stoffmenge an Hydroxidionen eingesetzt werden:

$$H_2SO_4 \quad + \quad 2\,\text{NaOH} \quad \rightarrow \quad 2\,H_2O \quad + \quad Na_2SO_4$$

Mithilfe dieser Beziehungen ist es nun möglich, die **Konzentration** einer sauren oder alkalischen Lösung zu **bestimmen.** Hierzu tropft man zu einer sauren Lösung unbekannter Konzentration mit Hilfe einer Bürette eine Base bekannter

Konzentration. Beim Erreichen des Neutralisationspunktes (Anzeige durch einen Indikator) wird die Zugabe gestoppt und die verbrauchte Menge an Lauge auf der Bürettenskala abgelesen. Einer basischen Probelösung wird dagegen Säure zugetropft.

Titration: Bestimmen der Konzentration einer Säure oder Lauge

Dieses Verfahren nennt man **Titration.** Die bekannte Lösung wird aufgrund ihrer exakten Konzentration als **Maßlösung** oder der Verwendung nach als **Titrator** bezeichnet. Die unbekannte Probelösung heißt **Titrand.**

Zur Bestimmung der Konzentration des Titranden wird nun als erstes die **Stoffmenge der verbrauchten Maßlösung errechnet.** Zum Beispiel seien für die Titration von 20 ml einer Salzsäure unbekannter Konzentration 30 ml 0,1 M Natronlauge verbraucht worden:

$$1\ \text{l NaOH} \mathrel{\hat{=}} 0{,}1\ \text{mol}$$

$$1000\ \text{ml NaOH} \mathrel{\hat{=}} 100\ \text{mmol}$$

$$30\ \text{ml NaOH} \mathrel{\hat{=}} n(\text{NaOH})_{\text{verbraucht}}$$

$$n(\text{NaOH})_{\text{verbraucht}} = \frac{30\ \text{ml NaOH} \cdot 100\ \text{mmol}}{1000\ \text{ml NaOH}}$$

$$n(\text{NaOH})_{\text{verbraucht}} = \underline{\underline{3\ \text{mmol}}} \Rightarrow n(\text{HCl})_{Probe} = \underline{\underline{3\ \text{mmol}}}$$

In einem Liter Maßlösung (1000 ml) sind 0,1 mol NaOH (100 mmol) enthalten. 30 ml dieser Natronlauge entsprechen demnach 3 mmol NaOH. Diese **Stoffmenge ist** nun **gleich der Stoffmenge an Salzsäure,** die sich in den 20 ml Probelösung befand (Bedingung der Neutralisationsreaktion). Zur Errechnung der Salzsäurekonzentration muss diese **Stoffmenge** nur noch **durch das Volumen** der eingesetzten Salzsäure **dividiert** werden:

$$c(\text{HCl}) = \frac{3\ \text{mmol}}{20\ \text{ml}} = \underline{\underline{0{,}15\,\frac{\text{mol}}{\text{l}}}}$$

Die titrierte Salzsäure war 0,15-molar.

Auf einen Blick: Säuren, Basen, Salze

Säure- und Base-Definitionen

- ARRHENIUS: Säuren geben in wässrigen Lösungen Protonen ab. Basen dissoziieren in Hydroxidionen.
- BRØNSTED: Säuren sind Protonendonatoren, Basen Protonenakzeptoren. Säuren und Basen bilden konjugierte Paare. Die Protolyse ist ein Protonenübergang von einem Stoff auf einen anderen. Ampholyte können sowohl als Säure als auch als Base reagieren.

Salze

- Salze sind Elektrolyte, die in wässrigen Lösungen und Schmelzen in Ionen dissoziieren. Sie entstehen u. a. bei Neutralisationsreaktionen.

Indikatoren

- Indikatoren ändern beim Übergang vom sauren ins basische und vom basischen ins saure Milieu ihre Farbe. Sie werden insbesondere als Anzeiger des Neutralisationspunktes bei Titrationen verwendet.

Autoprotolyse des Wassers

- Auch Wasser dissoziiert zu einem geringen Anteil in Oxoniumionen und Hydroxidionen. Das Produkt der Konzentrationen beider wird als das Ionenprodukt des Wassers K_W bezeichnet. Bei gleichbleibender Temperatur ist das Ionenprodukt stets konstant. Somit kann bei gegebener H_3O^+-Konzentration die OH^--Konzentration und umgekehrt berechnet werden. Zur Beurteilung des sauren und basischen Charakters einer wässrigen Lösung wird die Oxoniumionenkonzentration herangezogen.

pH-Wert

- Der pH-Wert ist der negative dekadische Logarithmus des Zahlenwertes der Oxoniumionenkonzentration. Als eine handliche Größe zeigt er an, ob eine Lösung sauer ($pH < 7$), neutral ($pH = 7$) oder basisch ($pH > 7$) reagiert.

Säure-Base-Titration

- Durch Titration kann die Konzentration einer Säure oder Base genau bestimmt werden. Hierzu wird die bekannte Stoffmenge einer Maßlösung über eine Neutralisationsbedingung mit der Stoffmenge der Probe in Beziehung gesetzt.

Redoxsysteme

Bereits gegen Ende des 18. Jahrhunderts wurde der Verbrennungsvorgang als eine chemische Reaktion mit dem Element Sauerstoff beschrieben. LAVOISIER benannte diese Reaktion dem französischen Namen des Sauerstoffs (oxygène) entsprechend als Oxidation und deren Produkte als Oxide. Die Umkehr der Oxidation, also der Entzug von Sauerstoff, wurde Reduktion (Rückführung in den elementaren Zustand) genannt. Heute legt man den Definitionen von Oxidation und Reduktion die Aufnahme bzw. Abgabe von Elektronen zugrunde. Beide Arten von Reaktionen sind zumeist miteinander gekoppelt und werden deshalb auch als Redoxreaktionen bezeichnet.

1 Oxidation, Reduktion und Redoxreaktion

1.1 Reaktionen mit Sauerstoff

Wirkung von Wärme auf Metalle

Metalle zeigen unter **Wärmeeinwirkung** ein unterschiedliches **Reaktionsverhalten**. Magnesiumband beispielweise verbrennt mit gleißendem Licht und hoher Reaktionswärme, Eisenwolle hingegen verglüht, Kupfer verfärbt sich lediglich schwarz, Gold schließlich reagiert überhaupt nicht.

All diese Reaktionen beruhen auf der **Wechselwirkung mit Luft**. Besonders deutlich kann dies bei der Reaktion von Eisenwolle in einem Glasrohr beobachtet werden: Wird Luft durch das Rohr hindurchgesaugt und die Wolle zugleich erhitzt, so bewegt sich in Richtung des Luftstromes eine helle Glutzone durch das Knäuel hindurch. Wird die Luftzufuhr unterbrochen, dann erlischt auch die Glut.

Massenzunahme bei der Verbrennung von Eisenwolle. Während der Oxidation wird Sauerstoff aus der Luft gebunden. Da Eisenoxid schwerer ist als Eisen, neigt sich die Waage.

Von der Gesamtluftmenge, mit der das Rohr beschickt wurde, können am Austritt ungefähr vier Fünftel wieder aufgefangen werden. Das übrige Fünftel wurde im Verlaufe der Reaktion umgesetzt. Es handelt sich hierbei um **Sauerstoff**, der nach Stickstoff (78 %) den zweitgrößten Anteil (21 %) am Gasgemisch Luft ausmacht.

Bei einer Verbrennung wird Luftsauerstoff gebunden.

Der Verbleib des verbrauchten Luftsauerstoffs kann durch einen einfachen Versuch festgestellt werden: Entzündet man ein Knäuel Eisenwolle, das sich auf der Waagschale einer zuvor austarierten Balkenwaage befindet, so ist während der Verbrennung eine stete **Massenzunahme** zu beobachten. **Sauerstoff** aus der Luft wird im Verlauf der Reaktion vom Eisen **gebunden**.

Oxidation und Verbrennung

Die Reaktion eines Stoffes mit Sauerstoff wird als Oxidation bezeichnet. Die bei einer Oxidation entstandenen Produkte nennt man Oxide.

Unter einer Verbrennung versteht man eine spontane, exotherme Oxidation. Die dabei frei werdende Reaktionswärme wird als Verbrennungswärme bezeichnet.

Oxidation von Metallen

Metalle. Sie werden durch Oxidation in **Metalloxide** überführt. Diese unterscheiden sich in ihren Eigenschaften stark von den Ausgangsmetallen. Sie sind salzartig, spröde und haben einen hohen Schmelzpunkt. Viele Metalle kommen in der Natur in Form von oxidischen Erzen vor.

Unedle Metalle lassen sich leichter oxidieren als edle Metalle.

Wie eingangs schon erwähnt, reagieren jedoch **edle** (reaktionsträge) und **unedle** (reaktionsfreudige) **Metalle** mit Sauerstoff recht unterschiedlich. Eine Verbrennung mit Flammenentwicklung oder ohne – man spricht dann vom Verglühen – findet nur bei den unedleren Metallen wie Magnesium, Zink oder Eisen statt. Edelmetalle wie Kupfer bilden in einer Bunsenbrennerflamme lediglich eine Oxidschicht aus, Gold oder Platin lassen sich unter diesen Bedingungen überhaupt nicht oxidieren.

$$2\,Mg \quad + \quad O_2 \quad \rightarrow \quad 2\,MgO \qquad \Delta H_R^0 < 0$$

$$4\,Fe \quad + \quad 3\,O_2 \quad \rightarrow \quad 2\,Fe_2O_3 \qquad \Delta H_R^0 < 0$$

Je größer die Oberfläche, desto leichter fällt die Oxidation.

Der **Zerteilungsgrad** des Brennstoffes spielt ebenfalls eine entscheidende Rolle: Während in eine Flamme geblasenes Eisenpulver heftig und unter Funkensprühen reagiert und sich die dünnen Fasern von Eisenwolle verhältnismäßig leicht entzünden lassen, gelingt dies mit einem Eisennagel selbst in heißer Flamme nicht. Je feiner also ein Brennstoff verteilt ist, desto **größer** ist auch seine **Oberfläche**, die dem Sauerstoff zur Oxidation angeboten wird. Im selben Maße steigt auch die Heftigkeit der chemischen Reaktion. »Versehentlich« fein in Luft verteilte Stoffe können folglich auch eine ernste Gefahr darstellen: Mehlstaub in Mühlen, Holzstaub in Holz verarbeitenden Betrieben sowie Kohlestaub in Bergwerken haben schon häufig zu verheerenden **Staubexplosionen** geführt.

Prinzip des Verbrennungsmotors

Den **höchsten Grad der Zerteilung** erreicht ein Stoff im **gasförmigen Zustand**, die Atome bzw. Moleküle liegen dann einzeln verteilt vor. Gemische aus brennbaren Gasen und Luft reagieren dementsprechend explosionsartig. In einem kontrollierten Ablauf macht man sich dies als Wirkungsprinzip von Verbrennungsmotoren zunutze. Bei Benzinmotoren wird im Vergaser ein brennbares Benzingas-Luft-Gemisch hergestellt, das sich dann im Motorzylinder mit Hilfe einer elektrischen Zündkerze entzündet. Bei Dieselmotoren erfolgt dagegen eine feine Direkteinspritzung des Kraftstoffes in den Zylinderraum. Hier trifft der Dieselnebel auf Verbrennungsluft, die zuvor allein durch Kompression (Zusammenpressen) so stark erhitzt wurde, dass es zu einer Entzündung kommt. Noch einmal zum Vergleich: Flüssiger Dieselkraftstoff kann bei Raumtemperatur mit einem brennenden Streichholz nicht entflammt werden.

Passivierung – ein Schutz vor Oxidation durch Oxidation

Es gibt jedoch noch einen weiteren Grund, weshalb ein Eisennagel in der Brennerflamme nicht verglüht oder zumindest nicht vollständig oxidiert wird. Bei genauer Betrachtung fällt auf, dass sich nur an der Oberfläche des Nagels eine dünne Oxidschicht gebildet hat, die offensichtlich dem nachfolgenden Sauerstoff den Zugang und damit die weitere Oxidation verwehrt. Eine solche kompakte, vor weiterer Oxidation schützende Oxidschicht bilden auch andere Metalle aus, wie z. B. das Aluminium. Man nennt sie **Passivierungsschicht**.

Rost schützt nicht vor Oxidation

Scheinbar widersprüchlich erscheint in diesem Zusammenhang, dass massive Eisenträger bei Raumtemperatur an feuchter Luft vollständig oxidiert werden, d. h. »durchrosten« können. **Rost** ist jedoch nur eine sehr poröse und lockere Oxidationsschicht, die dem Sauerstoff den Zugang zu tieferen Metallschichten nicht verbaut.

Letztlich handelt es sich beim Rosten und Anlaufen von Metallen ebenfalls um einen Verbrennungsvorgang, auch wenn für den Betrachter die typischen Zeichen einer Verbrennung, wie Flamme oder Glühen, nicht erkennbar sind. Die frei werdende Reaktionswärme wird vielmehr über Stunden oder Tage hinweg gleichmäßig an die Umgebung abgegeben. Man bezeichnet diesen Vorgang deshalb auch als **stille Verbrennung**.

Oxidation von Nichtmetallen

Nichtmetalle. Auch viele Nichtmetalle verbrennen an Luft. Schwefel beispielsweise bildet dabei unter blauer Flamme Schwefeldioxid, ein giftiges, ätzendes Gas.

$$S + O_2 \rightarrow SO_2 \qquad \Delta H_R^0 < 0$$

Vollständige und unvollständige Verbrennung von Kohlenwasserstoffen

Kohlenwasserstoffe. Besondere Bedeutung für die **Energiegewinnung** kommt der Verbrennung **fossiler Brennstoffe** wie Erdöl, Erdgas und Kohle zu. Sie setzen sich zum überwiegenden Teil aus **Kohlenwasserstoffen** zusammen und verbrennen bei ausreichender Sauerstoffzufuhr zu **Kohlenstoffdioxid (CO_2)** und **Wasser (H_2O)**. Steht jedoch für die Oxidation der einzelnen Kohlenstoffatome des Kohlenwasserstoffmoleküls nicht genügend Sauerstoff zur Verfügung – dies ist bei langkettigen und ringförmigen Verbindungen häufig der Fall – so kommt es zu einer nur **unvollständigen Verbrennung**. Neben Wasser und CO_2 bilden sich dann auch das giftige **Kohlenstoffmonoxid (CO)** sowie **Kohlenstoff (C)** in Form von Ruß.

Gut zu beobachten ist dies an einer **Kerzenflamme**. Das **Leuchten** beruht auf einer unvollständigen Verbrennung langkettiger Stearinsäuremoleküle (Octadecansäure, $C_{17}H_{35}COOH$), aus denen sich künstliches Kerzenwachs zusammensetzt. Mit einem Metalllöffel kann der gasförmige

Kohlenstoff leuchtet.

Kohlenstoff, der den Lichtschein hervorruft, leicht als Niederschlag sichtbar gemacht werden. Im Gegensatz hierzu ist die Flamme eines Bunsenbrenners, der mit dem sehr einfach aufgebauten Methan (CH_4) betrieben wird und es nahezu vollständig zu CO_2 umsetzen kann, bei Tageslicht oft nur schwer zu erkennen.

$$CH_4 + 2\,O_2 \rightarrow CO_2 + 2\,H_2O$$

$$C_{17}H_{35}COOH + 16\,O_2 \rightarrow 5\,CO_2 + 6\,CO + 7\,C + 18\,H_2O$$

Bei der Verbrennung von Kohlenwasserstoffen entsteht Wasser.

Das bei der **Verbrennung** von Kohlenwasserstoffen entstehende **Wasser** fällt aufgrund der hohen Verbrennungswärme zumeist als unsichtbarer Wasserdampf an. An kalten Tagen jedoch kann z. B. in der Nähe des Auspuffrohres eines Kraftfahrzeuges kondensiertes Wasser in Form von Nebelwolken beobachtet werden. Auch mit Hilfe eines kühlen Glasspiegels kann man den Wasserdampf im Abgasstrom leicht als Kondensat nachweisen.

Die Reduktion

Oxide von Metallen, die eine eher geringe Affinität (Bindungsbestreben) zu Sauerstoff haben, lassen sich durch Erwärmen wieder in ihre Ausgangsstoffe zerlegen (thermische Zersetzung). Rotes Quecksilberoxid (HgO) beispielsweise wird oberhalb 450 °C unter Freisetzung von Sauerstoff in elementares Quecksilber **reduziert** (zurückgeführt):

$$2\,HgO \xrightarrow{450\,°C} 2\,Hg + O_2 \qquad \Delta H_R^0 > 0$$

Eine chemische Reaktion, bei der einem Oxid der Sauerstoff entzogen wird, nennt man Reduktion.

Prinzipiell wäre diese Form der Reduktion in die Elemente bei allen Metalloxiden möglich, jedoch nur – da es sich um eine endotherme Reaktion handelt – mit sehr hohem Energie- und Kostenaufwand.

In der Technik bedient man sich deshalb anderer Möglichkeiten zur Reduktion von Metallerzen und nutzt beispielsweise die unterschiedliche Affinität verschiedener Metalle gegenüber Sauerstoff. So hat Aluminium ein sehr viel höheres Bestreben, Sauerstoff zu binden, als es das Eisen hat. Eisenoxid, das in der Natur mineralisch als Hämatit (Fe_2O_3) und Magnetit ($Fe_3O_4 = FeO \cdot Fe_2O_3$) vorkommt, kann folglich mit Hilfe von Aluminium zu elementarem Eisen reduziert werden (**Aluminothermisches Verfahren**). Das Aluminium entreißt dem Eisenoxid den Sauerstoff und bindet ihn zu Aluminiumoxid:

Reduktion von Metalloxiden mit Hilfe eines anderen Metalls

$$3\,Fe_3O_4 \quad + \quad 8\,Al \quad \longrightarrow \quad 4\,Al_2O_3 \quad + \quad 9\,Fe \qquad \Delta H_R^0 = -3341\,\frac{kJ}{mol}$$

Für die Reaktion werden Eisenoxidpulver und Aluminiumspäne zu einem **Thermitgemisch** vermengt und dann gezündet. Die besonders hohe Reaktionswärme, die durch die Bildung des Aluminiumoxids frei wird, lässt das entstehende Eisen in weiß glühender, flüssiger Form anfallen. Das Aluminothermische Verfahren eignet sich deshalb bevorzugt zum Schweißen von Schienensträngen im Bahnbau.

Bei der Reduktion von Eisenoxid mit Aluminium wird Wärme frei.

Anders als bei der Reduktion durch thermische Zersetzung bedient man sich beim Aluminothermischen Verfahren eines Hilfsstoffes (Aluminium), der das Eisenoxid reduziert (ihm den Sauerstoff entzieht) und dabei selbst oxidiert wird (den Sauerstoff bindet). Seiner Funktion nach wird ein solcher Stoff als **Reduktionsmittel** bezeichnet. Im Gegenzug aber wirkt in obiger Reaktion das Eisenoxid als **Oxidationsmittel**, da es den Sauerstoff für die Oxidation des Aluminiums zum Aluminiumoxid liefert. Durch die Abgabe des Sauerstoffs wird es selbst reduziert.

Reduktionsmittel und Oxidationsmittel arbeiten zusammen.

Stoffe, die einen anderen Stoff reduzieren, werden als Reduktionsmittel bezeichnet. Sie werden dabei selbst oxidiert.

Stoffe, die einen anderen Stoff oxidieren, werden als Oxidationsmittel bezeichnet. Sie werden dabei selbst reduziert.

Die Redoxreaktion

Aus diesen Definitionen folgt, dass beim Aluminothermischen Verfahren Oxidation und Reduktion miteinander gekoppelt sind und gleichzeitig nebeneinander ablaufen. Den Gesamtvorgang bezeichnet man deshalb als Reduktions-Oxidations-Reaktion, kurz **Redoxreaktion**.

Eine Reaktion, bei der Oxidation und Reduktion gleichzeitig ablaufen, nennt man Redoxreaktion.

Reduktion von Metalloxiden mit Hilfe eines Nichtmetalls

Mag die Darstellung von Eisen mit Hilfe des Aluminothermischen Verfahrens für einfache technische Anwendungen genügen, so wäre sie jedoch beispielsweise für die Stahlproduktion gänzlich ungeeignet. Die hohen Anforderungen an den Reinheitsgrad des Eisens könnten nur durch aufwändige Verfahren zur Abtrennung des anfallenden Aluminiumoxids erfüllt werden, das sich mit dem gewonnenen Metall vermengt. Viel praktikabler ist es demnach, ein Reduktionsmittel einzusetzen, das sich nach Ablauf der Reaktion in Form eines Gases verflüchtigen kann. Dies wird im **Hochofenprozess** durch die Umsetzung des Eisenerzes mit Koks erreicht, der zu Kohlenstoffmonoxid verbrennt, das Eisenoxid zu Eisen reduziert und dabei selbst zu Kohlenstoffdioxid weiteroxidiert wird. Für den Einsatz von Koks als Reduktionsmittel sprechen selbstverständlich vor allem auch die geringeren Kosten.

$$Fe_2O_3 \quad + \quad 3\,CO \quad \rightarrow \quad 2\,Fe \quad + \quad 3\,CO_2 \qquad \Delta H_R^0 < 0$$

1.2 Elektronenübergänge

Magnesiumoxid ist aufgrund der hohen Elektronegativitätsdifferenz seiner beiden Bindungspartner ($\Delta EN = 3{,}5 - 1{,}2 = 2{,}3$) ionisch aufgebaut. Daraus folgt, dass Magnesium während der Oxidation seine zwei Valenzelektronen an den Sauerstoff abgibt und nun als Magnesiumkation (Mg^{2+}) vorliegt. Sauerstoff wird dementsprechend durch die hinzugewonnenen Elektronen zu einem Sauerstoffanion (O^{2-}).

Magnesium gibt bei der Oxidation Elektronen an den Sauerstoff ab.

In derselben Weise verlaufen die Salzbildungsreaktionen von Metallen mit anderen Nichtmetallen, wie z. B. den Halogenen. Auch bei der Bildung von $MgCl_2$ werden **Elektronen** vom Magnesium auf das Chlor **übertragen**.

Auch bei der Salzbildung werden Elektronen übertragen.

$$Mg \rightarrow Mg^{2+} + 2\,e^-$$

$$2\,Cl + 2\,e^- \rightarrow 2\,Cl^-$$

Summe:

$$Mg + 2\,Cl \rightarrow Mg^{2+} + 2\,Cl^-$$

Um nun alle Reaktionen, die mit einer **Abgabe und Aufnahme von Elektronen** einhergehen, einheitlich zu beschreiben, werden die Begriffe **Oxidation und Reduktion** neu gefasst – gänzlich **unabhängig von** einer Umsetzung mit **Sauerstoff**:

Jede Elektronenabgabe ist eine Oxidation, jede Elektronenaufnahme eine Reduktion.

Oxidation ist eine Elektronenabgabe, Reduktion ist eine Elektronenaufnahme.

Oxidationsmittel sind Stoffe, die Elektronen aufnehmen und dabei reduziert werden. Reduktionsmittel sind Stoffe, die Elektronen abgeben und dabei oxidiert werden.

Redoxreaktionen sind Elektronenübergänge.

Edle Metalle lassen sich schwer, unedle Metalle leicht oxidieren.

Reduktions- und Oxidationsvermögen von Stoffen

Stoffe haben ein unterschiedliches Reduktions- bzw. Oxidationsvermögen.

Während Eisen im Hochofenprozess durch Reduktion mit Koks gewonnen werden kann, ist hingegen für die **Herstellung** von **elementarem Chrom (Cr)** aus Chromoxid (Cr_2O_3) die Affinität des Kohlenstoffs zum Sauerstoff nicht ausreichend hoch. Hier muss deshalb auf das **Aluminothermische Verfahren** zurückgegriffen werden, bei dem das unedlere Aluminium dem edleren Chrom den Sauerstoff entreißt:

$$Cr_2O_3 \quad + \quad 2\,Al \quad \rightarrow \quad 2\,Cr \quad + \quad Al_2O_3 \qquad \Delta H_R^0 = -547\,\frac{kJ}{mol}$$

Beschreibt man diese Reaktion als eine **Umwandlung von Ionen**, so wird deutlich, dass die Sauerstoffionen (O^{2-}) zwar den Bindungspartner wechseln, jedoch am Elektronenübergang nicht beteiligt sind:

$$2\,Cr^{3+} \quad + \quad \underline{3\,O^{2-}} \quad + \quad 2\,Al \quad \rightarrow \quad 2\,Cr \quad + \quad 2\,Al^{3+} \quad + \quad \underline{3\,O^{2-}}$$

Die eigentliche **Redoxreaktion** spielt sich folglich nur zwischen den **Metallatomen** bzw. **Metallionen** ab:

$$Cr^{3+} \quad + \quad Al \quad \rightarrow \quad Cr \quad + \quad Al^{3+}$$

Hohes Reduktionsvermögen

Aluminium hat ein hohes **Reduktionsvermögen**, das sich durch die bereitwillige Abgabe seiner Valenzelektronen an andere Metallionen auszeichnet. Diese Eigenschaft ist bei den einzelnen Metallen jedoch unterschiedlich stark ausgeprägt (edle und unedle Metalle). Einen ersten Hinweis hierauf gibt der Vergleich der Reaktionswärmen der aluminothermischen Reduktionen von Eisenoxid bzw. von Chromoxid, die oben betrachtet wurden. Bei der Reduktion von Eisenoxid beträgt sie gut das Sechsfache. Das lässt u. a. auf eine höhere Elektronenaffinität (Energiegewinn durch Elektronenaufnahme) bei der Bildung von elementarem Eisen im Vergleich zur Entstehung von elementarem Chrom schließen. Eisenionen haben somit ein höheres **Oxidationsvermögen** als Chromionen, was gleichwohl bedeutet, dass sich elementares Eisen schwerer oxidieren lässt als elementares Chrom. Eisen ist demnach das edlere Metall.

Hohes Oxidationsvermögen

Für einen aussagekräftigen Vergleich der Reaktionswärmen müssen jedoch sämtliche Teilenergien (wie Sublimationsenergie, Ionisierungsenergie, Elektronenaffinität, Gitterenergie) berücksichtigt werden. Gerade bei Salzbildungsreaktionen macht die Gitterenergie oft den entscheidenden Energiebetrag aus. Im Falle besonders hoher Kristallstabilität des gebildeten Salzes – wie beim Al_2O_3 – ist es somit möglich, selbst einen Energieverlust beim Elektronenübergang wettzumachen. Calciumoxid (CaO) z. B. kann deshalb, obwohl Calcium unedler als Aluminium ist, auch im Aluminothermischen Verfahren reduziert werden.

Vergleich der Reaktionswärmen

Für die **Beurteilung von Reaktionsverläufen** muss man wissen, welches Metallion welches Metall oxidieren kann. So reagieren die Atome eines Silberbleches nicht mit den Metallionen einer Zinklösung, wohl aber die Atome eines Zinkbleches mit den Metallionen einer Silberlösung. Silberionen können somit Zink oxidieren, Zinkionen Silber jedoch nicht. Silber ist folglich ein edleres Metall als Zink:

Wer reagiert mit wem?

$$Zn + 2\,Ag^{+} \rightarrow Zn^{2+} + 2\,Ag$$

Verdrängungsreaktionen von Metallen in Salzlösungen anderer Metalle – wie oben beschrieben – ermöglichen eine **Ordnung der Metalle** nach ihrem **Reduktionsvermögen.**

Redoxreihe: Ordnen nach dem Reduktionsvermögen

Die Redoxreihe gibt Auskunft über das Reduktions- und Oxidationsvermögen von Metallen.

Die sich ergebende Reihe wird **Redoxreihe** genannt. An deren Beginn befinden sich die unedlen Metalle, die ein hohes Reduktionsvermögen und deren Ionen ein niedriges Oxidationsvermögen auszeichnen. Die Reihe endet mit den edlen Metallen, die über ein geringes Reduktionsvermögen und deren Ionen über ein hohes Oxidationsvermögen verfügen:

Ca/Ca^{2+} Al/Al^{3+} Zn/Zn^{2+} Cr/Cr^{3+} Fe/Fe^{2+} Cu/Cu^{2+} Ag/Ag^{+} Au/Au^{3+}

Unedel
Hohes Reduktionsvermögen der Metallatome
Geringes Oxidationsvermögen der Metallionen

Edel
Geringes Reduktionsvermögen der Metallatome
Hohes Oxidationsvermögen der Metallionen

Aus der Redoxreihe lässt sich nun direkt ablesen, dass beispielsweise ein Eisennagel spontan mit einer Kupfersalzlösung reagieren kann:

$$Fe + Cu^{2+} \rightarrow Fe^{2+} + Cu$$

Die Kupferionen der Lösung entreißen den Eisenatomen des Nagels die Elektronen (oxidieren die Eisenatome), da sie in der Redoxreihe weiter rechts angesiedelt sind. Sie werden zu elementarem Kupfer reduziert, das sich in Sekundenschnelle als feiner, gleichmäßiger Überzug auf dem Nagel abscheidet (**Galvanisierung**).

Auch die Bildung nichtionischer Verbindungen kann als eine Redoxreaktion angesehen werden.

Nach den nun neu festgesetzten Definitionen von Oxidation und Reduktion lässt sich die Bildung **ionischer Metallverbindungen**, der Salze, als eine Elektronenübergangsreaktion erklären. Die Entstehung anderer Verbindungen, wie z. B. der **Nichtmetalloxide**, kann jedoch **ebenfalls** als eine **Redoxreaktion** verstanden werden. Es findet hierbei zwar **kein vollständiger Elektronenübergang** von einem Atom zum anderen statt, wie es die Definition einer Redoxreaktion im Grunde verlangt ($\Delta EN < 1{,}8$). Da aber die meisten der Atombindungen zumindest **polaren Charakter** haben ($\Delta EN > 0$), kann man die Bindungselektronen der Einfachheit halber in vollem Umfange dem elektronegativeren Partner zuordnen. Man behandelt die an der Reaktion teilhabenden Moleküle folglich so, als bestünden sie aus einzelnen elementaren Ionen. Elektropositive Elemente tragen dementsprechend positive, elektronegative Elemente dagegen negative Ladungen. Ganz allgemein gilt also:

Polare Atombindungen werden als Ionenbindungen betrachtet.

Reaktionen zwischen Partnern unterschiedlicher Elektronegativität können als Redoxreaktionen bezeichnet werden.

Die Ladungszahl der »theoretischen Ionen« wird **Oxidationszahl** genannt und zumeist als römische Ziffer über jedes der Elementsymbole einer Verbindung geschrieben. Ähnlich wie die Ladungszahl »wahrer Ionen« gibt sie – je nach **Vorzeichen** – an, wie viele Elektronen aufgenommen (–) oder abgegeben wurden (+). Im Fall eines Nichtmetalloxides wären die Bindungselektronen wegen der stets höheren Elektronegativität dem **Sauerstoff** zuzuordnen. Sauerstoff nimmt also formell zwei Elektronen auf und erhält demnach die **Oxidationszahl –II**.

Die Ladungszahl der »theoretischen« Ionen heißt Oxidationszahl.

Die Ausdehnung des Begriffes Redoxreaktion auf die Bildung polarer, nichtionischer Verbindungen führt zu einer **erweiterten Definition** von **Oxidation** und **Reduktion**:

Unter der Oxidation eines Elementes versteht man die Erhöhung seiner Oxidationszahl.

Unter der Reduktion eines Elementes versteht man die Erniedrigung seiner Oxidationszahl.

So stellt man Oxidationszahlen fest

Sechs Faustregeln

Für die Feststellung der Oxidationszahlen der einzelnen Atome in einer chemischen Verbindung geht man am einfachsten nach den folgenden **Regeln** vor:

$\overset{0}{N_2}$

$\overset{0}{Fe}$

1. Die Atome eines **Elementes** erhalten als arabische Ziffer die **Oxidationszahl 0**. Dies gilt auch für molekular auftretende Elemente, wie H_2, N_2 oder S_8, da hierbei nur homöopolare (unpolare, $\Delta EN = 0$) Bindungen gebildet werden und die Elektronen zwischen den Bindungspartnern gleich verteilt vorliegen.

$\overset{I}{Na}^+$

$\overset{II}{Mg}^{2+}$

$\overset{III}{Al}^{3+}$

$\overset{-I}{Cl}^-$

$\overset{-II}{O}^{2-}$

2. Bei **Ionen**, die aus einem einzigen geladenen Atom bestehen, entsprechen Ladungszahl und Ladungsvorzeichen des Ions auch seiner Oxidationszahl und deren Vorzeichen.

   Bei **Kationen** ist die Oxidationszahl oftmals gleich ihrer Hauptgruppennummer. Die Oxidationszahl von einatomigen **Anionen**, wie den Halogenidionen, lässt sich hingegen meist errechnen, indem man von ihrer Hauptgruppennummer die Zahl Acht subtrahiert.

3. **Wasserstoffatome** haben fast immer die **Oxidationszahl I**. Ist Wasserstoff der elektronegativere Partner in einer Bindung, so beträgt seine Oxidationszahl –I.

4. **Sauerstoff** hat fast immer die **Oxidationszahl –II**.

$\overset{I}{H_2}\overset{-II}{O}$

5. In einem **ungeladenen Molekül** ist die **Summe der Oxidationszahlen** aller Atome **Null**. Dabei müssen die zu einer Atomsorte gehörende Oxidationszahl, ebenso wie die Atome selbst, mit dem Index des Elementsymbols multipliziert werden.

$\overset{VI}{S}\overset{-II}{O_4^{2-}}$

6. In einem **mehratomigen Ion** ergibt die **Summe der Oxidationszahlen** aller Atome die **Ladungszahl** des Ions.

Viele Elemente treten in ihren Verbindungen mit **verschiedenen Oxidationszahlen** auf. Beispiel Chlor:

Chlorwasserstoff	$H\overset{-I}{Cl}$	Chlorige Säure	$H\overset{III}{Cl}O_2$
Chlor	$\overset{0}{Cl}_2$	Chlorsäure	$H\overset{V}{Cl}O_3$
Hypochlorige Säure	$H\overset{I}{Cl}O$	Perchlorsäure	$H\overset{VII}{Cl}O_4$

Auch der **Kohlenstoff** nimmt in **organischen Verbindungen** unterschiedliche Oxidationszahlen ein. Je nachdem, ob ihm als Bindungspartner der elektropositivere Wasserstoff oder der elektronegativere Sauerstoff benachbart ist, gewinnt bzw. verliert er das bindende Elektronenpaar. Die Bindungselektronen einer homöopolaren C-C-Bindung werden unter beiden Atomen gleichmäßig aufgeteilt.

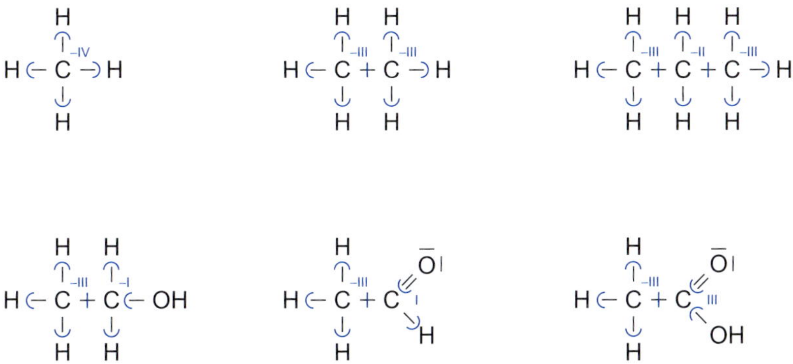

Von oben links nach unten rechts: Ermittlung der Oxidationszahlen von Kohlenstoff in Methan (CH_4), Ethan (C_2H_6), Propan (C_3H_8), Ethanol (C_2H_5OH), Ethanal (Acetaldehyd, CH_3CHO) und Ethansäure (Essigsäure, CH_3COOH). Die blauen Linien geben die formelle Zuordnung der Bindungselektronen an. Die Summe aus zugeordneten Elektronen und Oxidationszahl muss die Hauptgruppennummer (Kohlenstoff: 4) ergeben. Beispiel Methan: 8 + (–IV) = 4.

2 Aufstellen von Redoxgleichungen

Redoxgleichungen für komplizierte Reaktionssysteme

Die Redoxgleichungen, die bisher betrachtet wurden, ließen sich recht einfach und zumeist schon »auf den ersten Blick« stöchiometrisch (mengenmäßig) ausgleichen. In **komplizierten Reaktionssystemen** kann sich die Suche nach den korrekten Faktoren, die das Stoffmengenverhältnis der einzelnen Reaktionspartner angeben, jedoch schon um einiges schwieriger gestalten. Das versuchsweise Einsetzen verschiedener Zahlenwerte führt oftmals nicht zum Erfolg.

Wenn es kompliziert wird, helfen Oxidationszahlen.

Die Einführung der **Oxidationszahlen** eröffnet eine einfache Möglichkeit, auch komplexe stöchiometrische Aufgaben zu lösen. Prinzip ist hierbei, den Elektronenumsatz der Redoxpartner abzugleichen, d.h. durch die geeignete Wahl von stöchiometrischen Faktoren dafür zu sorgen, dass das Oxidationsmittel ebenso viele Elektronen aufnehmen kann wie durch das Reduktionsmittel bereitgestellt werden. Einzige Voraussetzung für die Aufstellung der Gleichung ist somit, dass der Reaktionsverlauf bekannt sein muss.

Im Folgenden wird an zwei Beispielen, der Synthese von Phosphor aus Calciumphosphat sowie der Atemalkoholkontrolle mit Pusteröhrchen (Alcotest), das Schema für den stöchiometrischen Abgleich erläutert.

2.1 Beispiel: Synthese von Phosphor aus Calciumphosphat

Erstellen einer Redoxgleichung für die Phosphorsynthese

Phosphor wird aus der Reduktion von Calciumphosphat ($Ca_3(PO_4)_2$) mit Koks dargestellt. Quarzsand (SiO_2) wird der Reaktion als Schlackebildner zugeführt. Der entstandene Phosphor entweicht als Dampf.

1. **Aufstellen** der Reaktionsgleichung **ohne stöchiometrische Faktoren**:

$$Ca_3(PO_4)_2 + SiO_2 + C \rightarrow CaSiO_3 + CO + P_4\uparrow$$

2. **Formulierung der Oxidation:** Aus der Veränderung der Oxidationszahl wird die Anzahl der abgegebenen Elektronen ermittelt:

Anzahl der abgegebenen Elektronen

$$\overset{0}{C} \rightarrow \overset{II}{C}O + 2\,e^-$$

3. **Formulierung der Reduktion:** Aus der Veränderung der Oxidationszahl wird die Anzahl der aufgenommenen Elektronen ermittelt:

Anzahl der aufgenommenen Elektronen

$$2\,Ca_3(\overset{V}{P}O_4)_2 + 20\,e^- \rightarrow \overset{0}{P}_4$$

Da Phosphor in Form von P_4 gebildet wird, müssen zwei Moleküle Calciumphosphat (mit insgesamt vier Phosphoratomen) eingesetzt werden. Bei der Reduktion gehen demnach also vier Phosphoratome mit der Oxidationszahl V in vier Phosphoratome mit der Oxidationszahl 0 über. Dabei werden $4 \cdot 5 = 20$ Elektronen gebunden.

4. Um für die Reduktion genügend Elektronen zur Verfügung zu haben, muss die Oxidationsgleichung mit dem Faktor 10 multipliziert werden (**kleinstes gemeinsames Vielfaches** für den Elektronenumsatz sind 20 e^-). Die Anzahl der bei der Oxidation freigesetzten und während der Reduktion gebundenen Elektronen ist dann gleich groß und beträgt 20. Oxidations- und Reduktionsgleichung werden nach dem **Abgleich** zu einer gemeinsamen Formel addiert:

Abgleich der Oxidations- und Reduktionsgleichungen

$$10\,\overset{0}{C} \rightarrow 10\,\overset{II}{C}O + 20\,e^-$$

$$2\,Ca_3(\overset{V}{P}O_4)_2 + 20\,e^- \rightarrow \overset{0}{P}_4$$

Summe:

$$2\,Ca_3(PO_4)_2 + 10\,C \rightarrow 10\,CO + P_4$$

5. Die **übrigen Reaktanden werden** der Gleichung **hinzugefügt**. Die fehlenden Faktoren lassen sich nun leicht aus den gegebenen Verhältnissen ermitteln:

$$2\,Ca_3(PO_4)_2 + 6\,SiO_2 + 10\,C \rightarrow 6\,CaSiO_3 + 10\,CO + P_4\uparrow$$

2.2 Beispiel: Atemalkoholkontrolle mit Pusteröhrchen (Alcotest)

Feststellen des Alkoholgehaltes im Blut mit Hilfe einer Redoxreaktion

Für die Schätzung des Blutalkoholgehaltes eines Verkehrsteilnehmers setzt die Polizei bei Kontrollen den sogenannten Alcotest ein. Ein Pusteröhrchen enthält rotgelbes Dichromat ($Cr_2O_7^{2-}$) in Schwefelsäure, das durch Trinkalkohol (Ethanol, CH_3CH_2OH) zu grünem Chrom(III) (Cr^{3+}) reduziert wird. Je grüner sich das Röhrchen also färbt, desto höher ist die Alkoholkonzentration in der Atemluft bzw. im Blut der Testperson. Das Ethanol wird bei der Nachweisreaktion zu Ethansäure (Essigsäure, CH_3COOH) oxidiert.

1. Formulierung der **Oxidation**:

$$\overset{-III}{C}H_3\overset{-I}{C}H_2OH \rightarrow \overset{-III}{C}H_3\overset{III}{C}OOH + 4\,e^-$$

Abgegebene Elektronen

Nur eines der beiden Kohlenstoffatome des Ethanols verändert seine Oxidationszahl, und zwar von –I auf III. Es werden demnach also vier Elektronen je Ethanolmolekül freigesetzt.

2. Formulierung der **Reduktion**:

$$\overset{VI}{Cr}_2O_7^{2-} + 6\,e^- \rightarrow 2\,\overset{III}{Cr}{}^{3+}$$

Aufgenommene Elektronen

Ein Dichromation wird zu zwei Chrom(III)-Ionen reduziert. Dabei werden sechs Elektronen verbraucht.

3. **Abgleich, Addition** der Reaktionen:

Das kleinste gemeinsame Vielfache für den Elektronenumsatz beträgt 12 e^-. Die Oxidationsgleichung wird folglich vor der Addition zu einer Gesamtgleichung mit drei und die Reduktionsgleichung mit zwei multipliziert:

Abgleichen der Oxidations- und Reduktionsgleichungen

$$3\ \overset{-III}{C}H_3\overset{-I}{C}H_2OH \rightarrow 3\ \overset{-III}{C}H_3\overset{III}{C}OOH + 12\ e^-$$

$$2\ \overset{VI}{Cr}_2O_7^{2-} + 12\ e^- \rightarrow 4\ \overset{III}{Cr}^{3+}$$

Summe:

$$2\ Cr_2O_7^{2-} + 3\ CH_3CH_2OH \rightarrow 3\ CH_3COOH + 4\ Cr^{3+}$$

4. Als weiteren Reaktanden fügt man der Gleichung zunächst die Schwefelsäure in Form von **Oxoniumionen** (H_3O^+) hinzu. Es wird dabei ein Ladungsgleichgewicht zwischen den Edukten (zwei zweifach negativ geladene Anionen = vier negative Ladungen) und den Produkten (vier dreifach positiv geladene Kationen = zwölf positive Ladungen) eingestellt. Für einen Ausgleich fehlen demnach auf der linken Seite der Gleichung 16 positive Ladungen, die in Form von 16 Oxoniumionen ergänzt werden:

Im Falle einer Reaktion im alkalischen Milieu würde der Ladungsausgleich an dieser Stelle mit Hydroxidionen (OH^-) vorgenommen werden.

$$2\ Cr_2O_7^{2-} + 3\ CH_3CH_2OH + 16\ H_3O^+ \rightarrow 3\ CH_3COOH + 4\ Cr^{3+}$$

5. Als Nächstes fügt man der Gleichung **Wassermoleküle** hinzu, bis die Stöchiometrie eingehalten wird:

Einhalten der Stöchiometrie

$$2\ Cr_2O_7^{2-} + 3\ CH_3CH_2OH + 16\ H_3O^+ \rightarrow$$

$$3\ CH_3COOH + 4\ Cr^{3+} + 27\ H_2O$$

Zum Schluss: Hinzufügen der Ionen, die an der Reaktion nicht beteiligt sind

6. Abschließend kann die obige Gleichung (**Ionenform der Redoxreaktion**) noch um die an der Reaktion **nicht beteiligten Ionen** ergänzt werden. Die 16 Oxoniumionen werden durch acht Moleküle Schwefelsäure ersetzt, die 16 Protonen freisetzen können, die sich ihrerseits dann mit 16 Molekülen Wasser verbinden. Da **Kalium**dichromat und **Schwefel**säure eingesetzt werden, entstehen als Salze Chrom(III)**sulfat** und **Kaliumsulfat**, beide in Lösung:

$$\underset{\text{rotgelb}}{2\ K_2Cr_2O_7} + 3\ CH_3CH_2OH + 8\ H_2SO_4 + 16\ H_2O \rightarrow$$

$$3\ CH_3COOH + \underset{\text{grün}}{2\ Cr_2(SO_4)_3} + 27\ H_2O + 2\ K_2SO_4$$

3 Grundlagen der Elektrochemie

3.1 Galvanisierung

Die Redoxreihe gibt nur qualitative Auskünfte über das Reduktionsvermögen von Metallen.

Einfache Galvanisierungsversuche ermöglichen es, die Metalle ihrem Reduktionsvermögen nach zu ordnen. Die **qualitative Aussage** der **Redoxreihe**, nämlich, welches Metall in der Lage ist, die oxidierte Form eines anderen zu reduzieren, lässt sich jedoch noch weiter präzisieren. Durch geeignete Experimente kann die Neigung eines Elementes, Elektronen abzugeben, **quantitativ** bestimmt und in **Zahlenwerten** ausgedrückt werden.

Galvanisierungsversuch mit Zink- und Kupferstäben

Taucht man einen Zinkstab in ein Gefäß mit einer 1 M Zinksulfatlösung sowie einen Kupferstab in ein weiteres Gefäß, gefüllt mit 1 M Kupfersulfatlösung, und verbindet dann beide Metallstäbe (**Elektroden**) über Leitungsdrähte mit einem Spannungsmessgerät, so kann zunächst keine Reaktion festgestellt werden. Bringt man nun jedoch beide Lösungen durch eine **Salzbrücke** miteinander in Kontakt, so kann am Messinstrument ein Ausschlag von 1,10 Volt (1,10 V) beobachtet werden. (Eine Salzbrücke ist ein mit Kaliumsulfatlösung gefülltes U-förmiges Rohr, dessen Enden mit Watte oder Ton verstopft sind. Für Ionen ist es jedoch durchlässig.)

Wird schließlich das Messgerät gegen einen **elektrischen Verbraucher**, wie z. B. ein Glühlämpchen oder einen kleinen Elektromotor, getauscht, so **fließt ein Strom** von der Zinkelektrode über den Verbraucher hin zur Kupferelektrode und verrichtet dabei **elektrische Arbeit**. Sichtbar wird dies, indem das Lämpchen leuchtet bzw. der Motor sich zu drehen beginnt.

Ein galvanisches Element ist eine Spannungsquelle.

Ganz offensichtlich funktioniert die beschriebene Versuchsanordnung als eine **Spannungsquelle**. Man bezeichnet sie allgemein als **galvanisches Element** und im speziellen Fall des Redoxsystems Zink / Kupfer als **DANIELL-Element** (nach JOHN FREDERIC DANIELL, 1790–1845). Die beiden Gefäße, gefüllt mit Lösung und bestückt mit einer Elektrode, stellen jeweils eine **elektrochemische Halbzelle** dar (benannt als Zn/Zn^{2+} bzw. Cu^{2+}/Cu), die durch die Salzbrücke zu einer **elektrochemischen Zelle** ($Zn/Zn^{2+}//Cu^{2+}/Cu$) miteinander verbunden werden. Die gelösten Stoffe nennt man **Elektrolyte**.

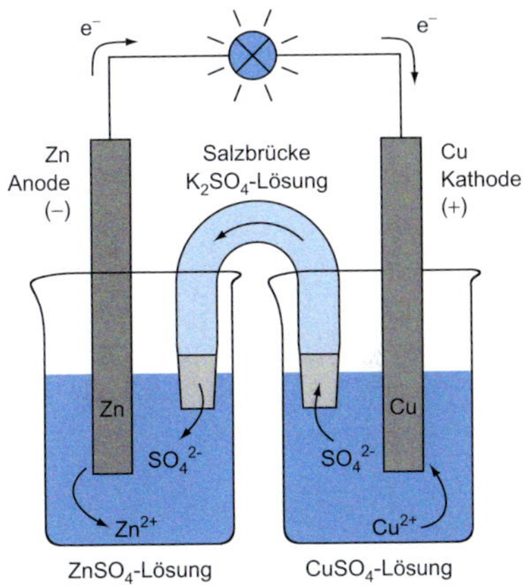

Schematische Darstellung eines DANIELL-Elementes

Elektrolyte sind Stoffe, die in der Schmelze und in Lösungen zu Ionen dissoziieren und somit den elektrischen Strom leiten. Zu den Elektrolyten gehören die Salze, Säuren und Basen.

Wie entsteht der Stromfluss?

Wie aber kommt es zu der Ausbildung einer elektrischen Spannung bzw. zu einem Stromfluss? Jedes Metall hat beim Eintauchen in eine Elektrolytlösung das Bestreben, Kationen an die Lösung abzugeben (**Lösungsdruck**). Bei einem unedlen Metall ist diese Neigung stärker ausgeprägt als bei einem edlen Metall, und es werden folglich auch mehr

Metallelektroden geben Kationen an die Elektrolytlösung ab.

Minuspol: Elektronenüberschuss

Elektronen, die durch die Bildung der Kationen zurückbleiben, in der Elektrode angereichert. Beim DANIELL-Element ergibt sich dementsprechend an der Zinkelektrode ein **negativer Ladungsüberschuss (Minuspol)** im Vergleich zur Kupferelektrode (**Pluspol**).

Pluspol: Elektronenmangel

Kathode: Reduktion

Anode: Oxidation

Wird der Stromkreis nun durch äußere Leitungsdrähte und eine Salzbrücke geschlossen, so können die Elektronen von der Zink- hin zur Kupferelektrode fließen. Die Kupferionen, welche die Kupferelektrode (**Kathode**) umgeben, können auf diese Weise mit Elektronen versorgt und somit zu elementarem Kupfer **reduziert** werden. Auf der Elektrodenoberfläche scheidet sich ein Kupferfilm ab und die Elektrodenmasse nimmt zu. Die **Oxidation** der Zinkatome zu gelösten Ionen lässt die Masse der Zinkelektrode (**Anode**) hingegen schrumpfen.

Da in der Zinksulfatlösung durch die neu entstandenen Zinkionen ein positiver Ladungsüberschuss und in der Kupfersulfatlösung durch die fehlenden Kupferionen ein negativer Ladungsüberschuss besteht, wandern zum Ausgleich Sulfationen aus der Cu^{2+}/Cu-Halbzelle in die Zn/Zn^{2+}-Halbzelle. **Äußerer Ladungstransport** und **Ionenwanderung** bilden somit einen geschlossenen **Stromkreis**.

Im Folgenden sind die elektrochemischen Vorgänge an beiden Elektroden zusammengefasst:

Zinkelektrode	Kupferelektrode
Unedleres Metall	Edleres Metall
Höherer Lösungsdruck	Niedrigerer Lösungsdruck
Elektronenüberschuss (Minuspol)	Elektronenmangel (Pluspol)
Nach Herstellen eines geschlossenen Stromkreises:	
Oxidation (Anode)	Reduktion (Kathode)
$Zn \rightarrow Zn^{2+} + 2\,e^-$	$Cu^{2+} + 2\,e^- \rightarrow Cu$
Elektronenabgabe	Elektronenaufnahme
Entstehung von Kationen	Entladung von Kationen

Am Minuspol herrscht stets Elektronenüberschuss, am Pluspol dagegen stets Elektronenmangel.

Die Kathode ist der Pol, zu dem der Elektronenstrom im Metall hinfließt. Die reagierenden Teilchen werden dort reduziert.

Die Anode ist der Pol, von dem der Elektronenstrom im Metall wegfließt. Die reagierenden Teilchen werden dort oxidiert.

Beim galvanischen Element entspricht der Minuspol der Anode und der Pluspol der Kathode.

Alternativ kann der Aufbau einer elektrochemischen Zelle auch in einem **gemeinsamen Gefäß**, wie z. B. einem U-Rohr, erfolgen. Die beiden Halbzellen werden in diesem Fall durch ein ionendurchlässiges **Diaphragma** (poröse Trennwand) voneinander getrennt.

Spannungsunterschiede zwischen Metallen

Mit Hilfe eines galvanischen Elementes, an das ein Spannungsmessgerät angeschlossen ist, können nun durch geeignete Wahl des Elektrodenmaterials und des gelösten Elektrolyten die Spannungsunterschiede zwischen beliebigen Metallen ermittelt werden. Um jedoch **vergleichbare Werte** zu erhalten, muss man ein Bezugssystem, eine **Standardelektrode**, definieren, gegen die dann die verschiedenen Metalle gemessen werden können. Der hohen Reproduzierbarkeit wegen – d. h. die Bezugselektrode liefert stets konstante und verlässliche Werte – hat man sich für die **Normalwasserstoffelektrode** entschieden. Es handelt sich hierbei um ein Platinblech als Elektrodenmaterial, eingetaucht in eine 1 M Säure (pH = 0), die von Wasserstoffgas bei 1013 hPa und 25 °C umspült wird. Das Redoxsystem, das sich an der Platinoberfläche ausbildet, lautet:

Als gemeinsame Bezugsgröße wird die Normalwasserstoffelektrode definiert.

$$2\,H_2O \;+\; H_2 \;\rightleftharpoons\; 2\,H_3O^+ \;+\; 2\,e^-$$

Oder einfacher, ohne die Bildung von Oxoniumionen zu berücksichtigen:

$$H_2 \rightleftharpoons 2\,H^+ + 2\,e^-$$

Das Standardelektrodenpotenzial des Wasserstoffs beträgt 0 V.

Wasserstoff wurde als Bezugssystem willkürlich der Wert 0 V zugeordnet. Für Metalle, die ein höheres Bestreben haben, ihre Elektronen abzugeben (**unedle Metalle**), werden gegen die Normalwasserstoffelektrode **negative Spannungswerte** gemessen. Für Metalle, die sich weniger leicht oxidieren lassen als Wasserstoff (**edle Metalle**), misst man hingegen **positive Spannungswerte**.

Eine Spannung, die gegen die Normalwasserstoffelektrode ermittelt wurde, bezeichnet man als **Standardelektrodenpotenzial** eines Metalls. Es wird stets in einer 1 M Elektrolytlösung bestimmt.

Die Spannung zwischen der Normalwasserstoffelektrode und einer Halbzelle Metall/Metallion bei Standardbedingungen (25 °C, 1013 hPa, c(Metallion) = 1 mol/l) wird als Standardelektrodenpotenzial dieses Metalls bezeichnet.

Das Standardelektrodenpotenzial des Wasserstoffs wurde willkürlich auf null festgesetzt.

Ordnet man die Metalle nach steigendem Standardelektrodenpotenzial, so erhält man die **Spannungsreihe der Metalle** (s. nächste Seite). Sie stimmt in ihrer Reihenfolge mit der Redoxreihe der Metalle überein.

Li / Li^+	−3,05 V	Cd / Cd^{2+}	−0,40 V
K / K^+	−2,93 V	Ni / Ni^{2+}	−0,25 V
Ba / Ba^{2+}	−2,91 V	Sn / Sn^{2+}	−0,14 V
Ca / Ca^{2+}	−2,87 V	Pb / Pb^{2+}	−0,13 V
Na / Na^+	−2,71 V	$H_2 / 2\,H^+$	0 V
Mg / Mg^{2+}	−2,36 V	Cu / Cu^{2+}	+0,34 V
Al / Al^{3+}	−1,66 V	Fe^{2+} / Fe^{3+}	+0,77 V
Zn / Zn^{2+}	−0,76 V	Ag / Ag^+	+0,80 V
Cr / Cr^{3+}	−0,74 V	Pt / Pt^{2+}	+1,20 V
Fe / Fe^{2+}	−0,44 V	Au / Au^+	+1,50 V

Die Spannungsreihe der Metalle erlaubt quantitative Aussagen.

Der Spannungsreihe kann man entnehmen, welche Spannung ein galvanisches Element einer Kombination zweier beliebiger Metalle liefert. Hierzu bildet man die Differenz der beiden entsprechenden Tabellenwerte, indem man vom Wert des edleren Metalls den Wert des unedleren subtrahiert. Für das DANIELL-Element ($Zn/Zn^{2+}//Cu^{2+}/Cu$) ergibt sich folglich der bereits beobachtete Wert von

$$+0{,}34\ \text{V} - (-0{,}76\ \text{V}) = \underline{\underline{+1{,}10\ \text{V}}}$$

In einem galvanischen Element wird chemische Energie in elektrische Energie umgewandelt. Die elektrochemischen Vorgänge laufen freiwillig ab und die Reaktionsprodukte sind energetisch stabiler als deren Ausgangsstoffe.

3.2 Vorgänge in der Elektrolysezelle

Wird das Prinzip des galvanischen Elementes **umgekehrt**, d. h. wird an die Lösung oder Schmelze eines Elektrolyten eine **elektrische Spannung angelegt**, so erhält man die Anordnung einer **Elektrolysezelle**. Die Kationen wandern sodann zur Kathode, die Anionen zur Anode und werden dort entladen. Der **Elektrolyt** wird dabei **zersetzt**.

Elektrolysezelle: Strom wird verbraucht.

Die Elektrolyse ist die Zersetzung einer chemischen Verbindung mithilfe des elektrischen Stroms. Dabei werden Ionen entladen.

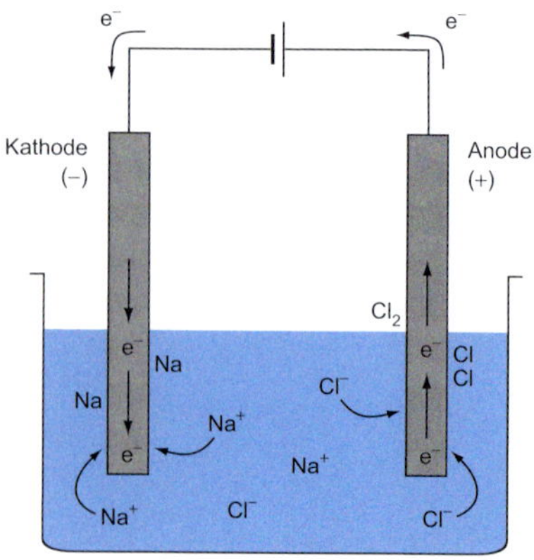

Schematische Darstellung der Schmelzelektrolyse von Natriumchlorid. Es entstehen an der Kathode metallisches Natrium und an der Anode Chlorgas.

Von besonderer technischer Bedeutung ist die **Schmelzelektrolyse.** Lithium, Natrium, Kalium, Beryllium, Magnesium und Aluminium werden mit diesem Verfahren elementar aus ihren Salzen gewonnen. Die **Kathode** (hier: Minuspol) hat hierbei die Funktion eines sehr starken **Reduktionsmittels,** das die positiv geladenen Metallionen (Kationen) mit Elektronen versorgt. Die negativ geladenen Nichtmetallionen (Anionen) werden hingegen an der **Anode** (hier: Pluspol) **oxidiert.** Bei der Schmelzelektrolyse von Natriumchlorid fallen somit metallisches Natrium sowie Chlorgas an:

$$\text{Kathodenvorgang:}\quad 2\,Na^+ + 2\,e^- \rightarrow 2\,Na$$

$$\text{Anodenvorgang:}\quad 2\,Cl^- \rightarrow Cl_2\uparrow + 2\,e^-$$

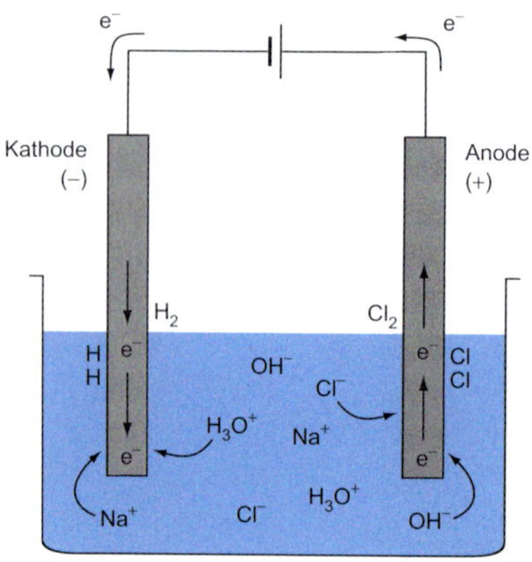

Schematische Darstellung der Lösungselektrolyse von Natriumchlorid. Es entstehen an der Kathode Wasserstoffgas und an der Anode Chlorgas.

Bei der Elektrolyse wässriger Lösungen (**Lösungselektrolyse**) werden jeweils nur die Kationen und Anionen reduziert bzw. oxidiert, die den geringsten Energieaufwand erfordern. Aus einer Kochsalzlösung scheiden sich demnach Wasserstoffgas (aus der Reduktion der Oxoniumionen des Wassers) und Chlorgas ab, nicht jedoch metallisches Natrium oder Sauerstoff (aus der Oxidation der Hydroxidionen des Wassers). Natrium- und Hydroxidionen wandern zwar zur Kathode bzw. zur Anode, werden dort aber nicht entladen. Es reichert sich folglich Natronlauge ($NaOH_{(aq)}$) an.

Kathodenvorgang: $2\,H_3O^+ \;+\; 2\,e^- \;\rightarrow\; 2\,H_2O \;+\; H_2\uparrow$

Anodenvorgang: $2\,Cl^- \;\rightarrow\; Cl_2\uparrow \;+\; 2\,e^-$

Was wird zuerst abgeschieden?

Die **Reihenfolge der Entladbarkeit** von **Kationen** ergibt sich aus der Spannungsreihe der Metalle. Aus einer Lösung von unedlen, schwer entladbaren Metallionen (K^+, Na^+, Mg^{2+}, Al^{3+}) scheidet sich nur Wasserstoff ab. Bei den mäßig unedlen Ionen (Zn^{2+}, Fe^{2+}, Ni^{2+}, Sn^{2+}, Pb^{2+}) scheiden sich das Metall sowie Wasserstoff ab. Bei den edlen, leicht entladbaren Ionen (Cu^{2+}, Ag^+, Au^{3+}) wird dagegen nur das Metall abgeschieden.

Für die **Anionen** gilt, dass sich komplexe Teilchen wie SO_4^{2-} und NO_3^- schwerer entladen lassen als die Hydroxidionen des Wassers, Cl^-, Br^- und I^- hingegen leichter.

Elektrolyse einer Kupfersulfatlösung

Scheiden sich also bei der Elektrolyse von Kochsalz in Wasser – wie bereits besprochen – Wasserstoffgas und Chlorgas ab, so erhält man bei der Zersetzung einer Kupfersulfatlösung hingegen elementares Kupfer sowie Sauerstoffgas. Schwefelsäure reichert sich in der Lösung an.

Kathodenvorgang: $2\,Cu^{2+} \;+\; 4\,e^- \;\rightarrow\; 2\,Cu$

Anodenvorgang: $4\,OH^- \;\rightarrow\; 2\,H_2O \;+\; O_2\uparrow \;+\; 4\,e^-$

Bei einer Elektrolyse wird elektrische Energie in chemische Energie umgewandelt. Die entstehenden Stoffe sind energiereicher als ihre Edukte und die Reaktion läuft nur unter äußerem Zwang (Gleichspannung) ab.

Bei der Elektrolysezelle entspricht der Pluspol der Anode und der Minuspol der Kathode.

3.3 Praxisbeispiele: Bleiakkumulator und Trockenbatterie

Der Bleiakkumulator: galvanisches Element und Elektrolysezelle in einem

Ein galvanisches Element, das zugleich auch als Elektrolysezelle funktioniert, ist der **Bleiakkumulator**. Vor allem wegen seiner Verwendung als Starterbatterie für Kraftfahrzeuge (Autobatterie) kommt ihm besondere technische Bedeutung zu. Er besteht im Wesentlichen aus zwei Sätzen von Bleiplatten, die in 32 %ige Schwefelsäure getaucht sind. Durch die Reaktion mit der Säure wird an der Metalloberfläche ein schwer löslicher Niederschlag aus Bleisulfat ($PbSO_4$) gebildet. Da beide Plattensätze aus demselben Material aufgebaut und in demselben Elektrolyten untergebracht sind, kann sich zwischen ihnen zunächst keine elektrische Spannung aufbauen.

Der Akkumulator muss geladen werden.

Für die Inbetriebnahme ist deshalb ein erster **Ladevorgang** (Prinzip einer Elektrolyse) erforderlich. Hierzu wird der eine Plattensatz an den positiven Pol, der andere an den negativen Pol einer Gleichspannungsquelle angeschlossen. Auf diese Weise wird am Pluspol (Anode) das Blei(II)sulfat zu Blei(IV)oxid oxidiert, während am Minuspol (Kathode) das Blei(II)sulfat zu elementarem Blei reduziert wird:

Oxidation:

$$\overset{\mathrm{II}}{Pb}SO_4 + 6\,H_2O \rightarrow \overset{\mathrm{IV}}{Pb}O_2 + SO_4^{2-} + 2\,e^- + 4\,H_3O^+$$

Reduktion:

$$\overset{\mathrm{II}}{Pb}SO_4 + 2\,e^- \rightarrow \overset{0}{Pb} + SO_4^{2-}$$

Summe:

$$2\,PbSO_4 + 6\,H_2O \rightarrow PbO_2 + Pb + 2\,SO_4^{2-} + 4\,H_3O^+$$

Bei der Entladung wird elektrische Energie frei.

Der **Entladevorgang** (Prinzip eines galvanischen Elementes) verläuft in umgekehrter Richtung. Die zur Ladung des Akkumulators benötigte **elektrische Energie wird** dabei wieder **frei** und kann für den Antrieb des Startermotors genutzt werden.

Sekundärelemente, zu denen die Akkumulatoren zählen, werden erst durch einen Ladevorgang zu einer Spannungsquelle und können theoretisch nach dem Entladen beliebig oft regeneriert werden. Im Vergleich hierzu ist bei den **Primärelementen** (reine galvanische Elemente) ein Wiederaufladen nicht möglich. Als Einwegtrockenbatterien finden sie dennoch weitverbreitete Verwendung, so z. B. für den Betrieb kleiner elektrischer und elektronischer Geräte des täglichen Bedarfs.

Sekundärelemente können wieder aufgeladen werden, Primärelemente nicht.

Die bekannteste Trockenbatterie ist das LECLANCHÉ-**Element** (nach GEORGES LECLANCHÉ, 1839–1882), auch Zink-Kohle-Batterie oder Taschenlampenbatterie genannt. Es besteht aus einem Zinkbecher (Anode, Minuspol), der eine gelatinierte Elektrolytpaste aus Ammoniumchlorid (NH_4Cl) und Zinkchlorid ($ZnCl_2$) enthält. In diese Paste ist ein Graphitstab eingetaucht, der von einer Schicht Braunstein (MnO_2, Kathode, Pluspol) umgeben ist. Durch die Oxidation des elementaren Zinks zu Zink(II) wird letztlich das Mangan(IV) des Braunsteins zu Mangan(III) reduziert. Die anfallende Spannung beträgt ungefähr 1,5 V:

Die Taschenlampenbatterie: eine Einwegtrockenbatterie

Oxidation:

$$\overset{0}{Zn} \rightarrow \overset{II}{Zn}^{2+} + 2\,e^-$$

Reduktion:

$$2\,\overset{IV}{Mn}O_2 + 2\,e^- + 2\,NH_4^+ \rightarrow 2\,\overset{III}{Mn}O(OH) + 2\,NH_3$$

Summe:

$$Zn + 2\,MnO_2 + 2\,NH_4^+ \rightarrow Zn^{2+} + 2\,MnO(OH) + 2\,NH_3$$

Das bei der Reduktion anfallende Ammoniakgas wird in einer Folgereaktion von Zinkionen und Chloridionen aus dem Elektrolyten zu schwer löslichem Diamminzinkchlorid ($[Zn(NH_3)_2]Cl_2$) gebunden:

$$Zn^{2+} + 2\,Cl^- + 2\,NH_3 \rightarrow [Zn(NH_3)_2]Cl_2$$

3.4 Korrosion: eine elektrochemische Reaktion

Korrosion zersetzt Metalle.

Neben dem Nutzen, den elektrochemische Vorgänge für technische Anwendungen erbringen können, gibt es jedoch auch eine Reihe von Reaktionen, die sich nachteilig auswirken. So werden unterschiedlich edle Metalle, die durch eine Elektrolytlösung leitend miteinander verbunden sind, oftmals durch **Korrosion** (lat. *Zerfressen*) zerstört. Selbst scheinbar homogene Metalle sind zumeist durch **Mikrokristalle** edlerer Metalle verunreinigt (z. B. Spuren von Kupfer in Zink). Sind diese Verunreinigungen von außen durch eine Elektrolytlösung zugänglich, so kommt es zur Ausbildung eines kleinen galvanischen Elementes, eines **Lokalelementes**. Sauerstoff, Kohlenstoffdioxid, Schwefel- und Stickoxide aus der Luft, gelöst in Regenwasser, genügen bereits für die Bildung einer entsprechenden Elektrolytlösung.

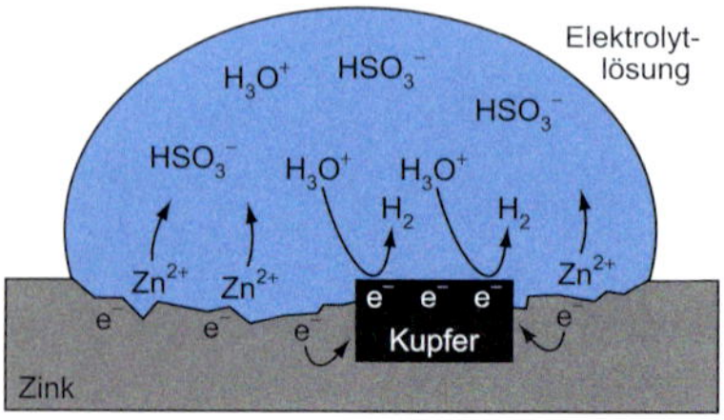

Korrosion von Zink an einem Kupfermikrokristall. Zink gibt seine Elektronen an das edlere Kupfer ab und geht in Form von Zinkionen in Lösung. Die Oxoniumionen der Elektrolytlösung – hier Regenwasser, durch SO_2 verunreinigt – können somit vom negativ geladenen Kupfer zu Wasserstoff reduziert werden.

Oxidation:

$$Zn \rightarrow Zn^{2+} + 2\,e^-$$

Reduktion:

$$2\,H_3O^+ + 2\,e^- \rightarrow H_2\uparrow + 2\,H_2O$$

Dieselben Korrosionserscheinungen treten auf, wenn unterschiedlich edle Metalle nebeneinander verarbeitet werden und so in direkten elektrischen Kontakt miteinander kommen. Dies ist häufig bei Vernietungen, Verschraubungen oder Verlötungen der Fall, die dann verunreinigtem Wasser (z. B. Regenwasser oder Meerwasser) ausgesetzt sind. Es ist beispielsweise nicht ratsam, bei der Konstruktion einer Regenrinne die handelsüblichen Materialien Kupfer und Zink parallel einzusetzen. Die unedlere Zinkrinne würde dabei rasch korrodieren. Auch bei der Auswahl von Metalllegierungen für den Einsatz als Zahnfüllung oder Zahnersatz muss der Zahnarzt auf eine elektrochemisch gleichwertige Zusammensetzung achten.

Korrosionsschutz:

Dem **Korrosionsschutz** kommt als vorbeugende Maßnahme eine große wirtschaftliche Bedeutung zu. Der direkte Weg, eine elektrochemische Korrosion zu verhindern, wäre, nur elektrochemisch gleiche oder ähnliche Metalle bzw. Legierungen miteinander zu verbinden. Aufgrund bestimmter geforderter Materialeigenschaften ist dies jedoch nicht immer möglich.

passiv ...

Man versucht deshalb beispielsweise, durch **Anstriche** oder **chemische Behandlung der Oberflächen** die Berührungspunkte verschiedener Metalle vor dem Einwirken von Elektrolytlösungen zu schützen. Einige Metalle, wie Aluminium, Chrom, Nickel und Zink, bilden zudem an Luft eine kompakte, undurchlässige Oxidschicht (**Passivierungsschicht**) aus, die sie vor weiterer Oxidation schützt.

Eine andere Maßnahme des **passiven Korrosionsschutzes** ist der **Überzug mit Metallen**, die selbst keiner Korrosion unterliegen (z. B. Verchromen). Dies kann einerseits durch galvanische Abscheidung oder andererseits durch Eintauchen des Gutes in flüssiges Metall erreicht werden.

... und aktiv

Die Beschichtung mit unedleren Metallen (z. B. Feuerverzinken von Stahl) zählt bereits zu den Maßnahmen des **aktiven Korrosionsschutzes**. Die Schutzschicht bietet sich einem aggressiven Elektrolyten gegenüber bevorzugt zur Oxidation an und löst sich mit der Zeit auf (**Opferanode**). Die dabei frei werdenden Elektronen halten das darunter liegende Metall in einem Zustand ständiger Reduktion (Kathode); das Metall bleibt somit von der Korrosion verschont. Vor allem beim Schiffbau und zum Schutz von Rohrleitungen werden Opferanoden aus Magnesiumblöcken eingesetzt, die elektrisch mit dem zu schützenden Metallkonstrukt verbunden sind.

Alternativ kann auch eine genau bemessene elektrische Spannung, die dem Korrosionsstrom entgegenwirkt, an das zu schützende Objekt angelegt werden (**kathodischer Korrosionsschutz**).

Auf einen Blick: Redoxsysteme

Oxidation, Reduktion und Redoxreaktion

- LAVOISIER: Die Reaktion eines Stoffes mit Sauerstoff wird als Oxidation bezeichnet. Eine chemische Reaktion, bei der einem Oxid der Sauerstoff entzogen wird, nennt man Reduktion. Eine Reaktion, bei der Oxidation und Reduktion gleichzeitig ablaufen, heißt Redoxreaktion.
- Neu gefasste Definition, unabhängig von einer Umsetzung mit Sauerstoff: Oxidation ist eine Elektronenabgabe, Reduktion ist eine Elektronenaufnahme. Redoxreaktionen sind Elektronenübergänge.
- Erweiterte Definition, unabhängig von einem vollständigen Elektronenübergang: Reaktionen zwischen Partnern unterschiedlicher Elektronegativität können als Redoxreaktionen bezeichnet werden. Unter der Oxidation eines Elementes versteht man die Erhöhung seiner Oxidationszahl. Unter der Reduktion eines Elementes versteht man die Erniedrigung seiner Oxidationszahl.

Aufstellen von Redoxgleichungen

- Der stöchiometrische Abgleich komplizierter Redoxgleichungen ist mithilfe der Oxidationszahlen nach einem festen Schema möglich: 1. Aufstellen der Reaktionsgleichung ohne stöchiometrische Faktoren. 2. Formulierung der Oxidations- und der Reduktionsgleichung. 3. Multiplikation der Formelumsätze nach dem kleinsten gemeinsamen Vielfachen der aufgenommenen und abgegebenen Elektronen. 4. Hinzufügen der übrigen Reaktanden, dabei Ladungsausgleich über Oxonium- bzw. Hydroxidionen und letzter Abgleich der Stöchiometrie durch Hinzufügen von Wassermolekülen.

Grundlagen der Elektrochemie

- In einem galvanischen Element wird chemische Energie in elektrische Energie umgewandelt (Spannungsquelle). Die elektrochemischen Vorgänge laufen freiwillig (ohne äußeren Zwang) ab. Anwendungsbeispiel: Taschenlampenbatterie.
- Eine Elektrolyse ist die Zersetzung einer chemischen Verbindung mithilfe des elektrischen Stroms, die unter Ionenentladung abläuft. Bei einer Elektrolyse wird elektrische Energie in chemische Energie umgewandelt. Die Reaktion läuft nur unter äußerem Zwang (Gleichspannung) ab. Anwendungsbeispiel: Schmelzelektrolyse eines Alkalimetallsalzes.

Luft und Wasser

Vor über 2400 Jahren schon zählten die alten Griechen Luft und Wasser zu den vier Naturelementen. Heute weiß man, dass Luft und Wasser keine chemischen Elemente im eigentlichen Sinn sind, sondern vielmehr Verbindungen. Ihre außerordentliche Bedeutung für alles Leben auf der Erde bleibt davon jedoch unberührt.

In diesem Kapitel werden die Zusammensetzung, der Aufbau sowie die chemischen und physikalischen Eigenschaften von Luft und Wasser vorgestellt.

1 Luft

1.1 Zusammensetzung der Luft

Luft ist ein Gasgemisch.

Die Erde ist von einer Hülle (**Atmosphäre**) umgeben, die sich aus vielen verschiedenen Gasen zusammensetzt. Dieses homogene Gasgemisch wird als **Luft** bezeichnet.

Die Hauptbestandteile der Luft sind Stickstoff (N_2), Sauerstoff (O_2), die Edelgase (He, Ne, Ar, Kr, Xe) sowie Kohlenstoffdioxid (CO_2). In Spuren lassen sich daneben auch Methan (CH_4), Wasserstoff (H_2), Distickstoffmonoxid (N_2O), Kohlenstoffmonoxid (CO) und Ozon (O_3) nachweisen.

Natürliche Zusammensetzung von trockener Luft. Die Anteile der einzelnen Gase sind in Volumenprozent (Vol.-%) angegeben. Der Anteil an Ozon unterliegt starken jahreszeitlichen Schwankungen.

Gas	Anteil in Vol.-%
Stickstoff	78,08
Sauerstoff	20,95
Argon	0,934
Kohlenstoffdioxid	0,035
Neon	0,0018
Helium	0,0005
Methan	0,00017
Krypton	0,0001
Wasserstoff	0,00005
Distickstoffmonoxid	0,00003
Kohlenstoffmonoxid	0,00002
Xenon	0,000009
Ozon	0,000001

Luft schafft nicht nur die **Voraussetzung für Leben** auf der Erde, sondern sie stellt aufgrund der technischen Bedeutung ihrer Bestandteile zugleich eine wichtige **Rohstoffquelle** dar.

Verflüssigung von Luft

Zur Auftrennung in die einzelnen Gase wird Luft nach dem **LINDE-Verfahren** (benannt nach CARL VON LINDE, 1842–1934) zunächst **verflüssigt**. Dies geschieht durch Kompression (Zusammenpressen) der Luft bis auf einen Druck von ca.

20 MPa (200 bar). Die dabei auftretende Kompressionswärme wird mit Hilfe von Wärmetauschern abgeführt. Das komprimierte, abgekühlte Gas wird daraufhin wieder entspannt (expandiert), was zu einer noch stärkeren Abkühlung führt. Nach vielmaligem Wiederholen des Kreislaufes Komprimieren, Kühlen und Entspannen erhält man schließlich bei einer Temperatur von etwa −194 °C als Produkt verflüssigte Luft.

Bei −194 °C ist Luft flüssig.

Auf dem Phänomen der Abkühlung eines Gases durch Entspannung (Joule-Thomson-Effekt) beruht zum Teil auch die Funktionsweise eines Kühl- oder Gefrierschrankes. Das gasförmige Kühlmittel wird mit Hilfe eines Kompressors zusammengepresst und dann in den Kühlschlangen des Innenraums wieder expandiert. Da bei der Ausdehnung Energie benötigt wird, um die Anziehungskräfte der Gasteilchen zu überwinden, sinkt die Temperatur. Beobachten kann man diesen Effekt auch beim Öffnen einer noch nicht angebrochenen Flasche oder Dose mit einem kohlensäurehaltigen Getränk. Plötzliches Expandieren der Luft, die sich über dem Flüssigkeitsspiegel befindet und mit Kohlenstoffdioxid angereichert ist, führt zu einer so starken Abkühlung des Gases, dass die enthaltene Luftfeuchtigkeit kondensiert. Kleine Nebelschwaden werden sichtbar.

Beispiele aus der Praxis: So funktioniert ein Kühlschrank.

Beobachtungen beim Öffnen von Flaschen oder Dosen mit kohlensäurehaltigen Getränken

1.2 Lagerung und Verwendung flüssiger Luft

Flüssige Luft wird zum Schutz vor Erwärmung in **Dewar-Gefäßen gelagert.** Dies sind doppelwandig ausgeführte Glasbehälter, deren Hülle luftleer gepumpt und silberverspiegelt ist. Ähnlich wie auch bei Haushalts-Thermoskannen ist der empfindliche Glaskörper in Isoliermaterial wie Schaum-Polystyrol eingebettet und in einer Kunststoff- oder Metallhülle verpackt. Ist »frische« flüssige Luft nahezu farblos, so verfärbt sie sich nach längerer **Lagerung** allmählich bläulich. Dies hängt damit zusammen, dass sich der farblose Stickstoff aufgrund seines besonders niedrigen Siedepunktes (-196 °C) rascher verflüchtigen kann als der bläuliche Sauerstoff (Siedepunkt: −183 °C). Der Anteil an Sauerstoff in flüssiger Luft steigt demzufolge bei fortdauernder Lagerung

Flüssige Luft wird in speziellen Gefäßen gelagert.

Je länger flüssige Luft gelagert wird, desto mehr Sauerstoff reichert sich in ihr an.

an, und die Lösung gewinnt somit zunehmend an Farbe. Diese **Anreicherung von Sauerstoff** birgt jedoch auch ein Risiko: In Verbindung mit oxidierbaren Substanzen kann flüssiger Sauerstoff – trotz der tiefen Temperaturen – wegen seiner nun besonders hohen Konzentration sehr heftig reagieren.

Im Labor wird flüssige Luft vor allem als Kühlmittel eingesetzt. In der Technik dient sie als Ausgangssubstanz für die Gewinnung von Stickstoff, Sauerstoff und Edelgasen. Die unterschiedlichen Siedepunkte ihrer Bestandteile ermöglichen die Zerlegung der Luft durch fraktionierende (d. h. in die einzelnen Bestandteile zerlegende) Destillation.

Jetzt ein kurzer Überblick über die Bedeutung der wichtigsten in Luft enthaltenen Gase für Mensch und Natur:

1.3 Die Bedeutung von Stickstoff

Eigenschaften von Stickstoff

Stickstoff wurde aufgrund seiner Reaktionsträgheit erst recht spät als Element entdeckt. Da man beobachtet hatte, dass er die **Atmung** und die **Verbrennung nicht unterhält**, wurde er als »verdorbene Luft« und schließlich von LAVOISIER als »Stickgas« bezeichnet. Der lateinische Name Nitrogenium, auf dem das Formelsymbol N beruht, bedeutet **»Salpeterbildner«**. Er wurde verliehen, nachdem bekannt war, dass es sich bei Salpeter (Natriumnitrat, $NaNO_3$) sowie bei Salpetersäure (HNO_3) um Stickstoffverbindungen handelt.

Verwendung von Stickstoff

85 % des produzierten Stickstoffs werden zur Herstellung von **Stickstoffdüngern** verwendet. Weitere bedeutende Produkte sind Ammoniak (HABER-BOSCH-Verfahren) und Salpetersäure (OSTWALD-Verfahren). Elementarer Stickstoff wird darüber hinaus in Technik und Labor als **Schutzgas** genutzt, meist um Oxidationen durch Luftsauerstoff zu vermeiden und um Luftfeuchtigkeit zu verdrängen.

Flüssiger Stickstoff dient in der Medizin, in der Pharma- sowie in der Lebensmittelindustrie zum **Schockgefrieren** und Gefriertrocknen von biologischen Geweben, Zellen, Proteinen bzw. empfindlichen Nahrungsmitteln.

Rolle in der Physiologie

Auf den Stoffwechsel höherer Pflanzen, Tiere und des Menschen übt elementarer Stickstoff keinen wahrnehmbaren Einfluss aus. Seine »erstickende« Wirkung beruht auf Sauerstoffmangel durch Gasverdrängung, nicht jedoch auf einer etwaigen Giftigkeit. Als Bestandteil vieler Eiweißmoleküle ist Stickstoff in seinen Verbindungen ein **essenzieller**, also **unentbehrlicher Nährstoff** für Menschen, Tiere und Pflanzen.

Nachweis und Lagerung

Eine einfache qualitative Nachweismethode auf elementaren Stickstoff ist nicht bekannt. Im Labor wird Stickstoff in **grün gekennzeichneten Gasflaschen** (»Bomben«) gelagert.

1.4 Die Bedeutung von Sauerstoff

Eigenschaften von Sauerstoff

Wegen seiner **verbrennungsfördernden Wirkung** wurde Sauerstoff gegen Ende des 18. Jahrhunderts als »Feuerluft« bezeichnet. LAVOISIER vermutete fälschlicherweise, dass Sauerstoff Bestandteil sämtlicher Säuren sein müsse, und benannte ihn folglich als Oxygenium (Säurebildner, chemisches Symbol O). Auch der deutsche Name zeugt heute noch von dieser falschen Annahme.

Verwendung von Sauerstoff

Der weitaus größte Teil des produzierten Sauerstoffs wird zur **Herstellung von Stahl** aus Roheisen (Sauerstoff-Aufblasverfahren) verwendet. Außerdem wird er häufig zwecks effektiver Oxidation zur Anreicherung von Verbrennungsluft eingesetzt, darüber hinaus als **Oxidationsmittel** in chemischen Synthesen, wie der Herstellung von Schwefelsäure (nach dem Doppelkontaktverfahren), Salpetersäure und Ammoniak. Die Umsetzung mit Wasserstoff **(Knallgasgebläse)** erzielt hohe Reaktionswärmen und wird in der Schweiß- und Raketentechnik genutzt.

Rolle in der Physiologie

Die allermeisten **Organismen**, die auf der Erde existieren, **benötigen Sauerstoff**, um ihre Energie liefernden Stoffwechselprozesse aufrechtzuerhalten. Nur wenige Bakterien, die sogenannten Anaerobier, können – im Gegensatz zu den Aerobiern – ohne freien Sauerstoff leben.

Neben der täglichen Nahrung, die Sauerstoff in gebundener Form bereitstellt, nimmt der **menschliche Organismus** ca. **900 g Luftsauerstoff täglich** über die Atmung auf. Leber, Muskeln und Gehirn sind die Hauptverbraucher. Der menschliche Körper verkraftet Gasgemische mit Sauerstoffanteilen von 9 bis 60 Vol.-%, ohne dabei gesundheitlichen Schaden zu nehmen.

Während auf der Erde durch **Atmung** und Gesteinsverwitterung Sauerstoff verbraucht wird, führen die **Fotosyntheseaktivität** der Pflanzen sowie die Zersetzung von Wasserdampf und CO_2 durch den UV-Anteil der Sonnenstrahlung dazu, dass das **O_2-Gleichgewicht** aufrechterhalten wird. Allein durch Fotosynthese werden pro Jahr ca. $2{,}7 \cdot 10^{11}$ t O_2 freigesetzt. Waldflächen produzieren hierbei ungefähr zwei- bis dreimal so viel Sauerstoff wie vergleichbare landwirtschaftliche Grünflächen.

Nachweis und Lagerung

Sauerstoffgas wird im Labor durch die **Glimmspanprobe** nachgewiesen. Hierzu entzündet man ein Holzstäbchen, lässt es einige Sekunden brennen und bläst die Flamme dann wieder aus. Der noch glimmende Stab wird daraufhin in ein Reaktionsglas mit dem zu prüfenden Gas getaucht. Flammt der Glimmspan spontan auf, so liegt Sauerstoff vor. Sauerstoff wird in **blau gekennzeichneten Gasflaschen** gelagert.

Die Ozonschicht und ihre Gefährdung

Ozon ist eine Modifikation des freien Sauerstoffs.

Eine weitere Modifikation des freien Sauerstoffs ist das Ozon (O_3). Ozon entsteht in erster Linie in den höheren Schichten der Atmosphäre (Stratosphäre, ca. 10 bis 50 km über dem Meeresspiegel). Hier werden O_2-Moleküle durch den energiereichen UV-Anteil der Sonnenstrahlung in einzelne Sauerstoffatome (O) gespalten, die ihrerseits dann mit weiteren O_2-Molekülen zu O_3-Molekülen reagieren können:

$$O_2 \xrightarrow{UV} 2\,O \qquad \Delta H_R^0 > 0$$

$$O + O_2 \rightarrow O_3 \qquad \Delta H_R^0 < 0$$

Die Ozonschicht als Schutzschild

Die auf diese Weise in der Stratosphäre gebildete zusammenhängende **Ozonschicht** reduziert die besonders energiereichen Anteile der UV-Strahlung (UV-B- und UV-C-Strahlung) nahezu auf null und lässt somit fast ausschließlich den energieärmeren UV-A-Anteil zur Erdoberfläche hin gelangen.

Was sind die Gründe für die Ausdünnung der Ozonschicht?

Seit etwa 1985 wird die über der Antarktis beobachtete Ausdünnung der Ozonschicht (fälschlicherweise als **»Ozonloch«** bezeichnet) mit den vom Menschen produzierten und in der Hauptsache als Kühlmittel und Treibgas verwandten Fluorchlorkohlenwasserstoffen (**FCKW**, z. B. CCl_2F_2) in Verbindung gebracht. In Laboruntersuchungen wurde nachgewiesen, dass diese prinzipiell sehr stabilen und reaktionsträgen Moleküle unter Einwirkung von starker UV-Strahlung reaktive Chloratome (auch Chlorradikale genannt, Cl·) abspalten können und diese dann ihrerseits den Abbau von Ozon zu Sauerstoff (O_2) fördern:

$$CCl_2F_2 \xrightarrow{UV} Cl\cdot + \cdot CClF_2$$

$$O_3 + \cdot Cl \rightarrow O_2 + ClO\cdot$$

Die Rolle von FCKW bei der Ausdünnung der Ozonschicht ist nicht eindeutig zu bestimmen.

Man sollte die Bedeutung von FCKW in diesem Zusammenhang jedoch nicht überbewerten. Insgesamt werden heute rund **150 Reaktionsfolgen in der Stratosphäre vermutet**, an denen Ozon beteiligt sein soll. Zudem sind die Mengen an **natürlichen Chloreinträgen**, die beispielsweise durch vulkanische Aktivitäten und durch die Ozeane in die Stratosphäre gelangen, um ein Vielfaches höher als die an freigesetztem FCKW. Starke Schwankungen der Ozonkonzentrationen in der Stratosphäre sind des Weiteren bereits in den fünfziger Jahren dokumentiert worden, zu einem Zeitpunkt also, als die FCKW-Produktion praktisch noch keine Rolle spielte.

Die natürlichen Ursachen der wechselnden Ozondichteverteilung

Stratosphärische Winde, die im Mittel alle zwei Jahre ihre Richtung ändern, sorgen für eine oftmals **schubweise und ungleichmäßige Verteilung des Ozons** rund um den Erdball – die Ozonschicht ist deshalb an ihrer Hauptproduktionsstätte, dem Äquator, ähnlich »dünn« wie über den Polkappen! Die größten Konzentrationen – um bis zu 100 % höhere Werte – werden dagegen in den mittleren bis hohen Breiten der Nord- bzw. Südhalbkugel gemessen. Auch die **Sonnenaktivität**, die Zyklen von ungefähr elf Jahren durchläuft, nimmt vielfältigen Einfluss auf die Ozondichteverteilung. Es erscheint somit nur schwer möglich, aus einem Zeitraum von zwei Jahrzehnten, in dem sich die Ozonkonzentration über der Antarktis zunächst absenkte und dann stabilisierte, auf einen allgemeinen Trend hin zu schließen.

Steigende Hautkrebsraten als Folge eines »Ozonloches«?

Ein weltweiter **Anstieg der einfallenden UV-Strahlung** über die natürlichen Schwankungen hinaus, der bei einer bedeutenden Ausdünnung der Ozonschicht zwangsläufig eintreten müsste, konnte durch Messungen bislang **nicht belegt** werden. Auch bei den steigenden **Hautkrebsraten** in den vergangenen Jahrzehnten ist es umstritten, ob sie darauf zurückzuführen sind, dass der Einfluss von UV-Strahlen, bedingt durch eine Vergrößerung des »Ozonloches«, zunimmt: Neueren Untersuchungen zufolge ist die Bildung von Hautkrebs in erster Linie der bislang verharmlosten UV-

A-Strahlung des Sonnenlichts zuzuschreiben, die von der Filterwirkung des Ozons jedoch ohnehin unbeeinflusst bleibt. Ursache für die zunehmenden Erkrankungen ist demzufolge wohl eher ein **geändertes Freizeitverhalten** – nämlich vermehrtes Sonnenbaden – in Verbindung mit nur **einseitigem Sonnenschutz** gegen die vermeintlich alleinig gefährliche UV-B-Strahlung.

Sonnenschutzmittel müssen vor UV-A- und UV-B-Strahlen schützen!

1.5 Die Bedeutung von Kohlenstoffdioxid

Kohlenstoffdioxid (CO_2), kurz Kohlendioxid, erhält man als Nebenprodukt aus vielen industriellen Prozessen, so z. B. aus Verbrennungsreaktionen oder dem Kalkbrennen:

$$CaCO_3 \xrightarrow{1000\,°C} CaO + CO_2$$

Verwendung von Kohlenstoffdioxid

Eingesetzt wird Kohlenstoffdioxid in **großtechnischen Prozessen** u. a. zur Gewinnung von Soda, Harnstoff und Methanol. Darüber hinaus wird CO_2 in der Getränkeindustrie verwendet, in der **Kältetechnik** und, da es Verbrennungen nicht unterhält, auch als **Feuerlöschmittel**.

Rolle in der Physiologie

Im Kohlenstoffkreislauf der Natur nimmt Kohlenstoffdioxid als energetisch stabilste Kohlenstoffverbindung eine Schlüsselrolle ein. Pflanzen wandeln mit Hilfe von Sonnenlicht CO_2 und Wasser zu energiereichen Kohlenhydraten (z. B. Glucose = Traubenzucker, $C_6H_{12}O_6$) um, wobei Sauerstoff frei wird (Fotosynthese):

$$6\,CO_2 + 6\,H_2O \xrightarrow{\text{Licht}} C_6H_{12}O_6 + 6\,O_2 \qquad \Delta H_R^0 > 0$$

Die produzierten Kohlenhydrate werden von tierischen Organismen als Energielieferanten aufgenommen, um ihren Stoffwechsel aufrechtzuerhalten, wiederum zu Kohlenstoffdioxid und Wasser abgebaut und schließlich durch **Atmung** in die Atmosphäre abgegeben. Aerobe Bakterien bauen zudem absterbende tierische und pflanzliche Lebewesen ab, wobei sie CO_2 freisetzen. Dies kann so ebenfalls in die Luft gelangen oder aber sich in Wasser lösen und hieraus später als Kalksediment abscheiden.

Hohe CO_2-Anteile in der Atemluft schädigen den Körper.

Der **menschliche Organismus** verträgt einen Anteil von 2,5 % CO_2 in der Atemluft über Stunden hinweg ohne größere gesundheitliche Schädigung. Höhere Anteile jedoch können zu Kopfschmerzen, Schwindel, Bewusstlosigkeit oder gar Ersticken durch Sauerstoffverdrängung führen. Insbesondere in Höhlen und Silos ist Vorsicht geboten, da sich Kohlenstoffdioxid hier im Bodenbereich ansammeln kann, weil es schwerer ist als Luft.

Der Kohlenstoffdioxidgehalt des Blutes steuert das Atemzentrum.

In der **Beatmungstechnik** wird dem Sauerstoff in der Regel ein Anteil von 5 % CO_2 beigemischt, da das menschliche **Atemzentrum** nicht durch den Sauerstoff-, sondern durch den **Kohlenstoffdioxidgehalt des Blutes gesteuert** wird. Das Atemzentrum versucht folglich, der überdurchschnittlich hohen CO_2-Konzentration entgegenzuwirken und intensiviert wie gewünscht die Atmung. Ein **Erstickungsgefühl** setzt demzufolge nicht bei Sauerstoffmangel, sondern nur bei **Kohlenstoffdioxidüberschuss** ein!

Nachweis von Kohlenstoffdioxid

Der **Nachweis** auf Kohlenstoffdioxid wird im Labor durch Einleiten in **Barytwasser**, einer wässrigen Lösung aus Bariumhydroxid ($Ba(OH)_2$), erbracht. Das gebildete, in Wasser nahezu unlösliche Bariumcarbonat fällt als weißer Niederschlag aus:

$$Ba^{2+}_{(aq)} + 2\,OH^-_{(aq)} + CO_2 \rightarrow BaCO_3\downarrow + H_2O$$

Lagerung

Kohlenstoffdioxid wird in **grau gekennzeichneten Gasflaschen** gelagert.

Klimaveränderungen durch Kohlenstoffdioxid?

Steht die Erde vor einer erwärmungsbedingten Klimakatastrophe?

Während in den Siebzigerjahren des 20. Jahrhunderts noch die Angst vor einer neuen Eiszeit umging, wird heute oft vor einer anderen drohenden Klimakatastrophe gewarnt; gemeint ist diesmal eine massive **Erderwärmung**. Kohlenstoffdioxid sei als „Treibhausgas" für diese globale Erwärmung zumindest mitverantwortlich.

Wie rapide, in welchem Umfang und v.a. mit welchen Auswirkungen für Mensch und Natur sich eine solche Klimaveränderung vollziehen könnte, ist teilweise **Gegenstand erbitterter wissenschaftlicher und politischer Debatten**. Auch die Meinungen darüber, ob der anthropogene, also durch den Menschen verursachte Faktor von Bedeutung ist und ob durch gezielte Einflussnahme beispielsweise auf CO_2-Emissionen ein Entgegenwirken möglich sei, gehen weit auseinander.

Die bis jetzt vorliegenden **Modelle** zur Berechnung künftiger Klimaszenarien führen allein durch leichte Variation so bedeutender (und zugleich auch schwer vorherzusagender) Faktoren wie Sonneneinstrahlung und Wolkenbildung zu **widersprüchlichen Ergebnissen** und sollten folglich mit der gebotenen Vorsicht bewertet werden. So mussten in der Vergangenheit regelmäßig Berichte über massiv ansteigende Meeresspiegel und sich stark erhöhende Jahresmitteltemperaturen zurückgenommen werden. Um die augenblickliche Lage unseres Erdklimas besser einschätzen zu können und vielleicht einen vorsichtigen Ausblick zu wagen, ist zunächst ein Blick in die Vergangenheit hilfreich.

Klimamodelle sind fehlerbehaftet.

Im Jahre 1780 war es beispielsweise, vor einem Kältetief um 1880, ähnlich warm wie heute. Im Mittelalter herrschten gar so hohe Temperaturen, dass in Norwegen erfolgreich Wein angebaut werden konnte (**mittelalterliche Wärmeperiode**). Grönland – heute weitgehend eisbedeckt – erhielt seinen Namen seiner Vegetation wegen (von dän. Grønland = Grünland).

Interessante Ergebnisse liefern zudem Untersuchungen **grönländischer Eisbohrkerne**, die eine Beurteilung des CO_2-Gehalts und der Temperatur der Atmosphäre innerhalb der letzten 400.000 Jahre gestatten: In der Regel stieg der Anteil an CO_2 in der Atmosphäre erst zeitlich *nach* einer Erhöhung der Erdtemperatur. Es deutet also einiges darauf hin, dass eine **Zunahme der globalen Temperatur die Ursache** – und nicht die Folge – **eines höheren CO_2-Gehaltes** sein

Erderwärmung als Ursache und nicht Folge eines höheren CO_2-Gehalts der Atmosphäre?

könnte. Eine mögliche Erklärung wäre die bei höheren Temperaturen verminderte Löslichkeit von CO_2 in Meerwasser.

Wie funktioniert der „Treibhauseffekt"? Ist CO_2 ein effektives „Treibhausgas"?

Was ist nun unter dem Begriff **„Treibhausgase"** zu verstehen? Gemeint sind damit Gase, die Wärmestrahlung absorbieren (aufnehmen) und auch wieder emittieren (aussenden) können. („Reflektieren" wäre bei Gasen übrigens ein physikalisch falscher Begriff!) CO_2 ist neben anderen Gasen der Atmosphäre, wie z. B. Wasserdampf und Methan, tatsächlich in der Lage, einen Teil des Strahlungsverlustes – und damit des Temperaturverlustes – der Erde in Richtung Weltall zu mindern (**„Treibhauseffekt"**). Dieses **Absorptionsvermögen** besteht für CO_2 jedoch nur in einem so **schmalen Bereich**, dass selbst eine Verdopplung der CO_2-Konzentration wohl nahezu ohne jede praktische Auswirkung für den Rückhalt der Erdstrahlung bliebe. Im Gegensatz hierzu wirken **Wasserdampf** und auch **Wasser** (dieses in Form von Wolken und Nebel) viel eher als eine „schützende Decke". So werden Nächte bei wolkenverhangenem Himmel von eher milden Temperaturen begleitet, wohingegen sie in sternklaren Nächten oft rapide absinken.

Die Erde befindet sich derzeit aber tatsächlich in einer **Erwärmungsphase**, die – gemessen an den Temperaturschwankungen der letzten Jahrtausende – bislang vergleichsweise milde ausfällt. Worin könnte dieser Temperaturanstieg begründet sein?
Viele Wissenschaftler sehen einen direkten Zusammenhang mit den CO_2-Emissionen des Menschen, andere Wissenschaftler verweisen v. a. auf die Aktivitäten der Sonne (s. oben erwähnte Debatte). Deren Erklärung:

Der Einfluss der Sonne auf unser Erdklima

Die **Aktivität der Sonne** – weniger die ihrer Strahlungsintensität, vielmehr die ihrer Sonnenwinde – stimmt gut mit der beobachteten Temperaturentwicklung der letzten tausend Jahre überein. Auch spielt einmal mehr die **Wolkenbildung** eine entscheidende Rolle: Ist die Sonnenaktivität hoch, so wird kosmische Strahlung, die für die Entstehung von wolkenbildenden Kondensationskeimen in der Atmosphäre verantwortlich ist, verstärkt abgeschirmt. Bei niedriger Aktivität hingegen gelangt mehr kosmische Strahlung zur Erde hin, und die Wolkenbildung nimmt dementsprechend zu. Eine dichtere Wolkendecke reflektiert jedoch verstärkt das von der Sonne her einfallende Licht zurück ins Weltall, und die Erde kühlt sich folglich ab. Interessant in diesem Zusammenhang: Neueste Messungen belegen, dass sich derzeit gleichermaßen die Temperaturen anderer Planeten, wie z. B. die des Mars, erhöhen. Die **Sonne** erscheint demzufolge als der bestimmende **Motor des Erdklimas**.

Die Auswirkungen einer Erderwärmung auf Klima und Natur sind schwer vorherzusagen und oftmals spekulativ.

Die Auswirkungen einer Erderwärmung sind nur sehr schwer vorherzusagen, hier nur kurz illustriert am Beispiel des **Abschmelzens der polaren Eiskappen** in Verbindung mit einem Anstieg des Meeresspiegels: Selbst die totale Verflüssigung des **Nordpols**, der ja bekanntlich nur aus Eis besteht, würde den Meeresspiegel um keinen einzigen Millimeter anheben. Dies kann leicht in einem Experiment mit einem Glas Wasser und einigen Eiswürfeln nachvollzogen werden! Zur kontinentalen **Antarktis**: Die dort sehr viel tieferen Temperaturen würden die bei einer globalen Erwärmung zu erwartenden höheren Niederschlagsmengen zu einem Mehr an Eis gefrieren und somit den Meeresspiegel eher absinken lassen. Zudem müsste für eine Gesamtbeurteilung noch die temperaturbedingte Ausdehnung des Meerwassers sowie die als vergleichsweise gering einzuschätzende Auswirkung des kontinentalen Schmelzwassers berücksichtigt werden.

Umwelt- und Ressourcenschutz ist unsere Pflicht.

Ob nun Zweifel am Einfluss des Menschen auf die Entwicklung der Erdtemperatur berechtigt sein mögen oder nicht, sie können keinesfalls als Freifahrtsschein für den Umgang mit unseren Ressourcen verstanden werden. Ein **verantwortungsvolles Verhalten** unserer Umwelt und unseren Nachkommen gegenüber sollte für uns alle eine Selbstverständlichkeit sein.

2 Wasser

2.1 Zusammensetzung und Eigenschaften

Wasser (**Wasserstoffoxid**, H_2O) ist eine geruch-, geschmack- und farblose, klare Flüssigkeit. Durch ihren Schmelzpunkt von 0 °C (= 273,15 K) und ihren Siedepunkt von 100 °C (= 373,15 K) bei einem Druck von 1013 hPa ist die **Celsius-Temperaturskala** definiert.

Wasser nimmt beim Gefrieren um 9 % an Volumen zu.

Im Gegensatz zu fast allen übrigen Flüssigkeiten **dehnt sich Wasser beim Gefrieren aus**. Dabei verringert sich folglich auch seine Dichte. Die höchste Dichte – hier nimmt eine definierte Masse an Wasser das geringste Volumen ein – liegt bei einer Temperatur von +4 °C. Zu höheren Temperaturen hin fallen die Werte wieder ab:

Temperatur (in °C)	Dichte ρ (in g/cm^3)	Spez. Volumen v (in cm^3/g)
0 (Eis)	0,9168	1,0908
0 (Wasser)	0,9998	1,0002
4	1,0000	1,0000
10	0,9997	1,0003
20	0,9982	1,0018

Deutlich zu erkennen ist der sprunghafte Dichteabfall bzw. **Volumenanstieg** (ca. 9 %) am **Gefrierpunkt**.

Eis schwimmt auf dem Wasser.

Die geringere Dichte von Eis im Vergleich zum flüssigen Wasser hat zur Folge, dass **Eis** auf dem Wasser **schwimmt** (z. B. Eisberge im Meer) und **Gewässer** stets **von oben** her nach unten hin **zufrieren**: Während des Winters werden durch kalte Luftmassen zunächst die oberen Wasserschichten abgekühlt. Bis zu einer Temperatur von +4 °C können diese Schichten aufgrund ihrer höheren Dichte zu Boden sinken und führen so zu einer Durchmischung des Gewässers. Hat schließlich der gesamte Wasserkörper eine

Temperatur von +4 °C erreicht, so verbleiben stärker gekühlte Schichten ihrer geringeren Dichte wegen nunmehr an der Oberfläche und erstarren bei 0 °C zu Eis. Die zudem guten **Wärmeisolationseigenschaften** von Eis **verhindern** in den meisten Fällen ein Zufrieren des Gewässers **bis zum Grund** hin, was Pflanzen und Tiere vor dem Absterben bewahrt.

Gewässer frieren von oben her zu und nur selten bis zum Grund hin.

Die starke Ausdehnung des Wassers beim Gefrieren hat jedoch auch eine **zerstörerische Wirkung**: Einfrierende Wasserleitungen bersten, und **Gestein**, in dessen Furchen und Risse Wasser eindringen konnte, **verwittert** bei Frost stark.

Da sich **Wasser** wie oben beschrieben nicht linear, also nicht gleichmäßig, ausdehnt, ist es als Füllflüssigkeit **für Thermometer ungeeignet**. Ein »Wasserthermometer« würde nicht 0 °C, sondern +4 °C als die tiefere Temperatur anzeigen, da Wasser hier sein geringstes spezifisches Volumen einnimmt. Temperaturen von beispielsweise +1 °C und +7 °C könnten zudem nicht voneinander unterschieden werden, weil die Ausdehnung des Wassers in beiden Fällen ungefähr gleich groß ist (+1 °C: *vor* dem Dichtemaximum; +7 °C: *nach* dem Dichtemaximum).
Man behilft sich deshalb vor allem mit Alkohol- oder Quecksilberthermometern, die dieses Verhalten nicht zeigen.

Anomalie des Wassers

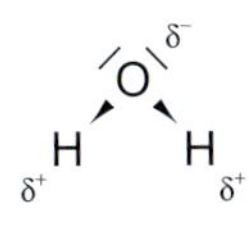

Die besondere Ausdehnungscharakteristik des Wassers wird als eine **Anomalie** (lat. *Regelwidrigkeit*) bezeichnet, die sich zum einen auf die **gewinkelte Struktur** des Wassermoleküls zurückführen lässt: Auf zwei Ecken eines Tetraeders sind die partiell positiv geladenen Wasserstoffatome (δ^+) positioniert, während die übrigen zwei Ecken durch die freien Elektronenpaare des zentralen Sauerstoffatoms (δ^-)

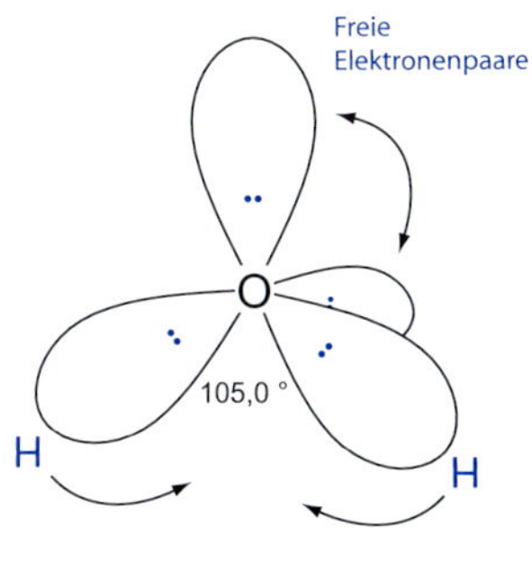

Gewinkelte Struktur des Wassermoleküls

besetzt werden. Der ideale Tetraederwinkel von 109,5° – wie beispielsweise beim Tetrachlorkohlenstoff, CCl_4 – wird beim Wassermolekül jedoch nur annähernd eingehalten. Die starken **Abstoßungskräfte der nicht bindenden Elektronenpaare** des Sauerstoffs engen den **H-O-H-Bindungswinkel** auf **105,0 °** ein.

Wasserstoffbrückenbindungen

Zum anderen führt die Polarisation der H-O-Bindung zu einer Ausbildung von **Wasserstoffbrückenbindungen** zwischen den partiell positiv geladenen Wasserstoffatomen und den partiell negativ geladenen Sauerstoffatomen der einzelnen Moleküle.

> Im Eis kann sich aufgrund der tetraedrischen Geometrie des Wassermoleküls sowie wegen des partiell ionischen Charakters der H-O-Bindungen ein weiträumiges Kristallgitter mit käfigartigen Kanälen ausbilden. Die Sauerstoffatome des Wassers sind hierbei tetraedrisch zueinander angeordnet.

Eiscluster

Schmilzt das Eis, so zerfällt sein Kristallgitter in größere Molekülverbände, so genannte **Cluster**, von einigen 100 Einheiten. Die Struktur entspricht noch weitgehend der von Eis, jedoch können sich nun auch einzelne, ungebundene Wassermoleküle auf den Zwischengitterplätzen anordnen. Durch diese »platzsparende« Packung der Moleküle erhöht sich die Dichte des Wassers insgesamt und dies bis zu einer Temperatur von +4 °C. Bei höheren Temperaturen hingegen gewinnt die **Bewegungsenergie** der einzelnen Teilchen zunehmend an Bedeutung, sodass deren Platzbedarf fortlaufend steigt und sich die Dichte demzufolge wieder verringert.

2.2 Wasser als Lösungsmittel

Der **Dipolcharakter** der Wassermoleküle bewirkt darüber hinaus eine weitere bedeutende physikalische Eigenschaft: Wasser stellt für viele Stoffe ein hervorragendes **polares Lösungsmittel** dar.

Der **Lösungsvorgang** einer **festen Substanz** in Wasser erfolgt grundsätzlich **in zwei Schritten**:

Lösen von festen Stoffen

Zunächst müssen die kleinsten Teilchen des zu lösenden Stoffes aus ihrem Verband befreit werden. Handelt es sich beispielsweise um ein Salz wie Natriumchlorid, so sind hier die positiven Natriumionen und die negativen Chloridionen in einem energetisch günstigen Kristallgitter angeordnet. Um diesen Zustand hoher Ordnung zu überwinden, muss ein Energiebetrag investiert werden, den man als **Gitterenergie** bezeichnet. Je stabiler der Kristall, desto höher die aufzuwendende Gitterenergie.

Gitterenergie

Unter der Gitterenergie versteht man den Energiebetrag, der aufgewendet werden muss, um einen Stoff aus dem kristallinen in den gasförmigen Zustand zu überführen.

Diesem endothermen Vorgang steht als zweiter Schritt die exotherme **Hydratation** gegenüber. Es handelt sich hierbei um eine Umhüllung der gelösten Teilchen mit Wassermolekülen. Entsprechend der Teilchenladung richten sich die Wassermoleküle dabei so aus, dass einem hydratisierten Kation (z. B. Na^+) das partiell negativ geladene Sauerstoffatom bzw. einem Anion (z. B. Cl^-) die partiell positiv geladenen Wasserstoffatome zugewandt werden. Durch diese stabile Anordnung wird ein Energiebetrag gewonnen, den man **Hydratationsenergie** nennt.

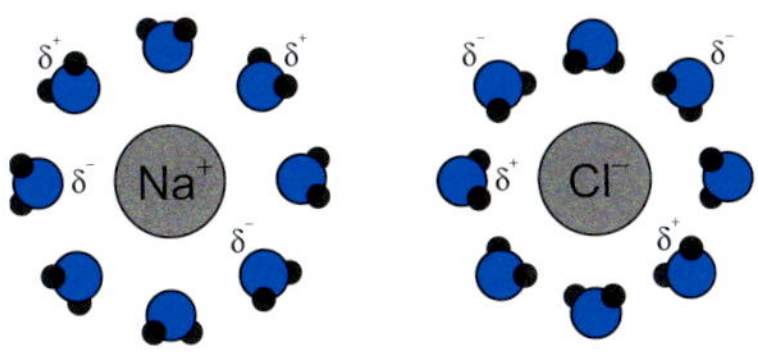

Hydratation eines Natrium- und eines Chloridions

Hydratationsenergie

Die Hydratationsenergie ist der Energiebetrag, der bei der Anlagerung von Wassermolekülen an ein Ion, das in Wasser gelöst ist, frei wird.

Die Summe beider Energiebeträge, also von Gitterenergie und Hydratationsenergie, bestimmt nun darüber, ob durch das Lösungsmittel Wärmeenergie zur Verfügung gestellt werden muss (**Bilanz endotherm**), oder ob beim Lösen fester Stoffe während des Lösungsvorganges Wärme frei wird (**Bilanz exotherm**). Überwiegt die Hydratationsenergie gegenüber der Gitterenergie, so erwärmt sich die Lösung. Wird hingegen für den Abbau des Kristalls mehr Energie benötigt, als bei der Hydratation frei wird, so kühlt die Lösung ab.

> Die Löslichkeit gibt an, wie viel Gramm eines Stoffes sich in 100 Gramm seines Lösungsmittels lösen. Bildet sich bei der Zugabe des zu lösenden Stoffes ein Bodenkörper aus, so bezeichnet man eine Lösung als gesättigt.

Die Rolle der Temperatur bei Lösungsvorgängen

Da es sich bei den Lösungsvorgängen um **Gleichgewichtsreaktionen** handelt, gilt auch hier das **LE CHATELIERsche Prinzip des kleinsten Zwanges**. Demzufolge wird eine endotherme Reaktion durch eine Temperaturerhöhung, eine exotherme Reaktion hingegen durch eine Temperatursenkung begünstigt. Stoffe, deren Energiebilanz während des Lösungsvorganges endotherm ist, lösen sich folglich besser bei höheren Temperaturen des Lösungsmittels. Umgekehrt wird die Löslichkeit von Stoffen, die sich exotherm lösen, bei niedrigeren Lösungsmitteltemperaturen gefördert.

Temperaturunabhängiger Lösungsvorgang

An zwei Beispielen soll dies nun anschaulich gemacht werden: Die Gitterenergie für **Natriumchlorid** (Kochsalz, NaCl) beträgt 788 kJ/mol. Bei der Hydratation des Natrium- und des Chloridions werden 399 kJ/mol bzw. 376 kJ/mol frei. In der Summe ergibt sich eine fast ausgeglichene, nur leicht endotherme Bilanz von 13 kJ/mol. Erwartungsgemäß löst sich Natriumchlorid nahezu temperaturunabhängig; durch wärmeres Wasser wird die Reaktion nur leicht begünstigt.

Temperaturabhängiger Lösungsvorgang

Im Gegensatz hierzu nimmt die Löslichkeit von **Kaliumnitrat** (KNO_3), das sich unter Abkühlung des Wassers stark endotherm löst, mit steigenden Temperaturen steil zu.

Lösen flüssiger Stoffe

Flüssigkeiten lösen sich in Wasser ebenfalls unterschiedlich gut. So lässt sich Trinkalkohol (Ethanol, CH_3CH_2OH) in beliebigem Verhältnis mit Wasser mischen, während sich Methylenchlorid (Dichlormethan, CH_2Cl_2) oder Chloroform (Trichlormethan, $CHCl_3$) nur mäßig gut lösen und Octan (C_8H_{18}) schließlich in Wasser nahezu unlöslich ist. Als Faustregel gilt:

> Gleiches löst sich in Gleichem. D. h. ein polarer Stoff löst sich gut in einem polaren Lösungsmittel. Entsprechend löst sich ein unpolarer Stoff gut in einem unpolaren Lösungsmittel.

Vorsicht ist geboten beim Lösen (Verdünnen) von **konzentrierten Säuren** oder **Laugen**. Die Hydratationsenergie ist hierbei so groß, dass es zu einer starken Erwärmung der Lösung oder gar zu explosionsartigen Verspritzungen kommen kann. Wichtig ist deshalb, stets das Wasser vorzulegen und die Säure oder Lauge dann vorsichtig hinzuzufügen, gegebenenfalls unter Kühlung der Lösung. Niemals jedoch darf Wasser direkt zu einer starken Säure oder Lauge hinzugegeben werden!

Lösen von Gasen

Das Lösen von **Gasen** in Wasser nennt man **Absorption**.

> Gase lösen sich bei steigenden Temperaturen schlechter, bei steigendem Druck hingegen besser in Wasser.

Auch beim Lösen von Gasen gilt das **Prinzip des kleinsten Zwanges.** Der Lösungsvorgang verläuft bei Gasen stets exotherm. Im Gegensatz zu den Feststoffen muss hier kein Energiebetrag in Form von Gitterenergie aufgebracht werden. Die Hydratationsenergie ist somit alleinig bestimmend für die Gesamtenergiebilanz. Exotherme Reaktionen werden jedoch bei niedrigen Temperaturen begünstigt, was die abnehmende Löslichkeit bei steigenden Temperaturen erklärt.

Des Weiteren nimmt das Gasvolumen während des Lösungsvorganges ab. Höhere Drücke begünstigen demzufolge ein Ausweichen des Gleichgewichtes in Richtung einer höheren Löslichkeit des Gases.

2.3 Vorkommen und Gewinnung von Wasser

Vorkommen von Wasser auf der Erde

Wasser kommt auf der Erde als einzige Verbindung **nebeneinander** in **fester** (Eis), **flüssiger** und **gasiger** (Wasserdampf) **Form** vor. Etwa 70 % der Erdoberfläche sind mit Wasser bedeckt, wobei das Meerwasser den weitaus überragenden Anteil ausmacht (s. Tabelle).

Gewinnung von Trink- und Brauchwasser

Zur **Gewinnung** von Trink- und Brauchwasser greift man fast ausschließlich auf die **natürlichen Wasserressourcen** – Grund- und Oberflächenwasser, seltener auch auf Quell-, Meer- und Brackwasser – zurück.

Nach dem Meerwasser kommt Wasser auf der Erde am zweithäufigsten in Form von Polareis und Gletschern vor.

	Volumen (in 10^3 km^3)	Anteil (in %)
Meerwasser	1 350 000	97,310
Polareis und Gletscher	28 500	2,054
Grundwasser	8 500	0,613
Flüsse und Seen	230	0,017
Erdfeuchte	70	0,005
Wasserdampf in der Atmosphäre	14	0,001

Trinkwasser-aufbereitung

Für **Trinkwasser** gelten besondere Gütekriterien, die in Form von Grenzwerten durch entsprechende Gesetze und Verordnungen festgelegt sind. Rohwasser minderer Qualität, das zu Trinkwasser veredelt werden soll, durchläuft in der Wasseraufbereitungsanlage eines Wasserwerks je nach Beschaffenheit eine Reihe von Reinigungsstufen:

Zunächst werden ungelöste **Schwebstoffe** und daran anhaftende Bakterien in Absetzbecken und Filtern zurückgehalten. Nach dieser Vorklärung erfolgt zumeist eine Verdüsung des Wassers, die eine intensive Durchmischung mit Luftsauerstoff gewährleistet. Überhöhte Mengen an **Eisen** und **Mangan** flocken dabei als Oxide aus und können in einem nachfolgenden Sandfilter abgetrennt werden. Aktivkohlefilter halten eventuelle **organische Verunreinigungen** zurück. Eine Chlorung oder Ozonisierung stellt sicher, dass keine **krankheitserregenden Keime** das Trinkwasser belasten, und verhindert zugleich eine erneute Infektion im Verteilungssystem.

Demineralisieren

Während beim Trinkwasser ein gewisser Mineralstoffgehalt aus gesundheitlichen und geschmacklichen Gründen durchaus erwünscht ist, muss **technisch genutztes Wasser** häufig von sämtlichen Inhaltsstoffen, also auch von den gelösten Ionen, befreit werden. Dies geschieht durch eine stufenweise Behandlung mit Kationen- und Anionentauschern oder durch mehrfache Destillation. So erhält man **demineralisiertes** bzw. **bidestilliertes Wasser**.

Von besonderer Bedeutung für den Schutz der Umwelt ist die **Abwasserreinigung**, die insbesondere im **kommunalen Bereich** in zwei Schritten erfolgt:

Mechanische Abwasserreinigung

In der **mechanischen Reinigungsstufe** werden zunächst grobe Verunreinigungen durch einen Rechen zurückgehalten. Absetzbare Stoffe sammeln sich danach in einem Becken als Klärschlamm, der durch anaerobe Bakterien ausfault und später in getrockneter Form als Dünger verwendet oder verbrannt wird.

Biologische Reinigung

Im so vorgeklärten Abwasser verbliebene organische Verunreinigungen werden in der folgenden **biologischen Reinigung** entfernt. Wie bei der natürlichen Selbstreinigung der Gewässer auch, bauen hier aerobe Bakterien, angesiedelt auf einem Tropfkörper oder in belüftetem Schlamm, die restlichen Schmutzstoffe ab. Im Nachklärbecken schließlich wird der Bakterienschlamm wieder vom geklärten Wasser abgetrennt.

Chemische Abwasserreinigung

Auch die Reinigung **industrieller Abwässer** erfolgt nach dem oben beschriebenen Verfahren, jedoch, je nach Herkunft des Abwassers, mit zusätzlichen Reinigungsstufen wie chemischer Fällung, Neutralisation, Entgiftung oder Oxidation. Diese Form der **chemischen Abwasserreinigung** erfolgt in der Regel bereits vor der biologischen Reinigungsstufe, um den bakteriellen Abbau durch eine Belastung mit Chemikalien nicht zu beeinträchtigen.

2.4 Die Bedeutung von Wasser für Mensch und Natur

Verwendung von Wasser

Wasser wird z. B. als Nahrungs-, Reinigungs- und Lösemittel, Kühlmittel, Löschwasser, Wärmeübertragungsmittel, als Transportmittel und zur Bewässerung verwendet. Die größten industriellen Verbraucher in Deutschland sind die chemische Industrie, die Eisen- und Hütten- sowie die Papierindustrie. Zur Herstellung von 1 t Papier werden ca. 300 t Wasser benötigt, für 1 t Bier 20 t, für 1 t Stahl ca. 100 t und für 1 PKW 400 t Wasser.

Die Rolle des Wassers in der Physiologie

Für sämtliche **Organismen** auf der Erde ist Wasser als Löse-, Transport- und Quellmittel unentbehrlich. Mehr als zwei Drittel des **menschlichen Körpers** bestehen aus Wasser. Im Durchschnitt werden täglich 1,2 l als Trinkflüssigkeit und weitere 1,0 l mit der Nahrung aufgenommen. Weitere 0,3 l entstehen als Produkt des menschlichen Stoffwechsels. Täglich werden dagegen ca. 1,5 l in Form von Harn, 0,6 l als Schweiß, 0,3 l mit der Atemluft sowie 0,1 l im Kot ausgeschieden. Die Verdunstung über Haut und Atmung reguliert die Körpertemperatur.

Viele **Pflanzen** und ihre Früchte bestehen zum überwiegenden Teil aus Wasser, so z. B. Gräser (80 %), Melonen (90 %) und Gurken (95 %). Ein Laubbaum verdunstet an einem Sommertag zwischen 50 und 100 l Wasser über sein Blattwerk.

Der **künstlichen Bewässerung** kommt insbesondere in der Landwirtschaft eine besondere Bedeutung zu. Für einen Ertrag von 1 t Getreide werden im Durchschnitt 500 t Wasser benötigt. Ein Hühnerei erfordert den Einsatz von ca. 500 l Wasser, 1 kg Rindfleisch sogar 30 000 l.

Nachweis von Wasser

Für den **qualitativen Nachweis** auf Wasser eignen sich Substanzen, die bei der Bildung von Hydraten ihre Farbigkeit ändern. So schlagen hellblaues $CoCl_2$ und grünes $CoBr_2$ nach rot um, während Kupfersulfat von farblos nach blau wechselt.

Auf einen Blick: Luft und Wasser

Luft

- Die Atmosphäre der Erde besteht aus einem Gasgemisch, das man als Luft bezeichnet.
- Die Hauptbestandteile der Luft sind Stickstoff (N_2), Sauerstoff (O_2), die Edelgase (He, Ne, Ar, Kr, Xe) sowie Kohlenstoffdioxid (CO_2). In Spuren lassen sich daneben auch Methan (CH_4), Wasserstoff (H_2), Distickstoffmonoxid (N_2O), Kohlenstoffmonoxid (CO) und Ozon (O_3) nachweisen.
- Luft wird im Labor in flüssiger Form vor allem als Kühlmittel eingesetzt. In der Technik dient sie als Ausgangssubstanz für die Gewinnung von Stickstoff, Sauerstoff und Edelgasen.
- Luft schafft die Voraussetzung für Leben auf der Erde.

Wasser

- Etwa 70 % der Erde sind mit Wasser bedeckt, wovon Meerwasser einen Anteil von gut 97 % ausmacht.
- Wasser hat einen Schmelzpunkt von 0 °C (= 273,15 K) und einen Siedepunkt von 100 °C (= 373,15 K) bei einem Druck von 1013 hPa.
- Das Wassermolekül hat eine gewinkelte Struktur mit einem Bindungswinkel H-O-H von 105,0°.
- Der partiell ionische Charakter der H-O-Bindung führt zu einer Ausbildung von Wasserstoffbrückenbindungen zwischen den einzelnen Wassermolekülen.
- Das Dichtemaximum von Wasser liegt bei +4 °C. Beim Gefrieren nimmt Wasser um 9 % an Volumen zu. Eis ist aus einem weiträumigen Kristallgitter mit käfigartigen Kanälen aufgebaut und schwimmt wegen seiner geringeren Dichte auf Wasser.
- Wasser ist ein gutes polares Lösungsmittel.
- Für sämtliche Organismen auf der Erde ist Wasser als Löse-, Transport- und Quellmittel unentbehrlich. Mehr als zwei Drittel des menschlichen Körpers bestehen aus Wasser.

Organische Chemie und Biochemie

Die historische Unterteilung der Chemie in die Fachrichtungen Anorganik und Organik hat ihre Wurzeln im 18. Jahrhundert. Man ging damals irrtümlich davon aus, dass organische Verbindungen ausschließlich von lebenden Organismen aufgebaut werden können. Dies wurde später widerlegt. Heute definiert man die organische Chemie zutreffender als die Chemie des Kohlenstoffs.

1 Organische Chemie

1.1 Kohlenwasserstoffe

Kohlenstoff ist charakteristisch für alle organischen Substanzen.

Organische Verbindungen bestehen aus wenigen verschiedenen Elementen, wobei **Kohlenstoff Bestandteil aller organischen Substanzen ist**; ihm folgen in der Häufigkeit des natürlichen Vorkommens Wasserstoff, Sauerstoff, Stickstoff, Schwefel und Phosphor. Viele organische Verbindungen bestehen ausschließlich aus Kohlenstoff und Wasserstoff – man bezeichnet sie daher auch als **Kohlenwasserstoffe**.

Alkane

Alkane (Paraffine) sind Kohlenwasserstoffe, deren Kohlenstoffatome durch Einfachbindungen miteinander verknüpft sind.

Vom einfachen Methan zum längerkettigen Paraffin – die homologe Reihe

Die einfachste Verbindung unter den Alkanen ist das **Methan**, CH_4. Es ist aus einem Kohlenstoff- und vier Wasserstoffatomen aufgebaut. Das nächsthöhere Alkan, das **Ethan** (C_2H_6), besteht aus zwei benachbarten Kohlenstoffen, deren übrige Bindungsstellen mit sechs Wasserstoffen abgesättigt sind. Verlängert man das vorliegende Molekül nun in Gedanken um jeweils eine weitere CH_2-Gruppe, so erhält man zunächst das **Propan** (C_3H_8), dann das **Butan** (C_4H_{10}). Alle vier Moleküle

Strukturformeln der ersten vier Homologe der Alkane: Methan (CH_4), Ethan (C_2H_6), Propan (C_3H_8) und Butan (C_4H_{10}). Die Molekülkette wird von Homolog zu Homolog um jeweils eine CH_2-Einheit verlängert.

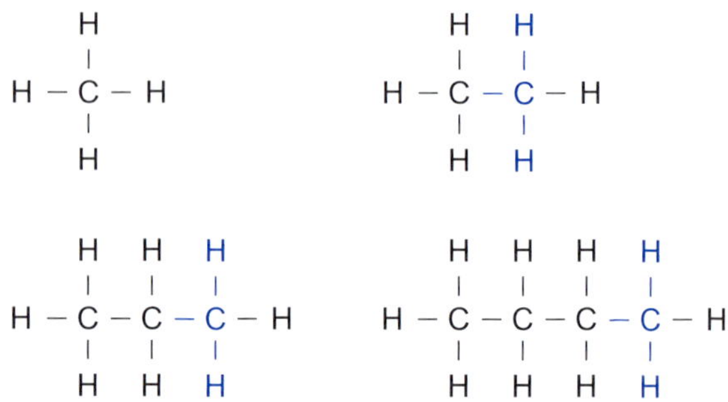

unterscheiden sich nur in der Anzahl ihrer CH_2-Einheiten und bilden somit die ersten Glieder der **homologen Reihe** der Alkane. Ihre allgemeine Summenformel lautet C_nH_{2n+2}, wobei n eine ganze Zahl größer oder gleich 1 ist.

Benennung der Alkane: Zahlwort + -an

Die **Nomenklatur (Benennung)** der Alkane leitet sich bei den ersten vier Homologen von **Trivialnamen** (fachliche Umgangssprache) ab, bei den höherwertigen von **griechischen Zahlwörtern.** Als Endung erhalten sie jeweils die Silbe **»-an«.** So verrät also der Beginn des Namens die Anzahl der im Molekül vertretenen Kohlenstoffatome und seine Endung, dass diese durch Einfachbindungen miteinander verknüpft sind.

Gleiche Summenformel, unterschiedliche Struktur – die Isomere

Alkane treten jedoch nicht nur in geradlinigen Ketten auf. Ab dem Butan mit seinen vier Kohlenstoffatomen sind auch andere, **verzweigte Strukturen** unter **Beibehaltung** derselben **Summenformel** möglich. Diese strukturell verwandten Moleküle nennt man **Isomere.**

Alkan	Summen-formel	Halbstrukturformel des n-Alkans	Anzahl möglicher Isomere
Methan	CH_4	$H\text{-}CH_2\text{-}H$	1
Ethan	C_2H_6	$H\text{-}CH_2\text{-}CH_2\text{-}H$	1
Propan	C_3H_8	$H\text{-}CH_2\text{-}CH_2\text{-}CH_2\text{-}H$	1
Butan	C_4H_{10}	$H\text{-}CH_2\text{-}CH_2\text{-}CH_2\text{-}CH_2\text{-}H$	2
Pentan	C_5H_{12}	$H\text{-}(CH_2)_5\text{-}H$	3
Hexan	C_6H_{14}	$H\text{-}(CH_2)_6\text{-}H$	5
Heptan	C_7H_{16}	$H\text{-}(CH_2)_7\text{-}H$	9
Octan	C_8H_{18}	$H\text{-}(CH_2)_8\text{-}H$	18
Nonan	C_9H_{20}	$H\text{-}(CH_2)_9\text{-}H$	35
Decan	$C_{10}H_{22}$	$H\text{-}(CH_2)_{10}\text{-}H$	75
:	:	:	:
Pentadecan	$C_{15}H_{32}$	$H\text{-}(CH_2)_{15}\text{-}H$	4347

Die ersten Glieder der homologen Reihe der Alkane. Aufeinanderfolgende Homologe unterscheiden sich um jeweils eine CH_2-Einheit. Ab dem Butan sind bei gleicher Summenformel mehrere Strukturen möglich.

Moleküle, die dieselbe Summenformel, aber unterschiedliche Strukturformeln haben, nennt man Isomere.

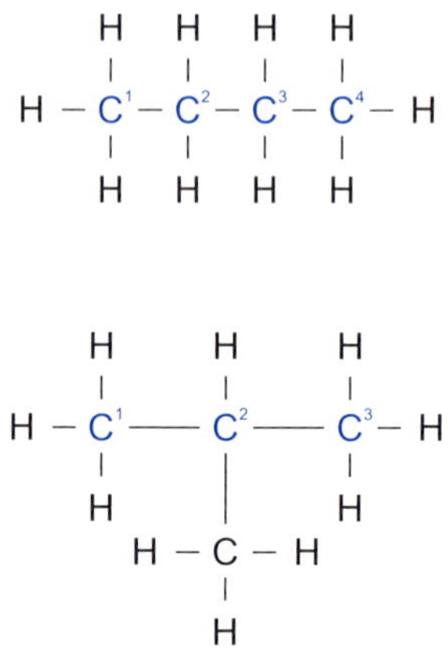

Die zwei möglichen Strukturisomere des Butans: n-Butan und iso-Butan. Trotz gleicher Summenformel (C_4H_{10}) unterscheiden sich die Strukturformeln deutlich voneinander. n-Butan und iso-Butan haben dementsprechend auch unterschiedliche physikalische und chemische Eigenschaften. Den IUPAC-Regeln nach lautet für iso-Butan der korrekte Name Methylpropan, da hier die Hauptkette nur noch drei C-Atome umfasst.

Mit der **Anzahl der Kohlenstoffatome** steigt auch die **Zahl der möglichen Alkanisomere** an. Treten beim Butan lediglich zwei verschiedene Strukturformen auf, so sind es beim Pentan bereits drei und beim Hexan fünf. Die Summenformel des Decans wird von 75 unterschiedlich gebauten Molekülen erfüllt, beim Pentadecan ($C_{15}H_{32}$) sind es sogar 4347!

Es ist leicht einzusehen, dass die bisherige Nomenklatur, die ja nur Auskunft über die *Anzahl* der C-Atome, nicht jedoch über deren *Anordnung* im Molekül gibt, zur eindeutigen namentlichen Unterscheidung der Alkanisomere allein nicht genügt. Auch die weiterführenden Bezeichnungen **n-Alkan** (n für normal) und **iso-Alkan** (iso für Isomer) erlauben lediglich die grobe Aufteilung in die unverzweigten bzw. verzweigten Formen.

Aus diesem Grunde wurden seit Anfang des 20. Jahrhunderts international gültige, systematische Regeln zur Nomenklatur erarbeitet. Diese **IUPAC-Regeln** (benannt nach der IUPAC = International Union of Pure and Applied Chemistry) folgen einem festen Schema:

1. Die längste Kohlenstoffkette (Hauptkette) des Moleküls wird ermittelt und erhält den entsprechenden Namen (Zahlwort + »-an«).

2. Die Seitenketten werden benannt (Zahlwort + »yl«) und alphabetisch geordnet.

3. Identische Seitenketten werden ihrer Anzahl nach durch Hinzufügen der entsprechenden griechischen Vorsilbe (»di-«, »tri-« oder »tetra-«) zu einem gemeinsamen Begriff zusammengefasst.

4. Die Positionen der Seitenketten werden durch vorangestellte arabische Ziffern wiedergegeben. Die Hauptkette wird dabei so durchnummeriert, dass die einzelnen Stellenbezeichnungen möglichst niedrige Zahlenwerte erhalten.

Beispiel: Benennung eines **iso-Undecans ($C_{11}H_{24}$)** nach den IUPAC-Regeln:

1. Die Hauptkette besteht aus sieben Kohlenstoffatomen. Sie erhält folglich den Namen **»Heptan«**.

2. Drei Seitenketten sind mit der Hauptkette verknüpft: eine **Ethylgruppe**, die dem Alphabet nach zuerst genannt wird, sowie zwei **Methylgruppen**.

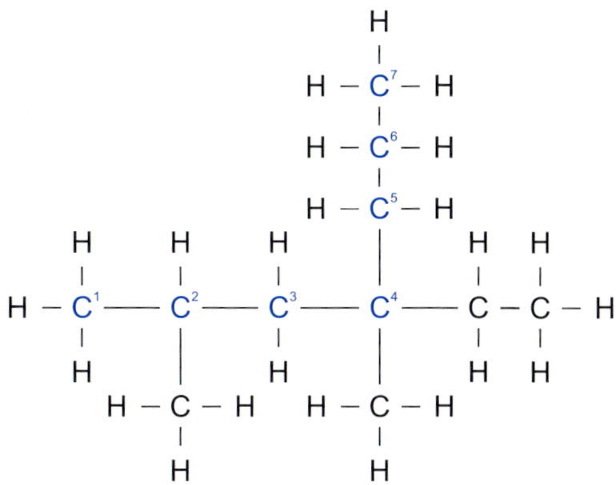

3. Die beiden Methylgruppen werden zu **»dimethyl«** zusammengefasst.

4. Die Positionen der Seitenketten lauten **2** für die erste Methylgruppe, **4** für die zweite Methylgruppe und noch einmal **4** für die Ethylgruppe.

Der IUPAC-Name für das betrachtete iso-Undecan lautet folglich: **4-Ethyl-2,4-dimethylheptan.**

Darstellung der Alkane

Die kurzkettigen Alkane bis hin zum Butan werden aus Erdgas gewonnen, Pentan und die längerkettigen Homologe hingegen durch Raffinieren von Erdöl. Methan wird darüber hinaus beim anaeroben Abbau von Bakterien erzeugt (sogenanntes **Biogas** aus der Cellulosegärung der Wiederkäuer) und wirtschaftlich genutzt.

Physikalische Eigenschaften

Mit zunehmender Anzahl an Kohlenstoffatomen steigen auch die **Siede-** und **Schmelztemperaturen** der Alkane. Bei Raumtemperatur liegen sie bis zu einer Kettenlänge von vier C-Atomen (**niedere Alkane**) gasförmig vor. Ab fünf C-Atomen (**mittlere Alkane**) sind sie flüssig, ab 18 (**höhere Alkane**) wachsartig und ab 21 C-Atomen schließlich paraffinartig fest.

Alkane **unverzweigter** und demnach **längerkettiger** Moleküle weisen im Vergleich zu ihren verzweigten Isomeren jeweils die **höheren Schmelz-** bzw. **Siedetemperaturen** auf. Die Ursache für den vermehrten Energiebedarf, um vom festen in den flüssigen bzw. vom flüssigen in den gasförmigen Aggregatzustand zu wechseln, liegt in den hier stärker ausgeprägten **VAN-DER-WAALSschen Wechselwirkungen**. Neben einem hohen Molekulargewicht begünstigen nämlich vor allem auch große Moleküloberflächen die zwischenmolekularen Bindungskräfte. Stark vereinfacht kann man sich dies so vorstellen, dass längerkettige, fadenförmige Moleküle eher zu einer Verflechtung neigen und somit unter höherem Energieaufwand voneinander zu trennen sind als ihre kugelförmigen Verwandten. Dementsprechend nimmt auch die **Viskosität** (Zähflüssigkeit) der Alkane mit wachsender Kettenlänge zu.

Alkane sind unpolar aufgebaut.

Der **unpolare** Aufbau der **Alkane** erklärt eine weitere ihrer physikalischen Eigenschaften: Während Alkane ineinander löslich sind, bilden sich beim Versuch, ein flüssiges Alkan mit einem **polaren Lösungsmittel** zu vermengen, nach kurzzeitiger Durchmischung rasch wieder **zwei Phasen**.

Auch hier gilt: Nur Gleiches löst sich in Gleichem. Wird der Versuch mit Wasser durchgeführt, so setzt sich die organische Phase ihrer **geringeren Dichte** wegen auf der Oberfläche ab.

Chemische Eigenschaften und Verwendung

Alkane verbrennen mit Luftsauerstoff zu Kohlenstoffdioxid und Wasser. Der dabei freigesetzten hohen **Reaktionswärme** verdanken sie ihre besondere Bedeutung als **Energieträger** für den Menschen (Erdgas, Benzin, Heizöl).

$$\underset{\text{Hexan}}{2\,C_6H_{14}} + 19\,O_2 \rightarrow 12\,CO_2 + 14\,H_2O \qquad \Delta H_R^0 = -8354\,\frac{kJ}{mol}$$

Halogenalkane

Radikalische Substitution

Den meisten Säuren, Basen und Oxidationsmitteln gegenüber erweisen sich die Alkane als sehr beständig. Mit den **Halogenen** reagieren sie unter Austausch, d.h. **Substitution**, einzelner Wasserstoffatome gegen Halogenatome, während das stabile Kohlenstoffgerüst dagegen unverändert bestehen bleibt.

Bildung von Halogenradikalen

Zum Start der Substitutionsreaktion ist die Bildung von **Halogenradikalen** aus Halogenmolekülen erforderlich. Halogenradikale sind freie Halogenatome, die je ein einzelnes, ungepaartes Elektron tragen. Diese **homolytische Spaltung** erfolgt in der Regel durch die Einwirkung von **Licht**, z.B. durch einen Fotoblitz. Die äußerst reaktiven Radikale entreißen nun dem Alkan ein Wasserstoffatom und binden es zu Halogenwasserstoff. Das Alkan hingegen ist nun selbst zu einem Radikal (**Alkylradikal**) geworden und greift seinerseits intakte Halogenmoleküle an. Die ausgelöste **Kettenreaktion** pflanzt sich so lange fort, bis zwei Radikale miteinander zu einem stabilen Molekül reagieren, es also zu einem **Kettenabbruch** kommt.

Im Folgenden wird die Bildung von Halogenalkanen am Beispiel der Chlorierung von Methan dargestellt.

1. Startreaktion: Homolytische Spaltung von Chlormolekülen durch Licht

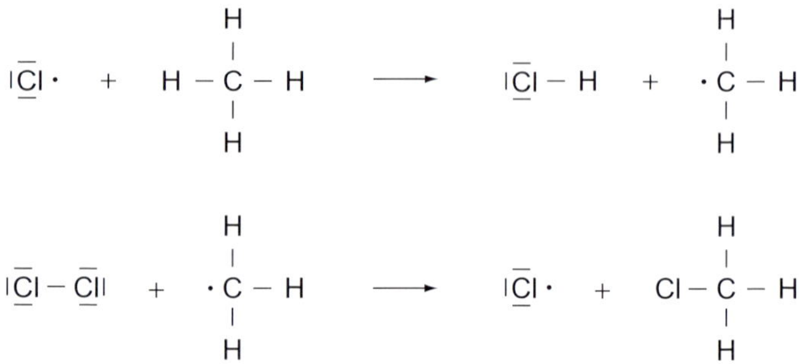

2. Reaktionskette: Bildung von Alkylradikalen und neuen Chlorradikalen

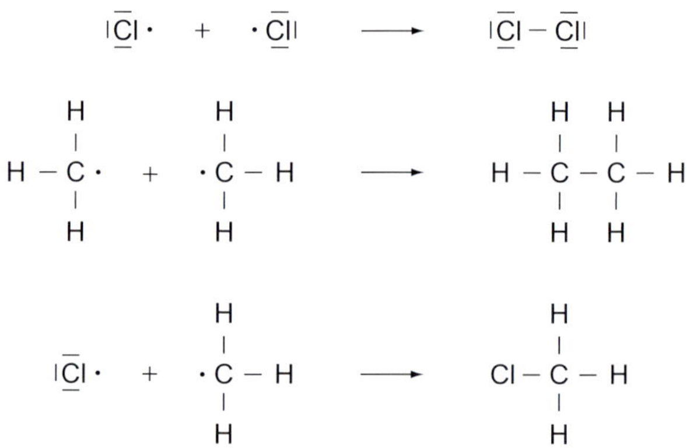

3. Abbruchreaktionen: Bildung von stabilen Molekülen

Bildung von Halogenalkanen

Die gesamte Reaktion wird als **radikalische Substitution** bezeichnet. Als Produkte entstehen **Halogenalkane**. Bei geeigneten Reaktionsbedingungen (Eduktkonzentrationen, Dauer, Temperatur, Katalysator) können auch Mehrfachhalogenierungen des Alkans erzielt werden.

Verwendung der Halogenalkane

Halogenalkane sind besonders gute **Lösungsmittel** für Fette und Öle. In der Technik werden Dichlormethan (Methylenchlorid, CH_2Cl_2) sowie Trichlormethan (Chloroform, $CHCl_3$) deshalb bevorzugt für die Reinigung von Metallteilen sowie beispielsweise zur Extraktion von Pflanzenölen eingesetzt. 1,1,1-Trichlorethan (CCl_3CH_3) wird in der Textilreinigung verwendet. In der Medizin wurde Chloroform früher als **Narkosemittel** eingesetzt. Heute steht es jedoch unter dem Verdacht, krebserregend zu sein. Flüssiges Chlorethan (Ethylchlorid, C_2H_5Cl) dient als Spray zur örtlichen Betäubung (»Vereisung«), da es sehr leicht verdampft und dadurch die benetzte Körperregion stark abkühlt.

Die Brennbarkeit der Halogenalkane ist gering.

Je höher der Halogenierungsgrad, desto weniger brennbar sind die Halogenalkane. Bromtrifluormethan (Halon, $CBrF_3$) findet deshalb als **Feuerlöschmittel** Verwendung. Fluorchlorkohlenwasserstoffe, so z. B. das Dichlordifluormethan (Frigen, CCl_2F_2), wurden in der Vergangenheit oftmals als **Kältemittel** und **Treibgase** eingesetzt. Dichlordiphenyltrichlorethan (DDT) ist ein **Insektenvernichtungsmittel**, dessen Anwendung und Produktion jedoch aufgrund seiner hohen Beständigkeit und der Gefährdung für den Menschen seit 1983 in Deutschland verboten ist.

Die Halogenatome bilden eine funktionelle Gruppe.

Bedingt durch die hohe Elektronegativität sind die Elektronen in einem Halogenalkanmolekül zu den Halogenatomen hin verschoben. Dies hat jedoch beträchtliche Auswirkungen auf das **Reaktionsverhalten** der Halogenalkane: Sie sind erheblich reaktiver als ihre nichthalogenierten Verwandten. Da die Substitutionsreaktion zu einer charakteristischen Veränderung der Stoffeigenschaften geführt hat, bezeichnet man die Halogenatome hier als eine **funktionelle Gruppe**. Auch andere Atome und Atomgruppen bilden typische funktionelle Gruppen (z. B. -OH, -CHO, -COOH, $-NH_2$), die eine Unterteilung der organischen Verbindungen in **Stoffklassen** mit gemeinsamen Eigenschaften ermöglichen (z. B. Alkohole, Aldehyde, Säuren, Amine).

Atome oder Atomgruppen, die einer chemischen Verbindung charakteristische Eigenschaften verleihen, werden als funktionelle Gruppen bezeichnet.

Die **Funktionalisierung der Alkane** ermöglichte es zugleich auch, Rückschlüsse auf deren Struktur zu ziehen. So wiesen JACOBUS VAN'T HOFF (1852–1911) und JOSEPH LE BEL (1847–1930) im Jahre 1874 anhand verschieden substituierter Alkane nach, dass deutlich weniger Isomere existieren, als nach einem bisher angenommenen planaren (ebenen) Aufbau zu erwarten gewesen wäre. Unabhängig voneinander sagten sie eine **räumliche Anordnung** der vier Bindungspartner des Kohlenstoffs voraus.

Alkane sind tetraedrisch gebaut.

Am Beispiel des Dichlormethans (CH_2Cl_2) wird dies deutlich: Unter der Annahme eines ebenen Molekülbaus lägen zwei verschiedene Isomere vor, die sich durch ihre unterschiedlichen physikalischen Eigenschaften voneinander unterscheiden lassen müssten. Dies ist jedoch nicht der Fall – die beiden Strukturen geben also ein und dasselbe Moleküle wieder. Die Wissenschaftler schlossen daher auf eine **tetraedrische Anordnung der Bindungspartner** am Kohlenstoff. Ganz gleich, welche zwei der vier Wasserstoffatome durch Chlor ersetzt sind, die vermeintlich verschiedenen Moleküle lassen sich durch Drehung stets ineinander überführen.

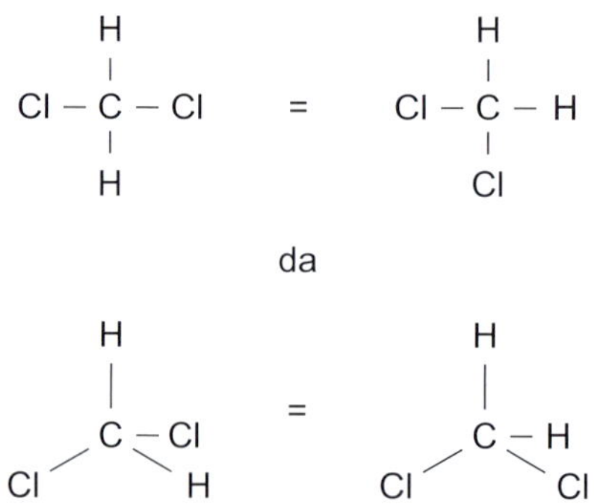

Dichlormethan. Da zum Dichlormethan keine Isomere existieren, müssen die Bindungspartner tetraedrisch um das Kohlenstoffatom angeordnet sein. Die planare Darstellung ist irreführend, wird der Einfachheit halber aber dennoch oft verwendet.

Spätere Messungen des **Bindungswinkels** H-C-H beim Methan bestätigten die Annahmen VAN'T HOFFS und LE BELS: Der Bindungswinkel hat mit **109,5°** denselben Wert wie der Winkel in einem Tetraeder.

Analog zum Methan ist der Kohlenstoff auch in den **höheren Alkanen** von seinen Bindungspartnern tetraedrisch umgeben. Die Bindungswinkel C-C-C in der Kohlenstoffkette betragen wiederum 109,5 °.

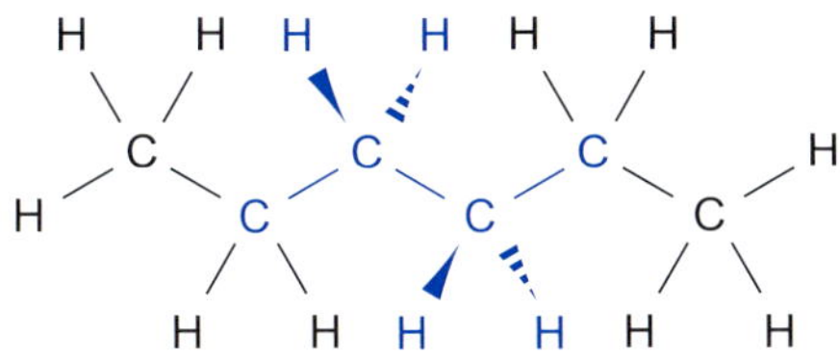

Räumliche Struktur des Hexans. Jedes Kohlenstoffatom ist tetraedrisch von seinen Bindungspartnern (Kohlenstoff sowie Wasserstoff) umgeben. In obiger Darstellung liegt die Hauptkette in der Papierebene; die nach oben links bzw. nach unten links gerichteten Wasserstoffatome ragen aus dem Bild hervor (massive Keile), wohingegen die nach oben rechts bzw. nach unten rechts gerichteten Wasserstoffe sozusagen in das Buch eintauchen (unterbrochene Keile).

Cycloalkane

Cyclische Verbindungen

Alkane liegen nicht nur kettenförmig (aliphatisch) vor, sie sind ebenso in der Lage, **ringförmige (cyclische) Verbindungen** zu bilden. Ihre allgemeine Summenformel lautet in diesem Fall C_nH_{2n}, da wegen des Ringschlusses zwei Wasserstoffatome eingespart werden.

Chemische Verbindungen, deren Strukturen einen oder auch mehrere Ringe aufweisen, werden cyclische Verbindungen genannt.

Die homologe Reihe beginnt mit dem Cyclopropan.

Die einfachste cyclische Verbindung und damit das erste Glied der **homologen Reihe der Cycloalkane** ist das **Cyclopropan (C_3H_6)**. Es zeigt die Form eines gleichseitigen Dreiecks, da die Bindungsabstände der Kohlenstoffatome im Molekül identisch sind. Der spitze Bindungswinkel von 60° führt zu einer großen **Ringspannung**, das Molekül ist daher sehr **instabil**. Ähnlich verhält es sich auch mit dem **Cyclobutan (C_4H_8). Cyclopentan (C_5H_{10})** hingegen entspricht mit einem C-C-C-Bindungswinkel von 104 ° bereits nahezu dem idealen Tetraederwinkel (109,5 °) und ist vergleichsweise stabil.

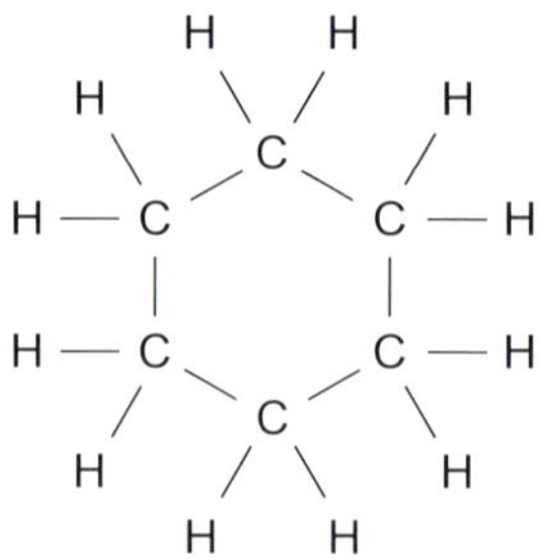

Prominentester Vertreter der Cycloalkane ist das **Cyclohexan** (C_6H_{12}), welches eine sechseckige Struktur ausbildet. Die C-C-C-Bindungswinkel betragen jedoch nicht, wie man zunächst annehmen müsste, 120 °, sondern nähern sich dem Tetraederwinkel durch eine Faltung des Moleküls ideal an. Von der Seite betrachtet, nimmt es die **Form eines Sessels** bzw. die einer **Wanne** ein. Beide Molekülformen lassen sich durch eine geringe Aktivierungsenergie ineinander überführen; die Sesselform wird bei Raumtemperatur jedoch zu 99 % bevorzugt eingenommen.

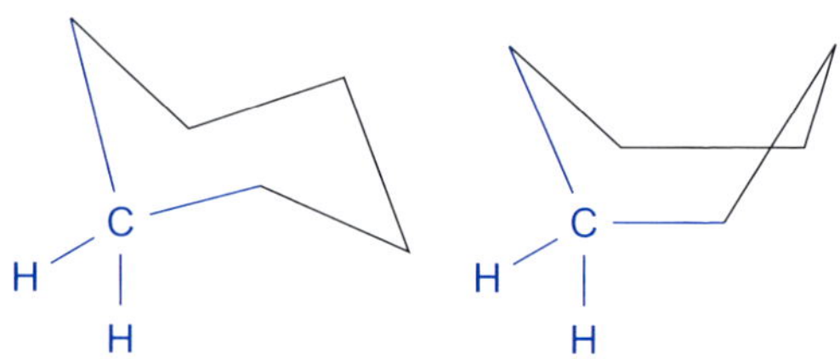

Cyclohexan in der Projektion, d. h. von oben betrachtet (Bild oben), in der Sesselform (rechts) sowie der Wannenform (ganz rechts). Durch die Faltung des Moleküls erreicht der Kohlenstoff den günstigen Tetraederwinkel von 109,5 °. Der Übersichtlichkeit wegen werden C-C-Bindungen in der Organik oftmals nur durch Bindungsstriche angegeben. Auf den Ecken sitzen dabei jeweils die Kohlenstoffatome, deren Symbole weggelassen werden. Auf die Darstellung der gebundenen Wasserstoffatome wird gänzlich verzichtet.

Alkene

Alkene sind durch Doppelbindungen der Kohlenstoffatome charakterisiert.

Sind die Kohlenstoffatome einer Kohlenwasserstoffverbindung untereinander nicht nur durch Einfachbindungen, sondern auch durch mindestens eine **Doppelbindung** miteinander verknüpft, so spricht man von der Stoffklasse der **Alkene**. Diese lassen sich mit der allgemeinen Summenformel C_nH_{2n} beschreiben.

> Alkene (Olefine) sind Kohlenwasserstoffe mit mindestens einer Doppelbindung.

Alkene gehören zu den **ungesättigten Kohlenwasserstoffverbindungen**, da sie nicht – wie der Name schon sagt – mit der maximal möglichen Anzahl an Wasserstoffatomen versehen sind. Das einfachste Alken ist aus zwei Kohlenstoff- und vier Wasserstoffatomen aufgebaut – **Ethen** (C_2H_4). Ihm folgen – in homologer Reihe – das **Propen** (C_3H_6), das **Buten** (C_4H_8), das **Penten** (C_5H_{10}), das **Hexen** (C_6H_{12}) usw.

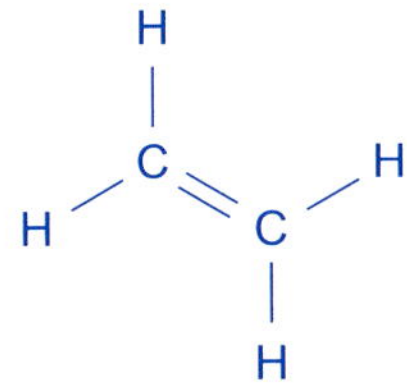

Die **Nomenklatur** dieser ungesättigten Kohlenwasserstoffe erfolgt, wie schon leicht zu erkennen ist, analog zu den Alkanen, wobei jedoch zur Kennzeichnung der **Doppelbindung** im Molekül die Endung **»-en«** anstelle von »-an« verwendet wird.

Benennung der Alkene: Zahlwort + -en

Bei Alkenen, die aus vier oder mehr Kohlenstoffatomen aufgebaut sind, kann die Doppelbindung an verschiedenen Stellen im Molekül liegen. Es existieren folglich **Isomere**. Um diese zu unterscheiden, wird die Position der Doppelbindung in der Hauptkette als arabische Ziffer dem Verbindungsnamen vorangestellt. Beispiel: 1-Buten bzw. 2-Buten. Alternativ wird die Ziffer auch direkt vor der Silbe »-en« oder aber dahinter in einer runden Klammer angegeben: But-1-en bzw. Buten-(1).

Isomere

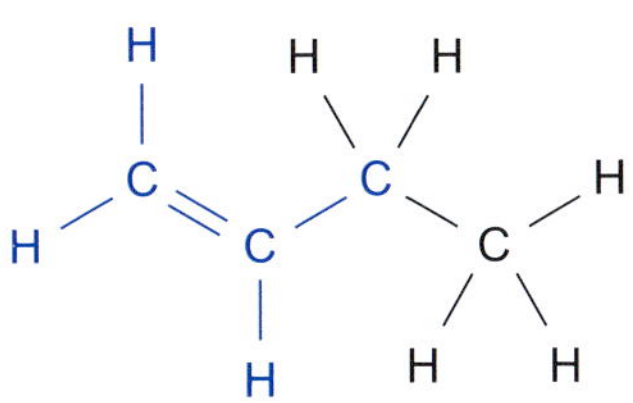

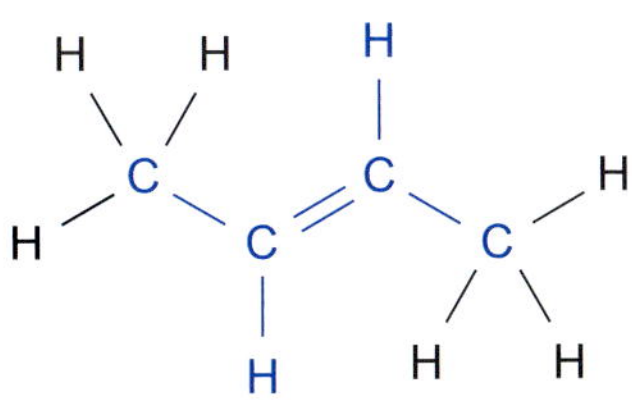

1-Buten (links) und 2-Buten (rechts)

Auch **mehrere Doppelbindungen** in ein und demselben Molekül sind keine Seltenheit. Dies wird dadurch kenntlich gemacht, dass der Silbe »-en« das **entsprechende griechische Zahlwort vorangestellt** wird (z. B. 1,3-Butadien).

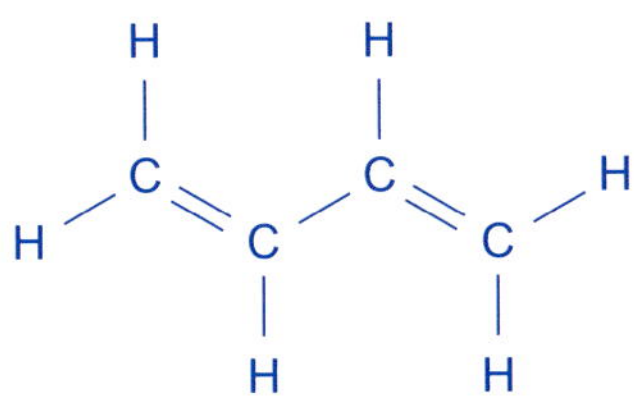

1,3-Butadien oder Buta-1,3-dien oder Butadien-(1,3)

Bindungswinkel = 120 °
Alkene sind im Bereich der Doppelbindung planar gebaut.

Auch bei den Alkenen findet man eine Vierbindigkeit des Kohlenstoffs vor. Anders als bei den Alkanen sind hier die **H–C–H-Bindungswinkel** jedoch größer; sie betragen **120 °** und die Moleküle sind im Bereich der Doppelbindung **planar** (eben) aufgebaut.

Keine Konformationen bei Alkenen

Es besteht ein weiterer wichtiger Unterschied zwischen Molekülen mit einfach gebundenen sowie doppelt gebundenen Kohlenstoffatomen. Während um die C-C-Bindungsachse der **Alkane freie Drehbarkeit** herrscht und die Moleküle sich somit zu verschiedenen Konformationen verwinden können (vergleiche Cyclohexan), ist die **Doppelbindung der Alkene** hingegen **starr** gelagert.

Um die C-C-Bindungsachse einer Einfachbindung besteht freie Drehbarkeit (Alkane). Die C-C-Bindungsachse einer Doppelbindung (Alkene) ist hingegen starr.

Konstitution und Konfiguration

Dies hat zur Folge, dass neben der bisher betrachteten strukturellen Anordnung der Atome im Molekül (**Konstitutionsisomerie**) nun auch die **räumliche Anordnung** des Moleküls (**Konfigurationsisomerie**) zu berücksichtigen ist. Auch die Nomenklatur muss dementsprechend erweitert werden: Liegen die beiden vom Molekulargewicht her

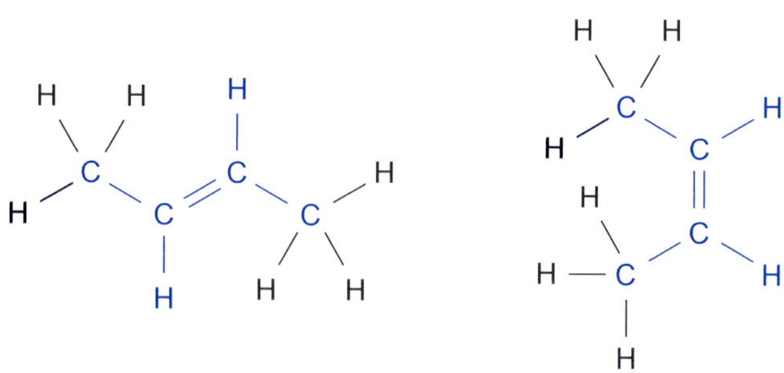

trans-2-Buten (links) und cis-2-Buten. In der trans-Form liegen sich die beiden Methylgruppen (–CH_3) gegenüber, in der cis-Form liegen sie hingegen auf derselben Seite des Moleküls.

schwersten Bindungspartner, die über eine Doppelbindung miteinander verknüpft sind, **auf derselben Seite** des Moleküls, so spricht man von einer **cis**-Anordnung. Liegen sich die beiden jedoch **gegenüber**, nennt man dies eine **trans**-Konfiguration. Ihrer Benennung nach heißt diese Form der Isomerie auch **cis-trans-Isomerie**.

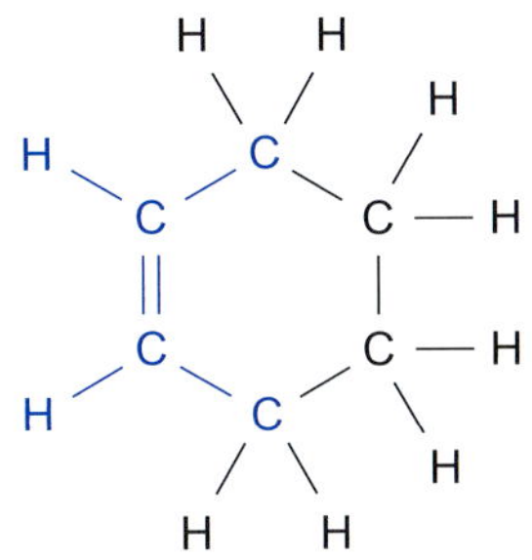

Cyclohexen

Auch die Alkene können cyclische Verbindungen ausbilden. Sie werden **Cycloalkene** genannt und ähneln in ihren Eigenschaften den offenkettigen Alkenen.

Darstellung und Verwendung

Alkene werden bei hohen Temperaturen aus Alkanen oder Benzinen dargestellt. Ethen, der technisch bedeutendste Vertreter der Alkene, dient vor allem zur Herstellung von **Kunststoffen** (z. B. Polyethylen, PE).

Physikalische Eigenschaften

Die physikalischen Eigenschaften der Alkene sind denen der Alkane relativ ähnlich. Die Wasserlöslichkeit ist hingegen leicht erhöht, da die **elektronenreiche Doppelbindung** einen **polaren Charakter** aufweist. Während bei den Alkanen stets das langkettige unverzweigte Homolog den höchsten Siedepunkt hat, ist dies hingegen bei den Alkenen nicht immer zu beobachten.

Chemische Eigenschaften

Die Doppelbindung ist darüber hinaus sehr reaktiv. Es lassen sich leicht **Additionsreaktionen** durchführen. Darunter versteht man die Anlagerung von Atomen oder Atomgruppen an eine Mehrfachbindung. Ethen beispielsweise reagiert auf diese Weise mit Bromwasser zu 1,2-Dibromethan. Das Reaktionsgemisch entfärbt sich dabei zusehends, da das braune Brom verbraucht wird und das entstandene Produkt farblos ist. Die **Bromwasserprobe** dient als **Nachweismittel für ungesättigte Kohlenwasserstoffe**.

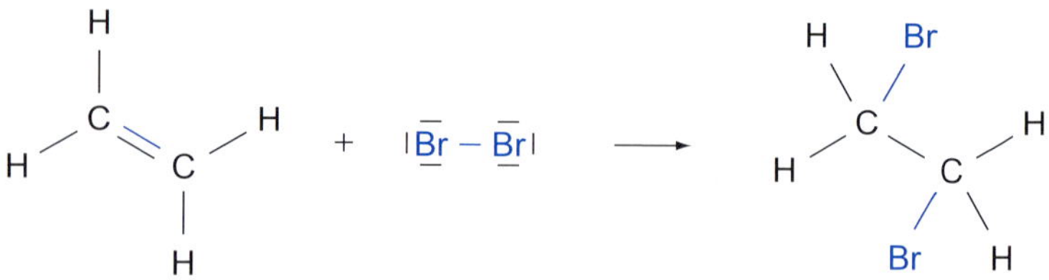

Bromierung von Ethen. Brom wird in einer Additionsreaktion angelagert, es entsteht 1,2-Dibromethan.

Auf demselben Prinzip beruht auch die **Baeyer-Probe** (nach ADOLF VON BAEYER, 1835–1917). Hier wird durch die Oxidation des ungesättigten Kohlenwasserstoffs eine Kaliumpermanganatlösung entfärbt.

Alkine

Alkine enthalten Dreifachbindungen.

Alkine sind Kohlenwasserstoffe, die eine oder mehrere **Dreifachbindungen** enthalten. Die Anzahl der Wasserstoffatome ist somit im Verhältnis zu den Kohlenstoffatomen weiter reduziert, und die allgemeine Summenformel für ein einfaches Alkin lautet nunmehr C_nH_{2n-2}.

Alkine sind Kohlenwasserstoffe mit mindestens einer Dreifachbindung.

Benennung der Alkine: Zahlwort + -in

Wie die Alkene gehören auch die Alkine zu den **ungesättigten Kohlenwasserstoffen** und bilden ebenso eine **homologe Reihe**, beginnend mit dem **Ethin (Acetylen, C_2H_2)**. Die **Benennung** erfolgt analog zu den Alkenen, wobei jedoch die Dreifachbindung durch die Endung **»-in«** angezeigt wird.

Bindungswinkel = 180 °
Alkine sind im Bereich der Dreifachbindung linear gebaut.

Konstitutionsisomere werden wie üblich durch Nennung der Position der Mehrfachbindung in der Hauptkette unterschieden (z. B. 1-Butin oder 2-Butin). **Konfigurationsisomere** treten an einer Dreifachbindung **keine** auf. Die Bindungsachse ist zwar auch hier starr, jedoch sind die Bindungspartner linear angeordnet, d. h. sie liegen auf einer Geraden. Eine Drehung um diese Achse wäre für die Konfiguration des Moleküls folglich ohne jeden Belang.

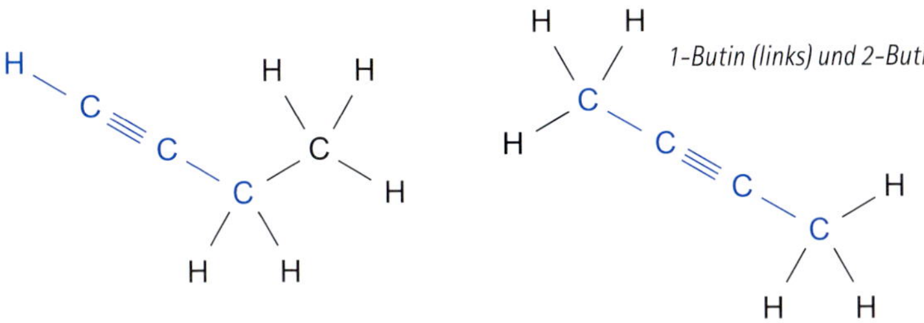

1-Butin (links) und 2-Butin

Ethin. Das einfachste Alkin, das Ethin (Acetylen), ist zugleich auch das technisch wichtigste. Es wird aus der thermischen Zersetzung (Pyrolyse) leichter oder mittlerer Fraktionen, d. h. Bestandteile, von Erdöl oder aus der Umsetzung von **Calciumcarbid** (CaC_2) mit **Wasserdampf** gewonnen.

Darstellung, Eigenschaften und Verwendung von Ethin

$$CaC_2 \quad + \quad 2\,H_2O \quad \rightarrow \quad C_2H_2 \quad + \quad Ca(OH)_2$$

Ethin ist Ausgangssubstanz für viele chemische Synthesen. Außerdem dient es in Kombination mit Sauerstoff als **Schweißgas**, das mit einer Flammentemperatur von ca. 3000 °C selbst zur Verarbeitung solcher Stoffe wie Stahl, die erst bei sehr hohen Temperaturen schmelzen, geeignet ist.

$$2\,C_2H_2 \quad + \quad 5\,O_2 \quad \rightarrow \quad 4\,CO_2 \quad + \quad 2\,H_2O \qquad \Delta H_R^0 = -2614\frac{kJ}{mol}$$

Ethin ist ein schwach süßlich riechendes Gas, das in der Vergangenheit auch als **Narkotikum** eingesetzt wurde. Wegen seiner hohen Zündfähigkeit mit Sauerstoff verzichtet man heutzutage jedoch auf diese Anwendung.

Ethin wird – gelöst in Aceton (Propanon) – in **gelb markierten Gasflaschen** gelagert. Eine Kompression reinen Ethins ist wegen der Explosionsgefahr nicht möglich.

Lagerung von Ethin

Alkine gehen wegen ihrer **elektronenreichen Dreifachbindung** bevorzugt **Additionsreaktionen** ein. So entfärbt Ethin – ebenso wie Ethen – Bromwasser. Dabei werden cis- und trans-1,2-Dibromethen sowie 1,1,2,2-Tetrabromethan in einer zweistufigen Reaktion gebildet. **Bromwasser** dient folglich auch als **Nachweismittel** auf Alkine.

Chemische Eigenschaften von Alkinen

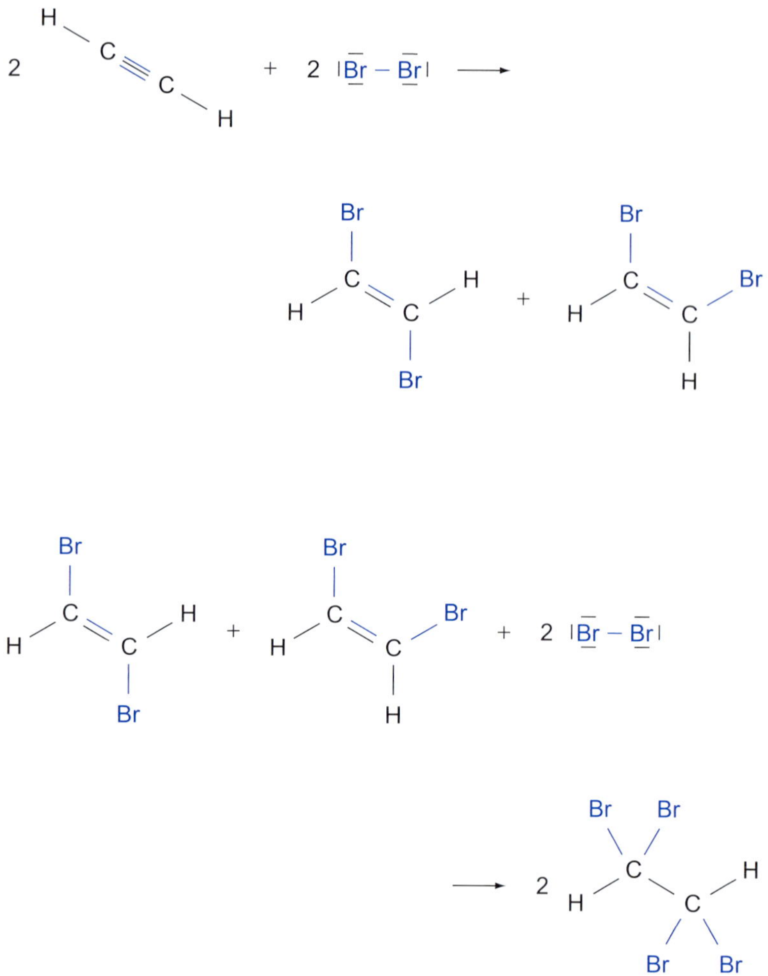

Bromierung von Ethin. Brom wird in einer zweistufigen Additionsreaktion angelagert. Es entstehen zunächst die cis- und trans-Formen von 1,2-Dibromethen, nach einer weiteren Addition dann 1,1,2,2-Tetrabromethan.

Aromatische Verbindungen

Als Aromaten bezeichnete man früher wohlriechende Stoffe.

Als aromatische Verbindungen wurden im 18. und 19. Jahrhundert zumeist **wohlriechende Substanzen** bezeichnet, die aus Harzen und Naturstoffen gewonnen wurden. In der zweiten Hälfte des 19. Jahrhunderts weitete man diese Definition dann auf sämtliche Verbindungen aus, die eine **strukturelle Verwandtschaft** mit dem technisch bedeutendsten Aromaten, dem **Benzol** (C_6H_6), aufweisen.

Heute unterteilt man Aromaten und Nichtaromaten nach einer bestimmten **Anzahl** ihrer **Elektronen**, die gemäß dem **Atomorbitalmodell** in einer wohldefinierten Anordnung vorliegen. Ganz praktisch kann man jedoch sagen:

Aromaten (Arene) sind ringförmige ungesättigte Verbindungen, die wie Cycloalkene reagieren sollten, jedoch besonders stabil und gegenüber Additionsreagenzien unreaktiv sind.

Strukturformel des Benzols

Nachdem Michael Faraday (1791–1867) bereits im Jahre 1825 Benzol isoliert hatte, gelang es August **Kekulé** von Stradonitz (1829–1896) erst 30 Jahre später, eine noch heute gültige **Strukturformel** zu entwickeln.

Vermutungen von Kekulé

Kekulé ging davon aus, dass die sechs Kohlenstoffatome zu einem Ring geformt und abwechselnd durch drei Doppel- und drei Einfachbindungen miteinander verknüpft seien. Die **Doppelbindungen** jedoch seien **nicht an feste Plätze gebunden**, sondern würden vielmehr kreisförmig im Molekül wandern und ihre Positionen dabei mit den Einfachbindungen tauschen.

Da es sich beim Benzol folglich um keine »echten« Doppelbindungen handle, im Gegensatz zum Cyclohexen, sei somit auch dessen **ungewöhnliches Reaktionsverhalten** zu erklären. Am Benzol konnten nämlich keine Additionsreaktionen

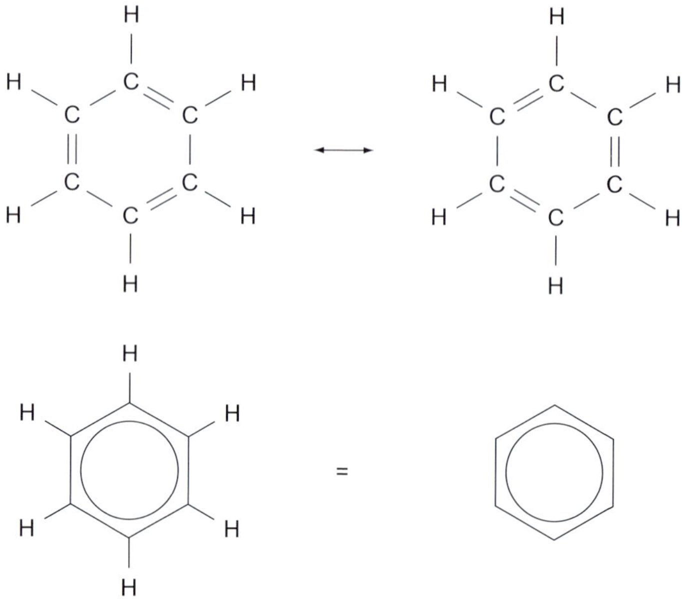

Strukturformeln des Benzols nach Kekulé (oben) sowie zwei modernere Darstellungen, welche die Delokalisierung der freien Elektronen besonders herausstellen sollen. In der organischen Chemie wird insbesondere bei der Herleitung von Reaktionsmechanismen gerne auf die Darstellung nach Kekulé zurückgegriffen.

beobachtet werden; **Bromwasser** wurde als anerkanntes Nachweismittel für ungesättigte Verbindungen **nicht entfärbt**!

Heutige Erkenntnisse über die Struktur von Benzol

Kekulés Vermutungen haben sich größtenteils bewahrheitet. Die sechs Kohlenstoffatome sind zu einem planaren Ring angeordnet. Alle **C-C-Bindungslängen** sind **gleich groß** und liegen vom Betrag her zwischen der einer Einfach- und der einer Doppelbindung. Die insgesamt **sechs Elektronen** der Kohlenstoffatome, die nicht direkt für den Zusammenhalt des Ringes und der anliegenden Wasserstoffatome in Form von Einfachbindungen benötigt werden, liegen gleich verteilt **(delokalisiert)** im Molekül vor. Dieser energetisch stabile Zustand ist zugleich die Ursache für die Reaktionsträgheit des Benzols gegenüber Additionsreagenzien.

Eigenschaften und Darstellung von Benzol

Erst bei Zugabe eines **Katalysators** (Aluminiumchlorid, $AlCl_3$) erfolgt beispielsweise mit **Brom** eine Reaktion. Jedoch werden dabei Wasserstoffatome durch Bromatome **substituiert**, also ersetzt, und es entstehen Brombenzol sowie Bromwasserstoff. Benzol reagiert demzufolge mit Halogenen nicht wie ein Alken oder Alkin, sondern eher wie ein Alkan.

Benzol ist eine **giftige** und **krebserregende** farblose **Flüssigkeit.** Sie wird in der weiterverarbeitenden Erdölindustrie gewonnen und stellt eine bedeutende **Ausgangssubstanz** für die Synthese z. B. von **Farbstoffen, Kunststoffen, Medikamenten, Sprengstoffen** und **Pestiziden** dar.

Polycyclische Aromaten

Arene können auch aus mehreren zusammengesetzten Ringen aufgebaut sein (**polycyclische Aromaten**). Strukturell unterscheidet man hierbei zwischen **kondensierten Ringsystemen**, bei denen sich benachbarte Ringe mehrere C-Atome miteinander teilen (z. B. Naphthalin, »Mottenpulver«), sowie **nichtkondensierten Ringsystemen**, wobei die einzelnen Ringe hier über keine gemeinsamen Kohlenstoffe verfügen (z. B. Biphenyl). Viele **Farbstoffe** und **Indikatoren** sind aus kondensierten Ringen aufgebaut.

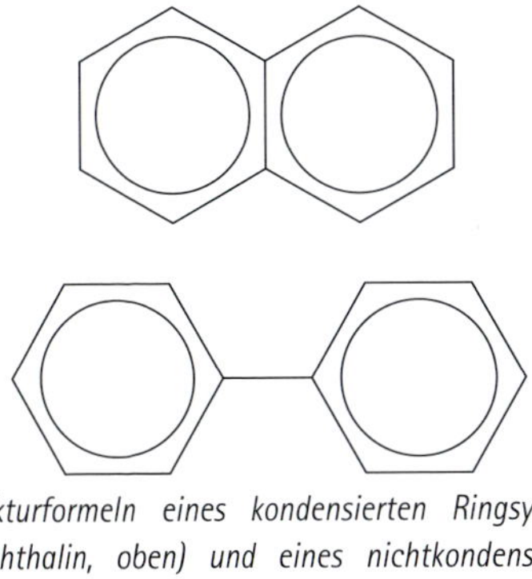

Strukturformeln eines kondensierten Ringsystems (Naphthalin, oben) und eines nichtkondensierten Ringsystems (Biphenyl)

1.2 Sauerstoffhaltige organische Verbindungen

Alkanole

Alkanole sind mit den Alkanen verwandt.

Alkanole werden häufig auch als **»Alkohole«** bezeichnet. Während dieser Name im allgemeinen Sprachgebrauch am ehesten mit Trinkalkohol (Ethanol) in Verbindung gebracht wird, verrät die korrekte chemische Bezeichnung der Stoffklasse hingegen ihre Verwandtschaft mit den Alkanen. Alkanole unterscheiden sich von diesen lediglich durch ihre **funktionelle Gruppe**, die **Hydroxylgruppe (-OH)**. Sie ist anstelle eines der Wasserstoffatome kovalent an das Kohlenstoffskelett gebunden. Keinesfalls darf man die für Alkanole charakteristische Hydroxylgruppe jedoch mit dem anorganischen Hydroxidion (OH^-) verwechseln!

Funktionelle Gruppe der Alkanole: -OH

Alkanole (Alkohole) sind Kohlenwasserstoffe, bei denen ein oder mehrere Wasserstoffatome durch Hydroxylgruppen (-OH) ersetzt sind.

Benennung der Alkanole: Alkan + -ol

Da sich die Alkanole von den Alkanen ableiten, bilden auch sie eine **homologe Reihe**. Die Regeln für die Nomenklatur entsprechen sich daher ebenfalls; für die funktionelle Gruppe wird ergänzend die Endung **»-ol«** am Ende des Namens genannt. Ihre Lage im Molekül wird wiederum durch die entsprechende Positionsziffer der Hauptkette angegeben.

Die sogenannten mehrwertigen Alkohole haben mehr als eine Hydroxylgruppe.

Alkanole mit mehr als nur einer Hydroxylgruppe werden als **mehrwertige Alkohole** bezeichnet. Je nach Anzahl der OH-Gruppen wird der Silbe »-ol« noch das jeweilige **griechische Zahlwort** (di-, tri-, tetra- usw.) **vorangestellt**. Bei der Positionsangabe ist wie immer darauf zu achten, dass die Ziffern möglichst kleine Zahlenwerte wiedergeben.

Das **Reaktionsverhalten** eines Alkanols wird ganz entscheidend davon geprägt, ob seine Hydroxylgruppe an ein endständiges oder aber an ein mittiges Kohlenstoffatom der

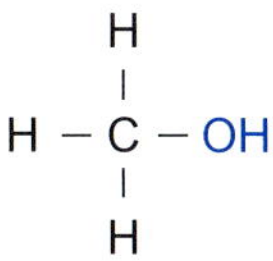

Methanol

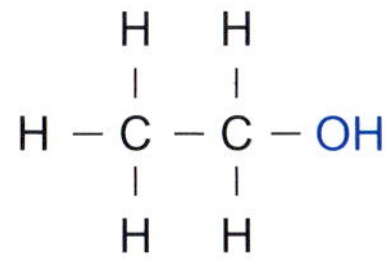

Ethanol

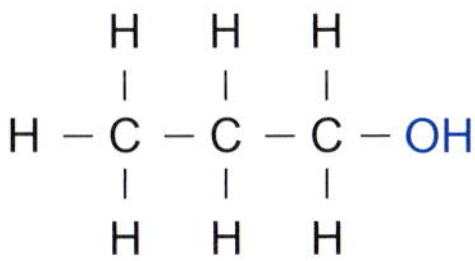

1-Propanol
n-Propanol

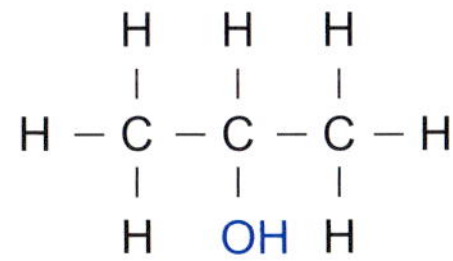

2-Propanol
Isopropanol

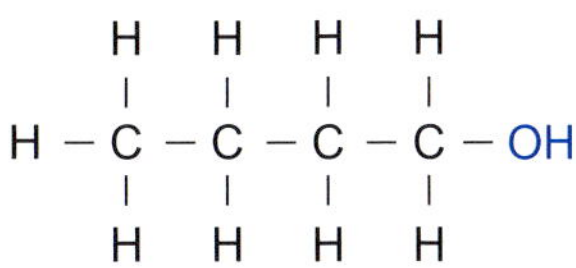

1-Butanol
n-Butanol

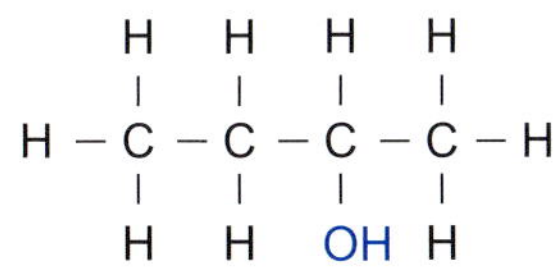

2-Butanol
sek-Butanol

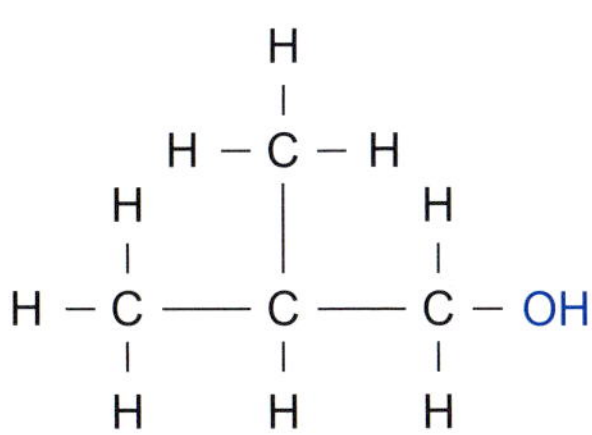

2-Methyl-1-propanol
Isobutanol

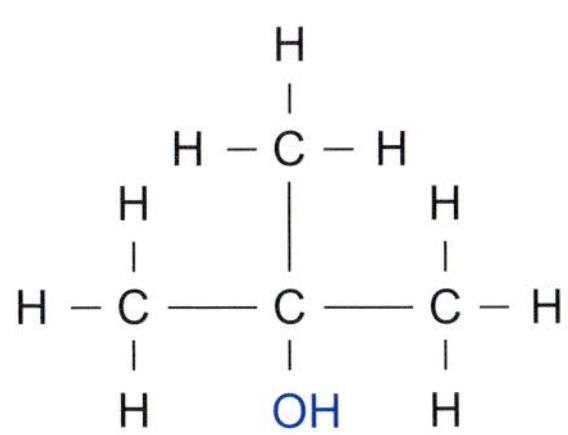

2-Methyl-2-propanol
tert-Butanol

Übersicht über die ersten vier Homologe der Alkanole und ihrer Isomere. Es sind jeweils die IUPAC-Namen sowie die entsprechenden Trivialnamen angegeben.

Isomere der Alkanole

Hauptkette gebunden ist. Man unterscheidet deshalb **primäre, sekundäre** und **tertiäre Alkohole**. Bei primären Alkoholen ist das die Hydroxylgruppe tragende Kohlenstoffatom nur mit einem weiteren Kohlenstoffatom verbunden. Bei sekundären Alkoholen handelt es sich hingegen um zwei, bei tertiären Alkoholen um drei benachbarte Kohlenstoffe.

Ihrer besonderen Bedeutung wegen hat sich diese Klassifizierung auch in der Namensgebung der Alkanole niedergeschlagen. 2-Butanol beispielsweise wird oftmals auch mit dem **Trivialnamen sek**-Butanol (für sekundär) bezeichnet, ebenso wie 2-Methyl-2-propanol vor allem unter dem Namen **tert**-Butanol (für tertiär) bekannt ist.

Eigenschaften der Alkanole

Betrachtet man die unverzweigten, primären Alkanole, so fällt im Vergleich zu den Alkanen auf, dass sie generell eine **höhere Siedetemperatur** zeigen. Des Weiteren sind bei Raumtemperatur alle Alkanole **bis zu** einer Kettenlänge von **zehn Kohlenstoffatomen flüssig**.

Alkanole können Wasserstoffbrückenbindungen ausbilden.

Ursache für das unterschiedliche Verhalten ist die Fähigkeit der Alkanolmoleküle, über ihre Hydroxylgruppen **Wasserstoffbrückenbindungen** auszubilden. Diese auf der Elektronegativität des Sauerstoffs beruhenden Wechselwirkungen fallen weit stärker ins Gewicht als die zwischen den Alkanmolekülen vergleichsweise nur schwach ausgeprägten VAN-DER-WAALS-Kräfte. Es muss folglich mehr Energie in Form von Wärme aufgewendet werden, um die Anziehungskräfte der Alkanolmoleküle untereinander zu überwinden, als dies bei Alkanmolekülen der Fall ist.

Mit zunehmender Anzahl an CH_2-Einheiten schwindet der Einfluss der OH-Gruppen auf die physikalischen Eigenschaften der Alkanole. So nähern sich bei den langkettigen Homologen die Siedepunkte denen der Alkane an und auch ihre Löslichkeit in Wasser verringert sich dementsprechend. Nur die ersten drei Homologe lösen sich wegen ihres hohen polaren Charakters unbegrenzt in Wasser. In **hydrophoben**

Lösungsmitteln wie Benzin sind hingegen alle Alkanole in beliebigem Verhältnis löslich.

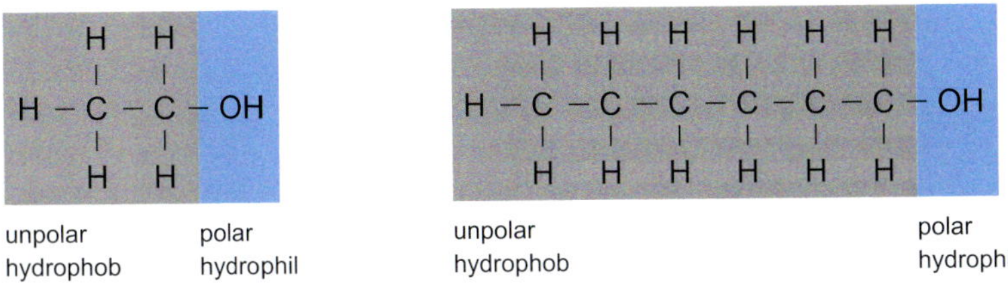

Einfluss der Hydroxylgruppe auf den polaren Charakter eines Alkanols in Abhängigkeit von der Kettenlänge

Kurzkettige Alkanole sind **leicht entzündlich** und **brennbar**.

Darstellung von Ethanol (Trinkalkohol)

Ethanol. Für den Trinkgenuss produzierter Alkohol (Ethanol) wird in der Hauptsache durch einen biologischen Prozess, die **alkoholische Gärung**, gewonnen. Hierbei setzen Hefepilze Traubenzucker ($C_6H_{12}O_6$) zu Ethanol und Kohlenstoffdioxid um:

$$C_6H_{12}O_6 \xrightarrow{\text{Hefe}} 2\,C_2H_5OH \; + \; 2\,CO_2 \qquad \Delta H_R^0 = -45\,\frac{\text{kJ}}{\text{mol}}$$

Je nach Getränk werden die unterschiedlichsten Ausgangsstoffe vergoren. Beim **Bierbrauen** beispielsweise dient Malz als Zuckerlieferant, während man **weinähnliche Getränke** aus Fruchtsäften herstellen kann. Bier hat einen typischen Alkoholgehalt von 5 Vol.-%, wohingegen beim Wein Werte von bis zu 15 Vol.-% erreicht werden können. Dann jedoch sterben die Hefepilze ab, und die Gärung kommt zum Erliegen. Um einen noch höheren Alkoholgehalt zu erzielen, kann das gebildete Ethanol durch **Destillation** aus der wässrigen Lösung abgetrennt werden (»Brennen«).

Übermäßiger Alkoholgenuss kann zu schweren, dauerhaften körperlichen und geistigen Schädigungen führen!

Technisch wird Ethanol durch die **katalytische Addition** von Wasser an Ethen hergestellt:

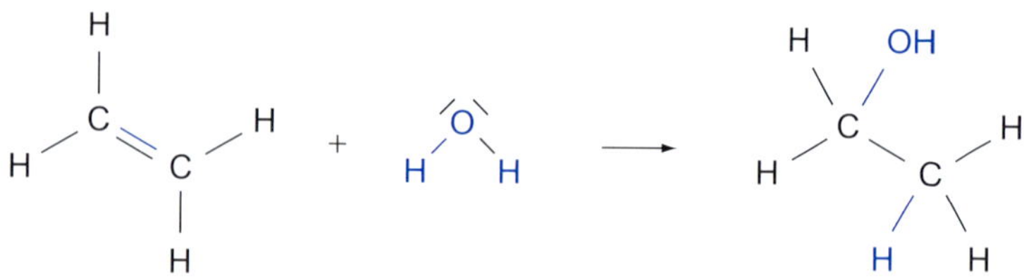

Technische Herstellung von Ethanol aus Ethen. Wasser wird in einer Additionsreaktion angelagert.

Verwendung von Ethanol in Industrie und Haushalt

Ethanol dient in der Industrie als **Lösungsmittel**, Ausgangsstoff für **organische Synthesen**, als **Konservierungsmittel, Reinigungsmittel** sowie **Energieträger**. Im Haushalt wird Ethanol beispielsweise als **Brennspiritus** (vergällter, ungenießbarer Alkohol) verwendet.

Nachweis von Ethanol: Alcotest

Da der Genuss von Ethanol wegen seiner **Rauschwirkung** eine ernst zu nehmende Gefahr für die Sicherheit im **Straßenverkehr** darstellt, wird von der Polizei ein Schnelltest **(Alcotest)** für den Nachweis von Ethanol in der Atemluft eingesetzt. Es muss dazu in ein Röhrchen geblasen werden, das **orangefarbenes** Kaliumdichromat ($K_2Cr_2O_7$) enthält. Bei Kontakt mit Alkohol findet eine **Redoxreaktion** statt: Ethanol wird zu Ethansäure (Essigsäure, CH_3COOH) oxidiert und reduziert dabei das Kaliumdichromat zu **grünem** Chrom(III). Je stärker die Verfärbung ausfällt, desto höher muss auch der Alkoholgehalt in Atemluft und Blut der Testperson sein.

Nachweis von Methanol mit der Boraxprobe

Methanol. Dieses Alkanol ähnelt vom Aussehen und vom Geruch her stark dem Ethanol. Die beiden Stoffe lassen sich jedoch durch Verbrennen unter Zusatz von **Borax** (Natriumtetraborat, $Na_2B_4O_7 \cdot 10\ H_2O$) leicht unterscheiden: Die gebildeten Ester (Verbindungen aus einer Säure und einem Alkohol) verbrennen mit unterschiedlicher Flammenfärbung. So färbt Borsäure*methyl*ester die Flamme intensiv grün, während Borsäure*ethyl*ester mit derselben hellgelben Flamme verbrennt wie seine Ausgangssubstanz, das Ethanol.

Kleinste Mengen an Methanol sind für den Menschen bereits **giftig** und können zur **Erblindung** führen. Da Methanol auch über die Haut aufgenommen werden kann, müssen beim Umgang damit stets Schutzhandschuhe getragen werden!

Darstellung

Methanol wird industriell aus **Synthesegas** (ein Gemisch aus CO und H_2) bei hohen Temperaturen und hohem Druck hergestellt:

$$CO \quad + \quad 2\,H_2 \quad \rightarrow \quad CH_3OH$$

Verwendung von Methanol

Es zählt zu den technisch bedeutendsten Alkoholen und wird in erster Linie als **Lösungsmittel**, aber auch erprobungsweise als **Treibstoff** für Kraftfahrzeuge eingesetzt.

Verwendung von Glykol und Glycerin

Glykol und Glycerin. Das **1,2-Ethandiol (Glykol, $C_2H_4(OH)_2$)** ist eine ölige, giftige Substanz, die als **Frostschutzmittel** eingesetzt wird. **1,2,3-Propantriol (Glycerin, $C_3H_5(OH)_3$)** ist ebenfalls eine ölige, jedoch ungiftige, süßlich schmeckende Flüssigkeit. Glycerin wird aufgrund seiner hygroskopischen (wasseranziehenden) Wirkung vor allem **Kosmetika** zugesetzt, die es vor dem Austrocknen bewahrt. Außerdem setzt man es als **Schmier- und Frostschutzmittel** sowie als Grundstoff für die **Kunststoff-** und **Sprengstoffindustrie** ein.

Alkanale und Alkanone

Ein Versuch zur Bildung von Alkanalen

Taucht man ein zuvor in der Brennerflamme oxidiertes Kupferdrahtnetz (Kupfer(II)oxid, CuO, schwarz) in ein Gefäß mit Ethanol, so nimmt das Netz bald wieder seine ursprüngliche metallisch-rötliche Färbung an. Das Kupferoxid ist ganz offensichtlich zu elementarem Kupfer reduziert worden und hat dabei im Gegenzug das Ethanol zu **Ethanal (Acetaldehyd)** oxidiert (s. nächste Seite).

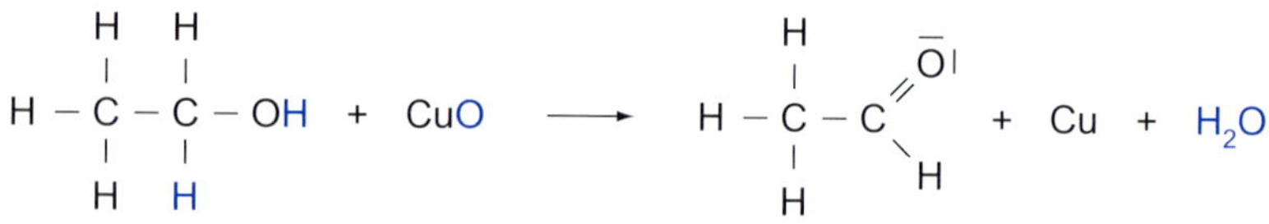

Benennung der Alkanale: Alkan + -al

Nicht nur Ethanol reagiert in dieser Weise mit einem milden Oxidationsmittel wie Kupfer(II)oxid. Sämtliche **primären Alkanole** lassen sich zu **Alkanalen (Aldehyden)** oxidieren. Die **funktionelle Gruppe** dieser neuen Stoffklasse ist die **Aldehydgruppe (-CHO)**. Die Benennung erfolgt nach dem entsprechenden Alkan, ergänzt mit der Endsilbe **»-al«**.

Alkanale (Aldehyde) sind Moleküle, die als funktionelle Gruppe eine Aldehydgruppe (-CHO) tragen. Sie entstehen durch Oxidation primärer Alkanole.

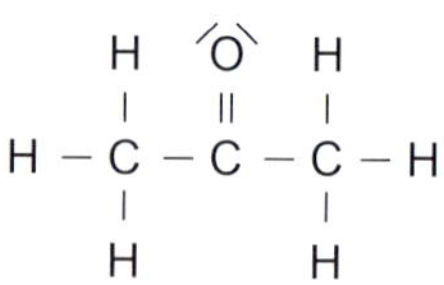

Propanon (Aceton)

Benennung: Alkan + -on

Die Oxidation der **sekundären Alkanole** erfolgt analog. Da die funktionelle Gruppe des gebildeten Produktes seiner Herkunft wegen nun jedoch nicht am Ende der Hauptkette liegt, sondern mittig, fehlt ihr demzufolge ein Wasserstoffatom. Diese mit den Alkanalen eng verwandten Moleküle nennt man **Alkanone** oder **Ketone**. Ihre funktionelle Gruppe ist die **Carbonylgruppe (-CO)**. Benannt werden sie nach dem entsprechenden Alkan, um die Silbe **»-on«** erweitert.

Alkanone (Ketone) sind Moleküle, die als funktionelle Gruppe eine Carbonylgruppe (-CO) tragen. Sie entstehen durch Oxidation sekundärer Alkanole.

Eigenschaften der Alkanale und Alkanone

Da die **Carbonylgruppe** bei den Alkanonen und Alkanalen (hier ist sie lediglich um ein Wasserstoffatom zur Aldehydgruppe ergänzt) bereits über eine beachtliche **Polarität** verfügt, liegen die Siedetemperaturen der niederen Homologe deutlich über denen der entsprechenden Alkane, jedoch niedriger als bei den Alkanolen. Dies hängt damit zusammen, dass weder die Alkanone noch die Alkanale untereinander Wasserstoffbrückenbindungen ausbilden können. Erst in Lösungen mit partiell positiven Wasserstoffatomen kann dies gelingen, was auch die **gute Löslichkeit in Wasser** erklärt. Ebenso wie bei den Alkanolen nimmt diese Eigenschaft jedoch mit zunehmender Kettenlänge wegen des ansteigenden hydrophoben Molekülcharakters ab.

Verwendung von Methanal und Ethanal in Medizin und Industrie

Die technisch wichtigsten Vertreter der Alkanale sind **Methanal (Formaldehyd)** sowie **Ethanal (Acetaldehyd)**. Methanal wird vor allem in der Medizin als **Konservierungsmittel** (Formalin, 40 %ige wässrige Lösung) sowie als **Desinfektionsmittel** eingesetzt. Ethanal ist ein Grundprodukt der chemischen Industrie für die Weiterverarbeitung zu **Essigsäure, Farbstoffen** und **Arzneimitteln**. Bedeutendstes Alkanon ist das **Propanon (Aceton)**. Es ist ein häufig verwendetes Lösungsmittel.

Verwendung von Propanon

Nachweis von Alkanalen mit der Silberspiegelprobe

Alkanale können weiter **zu Carbonsäuren oxidiert** werden und wirken dabei selbst als Reduktionsmittel. Auf diesem Reaktionsprinzip beruht auch eine Nachweismethode auf Alkanale, die **Silberspiegelprobe**.

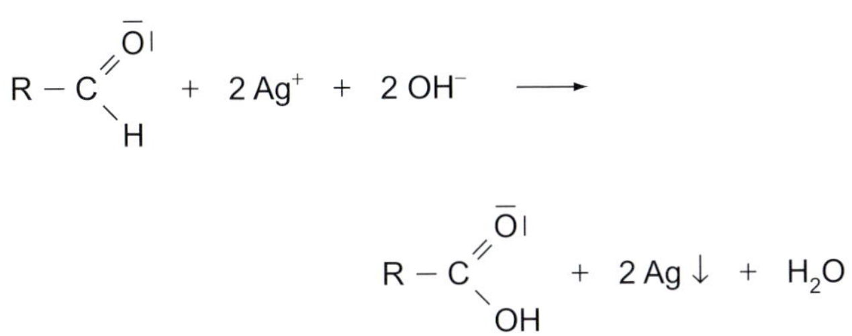

Silberspiegelprobe: Ein Alkanal (R bedeutet beliebiger Kohlenwasserstoffrest) reduziert Silberionen zu elementarem Silber.

Dabei werden die Alkanale mit einer ammoniakalischen Silbernitratlösung umgesetzt. Die Alkanale **reduzieren** die **Metallkationen** und es bildet sich ein Niederschlag aus elementarem Silber, der sich auf der Wandung des Reaktionsgefäßes gleichmäßig zu einem Spiegel abscheidet.

Carbonsäuren

Entstehung von Carbonsäuren

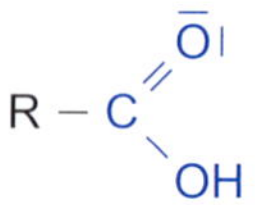

Wie der Reaktionsmechanismus der Silberspiegelprobe zeigt, können durch die **Oxidation von Alkanalen** organische Säuren (**Carbonsäuren**) entstehen. Die funktionelle Gruppe der Carbonsäuren heißt **Carboxylgruppe (-COOH)**.

Carbonsäuren sind organische Säuren, die als funktionelle Gruppe mindestens eine Carboxylgruppe (-COOH) tragen.

Benennung der Carbonsäuren: Alkan + -säure

Auch die Carbonsäuren bilden eine **homologe Reihe** und leiten sich folglich in ihrer Namensgebung von den Alkanen ab. Die korrekte Bezeichnung entspricht dem Namen des entsprechenden Alkans mit der Endung »-säure«. Es existieren jedoch auch hier eine Reihe von **Trivialnamen**:

Carbonsäure	Halbstrukturformel	Trivialname
Methansäure	H-COOH	Ameisensäure
Ethansäure	CH_3-COOH	Essigsäure
Propansäure	CH_3-CH_2-COOH	Propionsäure
Butansäure	CH_3-$(CH_2)_2$-COOH	Buttersäure
:	:	:

Carbonsäuren mit mehr als nur einer funktionellen Gruppe unterscheidet man nach der Anzahl ihrer Carboxylgruppen in **Mono-, Di-, Tri-** oder **Polycarbonsäuren** (ein, zwei, drei oder mehrere Carboxylgruppen). Enthalten die Strukturen darüber hinaus noch Hydroxylgruppen, so spricht man von **Hydroxycarbonsäuren**.

1

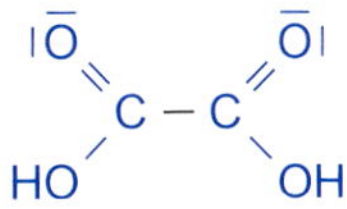

2

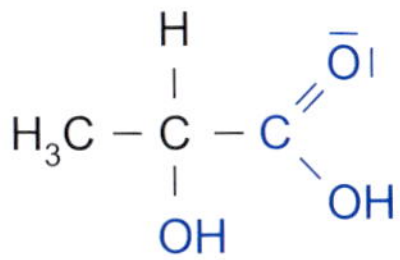

5

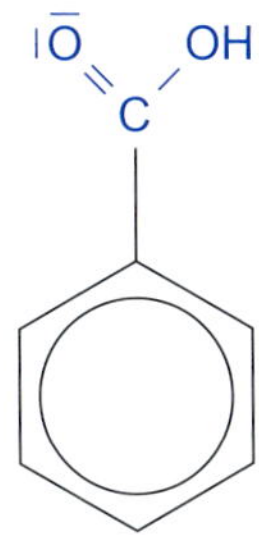

3

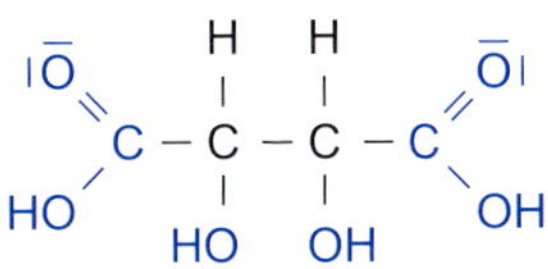

4

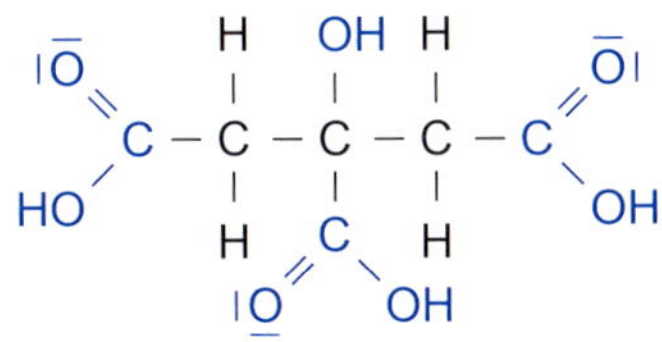

Carbonsäuren. 1: Ethandisäure (Oxalsäure); 2: 2-Hydroxypropansäure (Milchsäure); 3: 2,3-Dihydroxybutandisäure (Weinsäure) ; 4: 2-Hydroxy-1,2,3-propantricarbonsäure (Zitronensäure); 5: Phenylmethansäure (Benzoesäure)

Auch die Struktur des **aliphatischen Restes** fließt als grobe Unterteilung in die Namensgebung mit ein. Insbesondere die Fettsäuren – langkettige Carbonsäuren, die Bestandteile der Fette sind – werden häufig in **gesättigte** und **ungesättigte Carbonsäuren** unterschieden.

Zur Erinnerung: Aliphatisch heißt kettenförmig.

Eigenschaften der Carbonsäuren. Die **Siedepunkte** der Carbonsäuren liegen höher als die der Alkanole, da bereits die Moleküle der Monocarbonsäuren **paarweise Wasserstoffbrückenbindungen** untereinander ausbilden können. Auf diese Weise entstehen Doppelmoleküle (**Dimere**):

Siedepunkte der Carbonsäuren

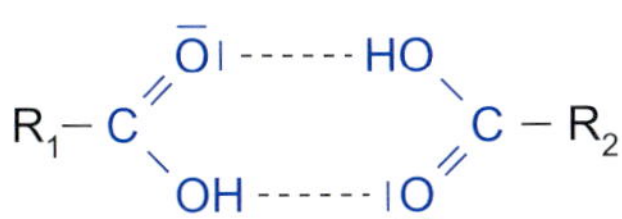

Löslichkeit

Aus demselben Grunde zeigen auch die niederen Carbonsäuren eine besonders **gute Löslichkeit in Wasser**. Mit zunehmender Kettenlänge verringert sie sich jedoch zusehends, da die hydrophoben Eigenschaften des Moleküls zunehmen.

Carbonsäuren können Salze bilden.

Die **saure Wirkung** der Carbonsäuren beruht, wie bei den anorganischen Säuren auch, auf der **Abgabe von Protonen**. Die gebildeten **Salze** werden nach der entsprechenden Säure benannt, wobei die Endsilbe »-säure« durch **»-oat«** ersetzt wird (z. B. Methanoat, Ethanoat bzw. als Trivialnamen: Formiat, Acetat).

Methansäure

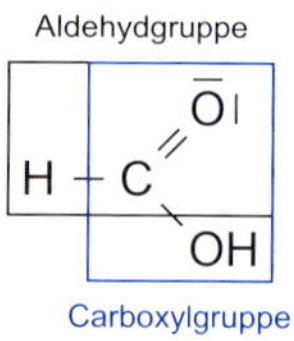

Zu den wichtigsten Carbonsäuren gehört die **Methansäure (Ameisensäure)**. Wie ihr Name schon verrät, kommt sie im Gift der Ameisen vor. Auch in den Brennhärchen der Brennnessel ist sie enthalten. Ameisensäure kann als einzige Carbonsäure weiteroxidiert werden, da sie neben der Carboxylgruppe zugleich auch eine Aldehydgruppe trägt. Auf diese Weise kann man im Labor mit der stark hygroskopischen Schwefelsäure **Kohlenstoffmonoxid herstellen**:

$$HCOOH \xrightarrow{\text{konz. Schwefelsäure}} CO + H_2O$$

Darstellung und Verwendung von Ethansäure

Ethansäure (Essigsäure) dient in der Hauptsache zur Herstellung von **Lösungsmitteln, Kunstseide, Kunststoffen** und **Medikamenten.** Sie wird industriell durch Oxidation von Ethanal hergestellt. **Speiseessig** kann durch bakterielle Oxidation von Ethanol gewonnen werden.

Butansäure (Buttersäure) entsteht in ranziger Butter, **Benzoesäure** dient als Konservierungsmittel, und **Zitronensäure** sowie **Milchsäure** findet man in Nahrungsmitteln wie Früchten bzw. Joghurt und Sauerkraut. Milchsäure entsteht zudem bei Überbelastung des Muskelgewebes und ruft Muskelkater hervor.

Ester

Verbinden sich eine **Säure** – hier **Carbonsäure** – und ein **Alkanol** miteinander, so entsteht in einer Kondensationsreaktion – d. h. Wasser wird frei – ein **Ester**. Die Umkehr dieser Veresterungsreaktion nennt man Verseifung:

Ester: Verbindung aus Säure und Alkanol

$$\text{Alkanol} + \text{Säure} \underset{\text{Verseifung}}{\overset{\text{Veresterung}}{\rightleftharpoons}} \text{Ester} + \text{Wasser}$$

Die Nomenklatur der Ester erfolgt durch einen zusammengesetzten Begriff aus dem **Namen der Säure**, dem **Alkylrest des Alkohols** sowie der Endung **»-ester«**. Ein Ester, gebildet aus der Carbonsäure Ethansäure und Ethanol, heißt demzufolge Ethansäureethylester (Trivialname: Essigsäureethylester):

Benennung der Ester: Säure + Alkyl + -ester

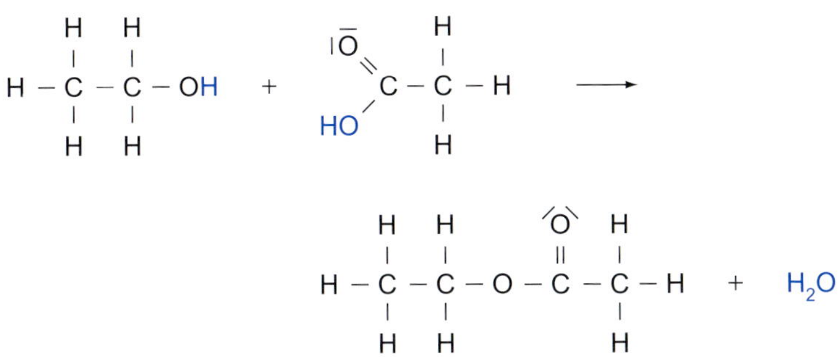

Ester sind Verbindungen, die aus Säuren und Alkanolen hervorgegangen sind. Ester von Carbonsäuren enthalten als funktionelle Gruppe die Estergruppe (-COOR).

Eigenschaften von Estern

Da es den Estermolekülen untereinander nicht möglich ist, Wasserstoffbrückenbindungen auszubilden, liegen die **Siedepunkte** im Vergleich zu den entsprechenden Alkanolen um einiges **niedriger**. Auch die **Löslichkeit in Wasser** ist nur **beschränkt**, in Benzin beispielsweise jedoch in beliebigem Verhältnis möglich.

Vielseitige Verwendung: vom Duftstoff bis zum Sprengstoff

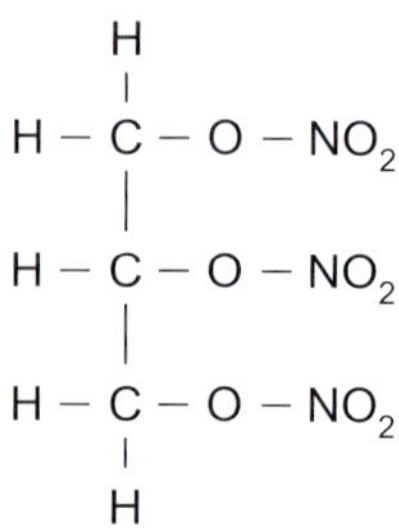

Nitroglycerin

Die Ester niederer Carbonsäuren haben oft einen blumigen oder fruchtigen Geruch. Sie werden daher häufig als **Duftstoffe** oder **Aromen** eingesetzt. Andere Ester, wie z. B. Essigsäureethylester, werden als **Lösungsmittel** verwendet. Ester höherer Carbonsäuren sind oft **wachsartig**. So ist auch Bienenwachs ein Ester der Hexadecansäure (Palmitinsäure, $C_{15}H_{31}COOH$). Die Ester des 1,2,3-Propantriols (Glycerin) mit langkettigen Carbonsäuren (Fettsäuren) werden als **Fette** bezeichnet. Trisalpetersäureglycerinester (Nitroglycerin) – Ester einer anorganischen Säure – ist ein hochexplosiver **Sprengstoff**, der bereits durch Erschütterung zur Reaktion kommen kann. Zur besseren Handhabung wird er nach ALFRED NOBEL (1833–1896) in Kieselgur – einem Sediment aus den Schalen der Kieselalge – aufgesogen. In dieser Form bezeichnet man ihn auch als Dynamit.

2 Biochemie

2.1 Fette

Fette (Acylglycerine, Glyceride) sind Ester aus höheren Carbonsäuren (Fettsäuren) und 1,2,3-Propantriol (Glycerin).

Da **Fettsäuren** im Organismus stets aus Ethansäureeinheiten (CH_3COOH) aufgebaut werden, umfassen nahezu sämtliche der natürlichen Fettsäuren eine **gerade Anzahl an**

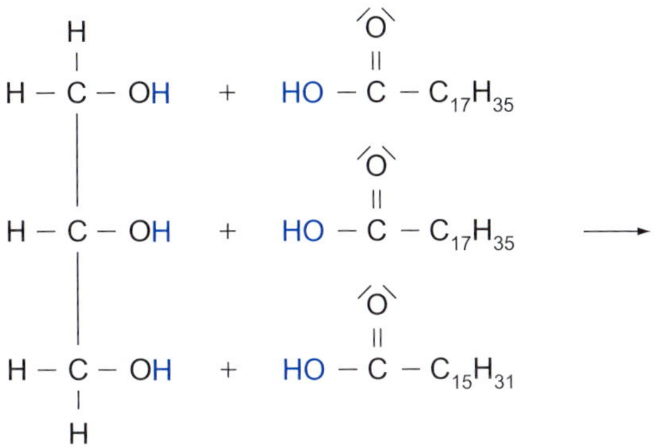

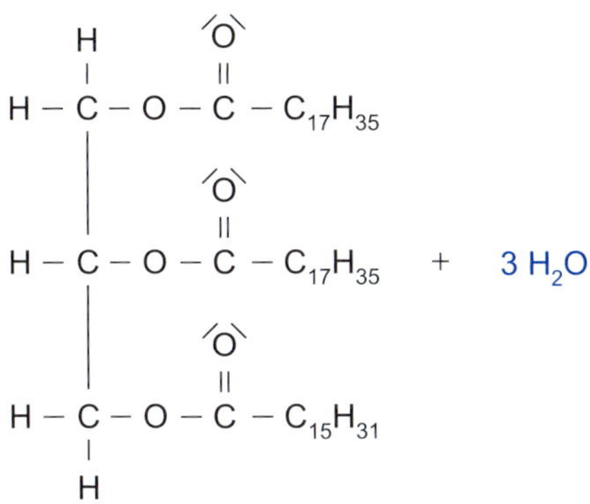

Kohlenstoffatomen. Die häufigsten Vertreter sind die Stearinsäure ($C_{17}H_{35}COOH$), Palmitinsäure ($C_{15}H_{31}COOH$), Laurinsäure ($C_{11}H_{23}COOH$) und Myristinsäure ($C_{13}H_{27}COOH$) – alle gesättigt – sowie die Ölsäure ($C_{17}H_{33}COOH$) und Linolsäure ($C_{17}H_{31}COOH$), beide ungesättigt. Die allermeisten Glyceride sind Verbindungen aus Glycerin und zwei oder drei verschiedenartigen Fettsäuren (Beispiel hier: Glycerin + Stearinsäure + Palmitinsäure). **Natürliche Fette** sind darüber hinaus **Gemische aus unterschiedlichen Glyceriden.**

Eigenschaften der Fette

Aus diesem Grunde verfügen nichtsynthetische Fette auch über keinen Schmelzpunkt, sondern haben einen **Schmelzbereich**, in dem sie sich zusehends verflüssigen. Liegen Fette bereits bei Raumtemperatur in flüssiger Form vor, so spricht man von **fetten Ölen.** Fette sind **hydrophob** und somit **in Wasser unlöslich.** Wegen ihrer geringeren Dichte scheiden sie sich aus einer Emulsion mit Wasser stets an der Oberfläche ab. Stark erhitzte Fette (über 300 °C) sind entzündlich und verbrennen unter starker Rußentwicklung.

Bedeutung der Fette für die menschliche Ernährung

Aufgrund ihres **hohen Brennwertes** (1 g ≙ 38 kJ = 9 kcal) stellen Fette eine wichtige **Energiequelle** in der menschlichen Ernährung dar. **Tierische Fette** erhält man beispielsweise in Form von Butter bei der Milchverarbeitung oder durch das Ausschmelzen von Fettzellen. Für die Gewinnung **pflanzlicher Fette**, die reich an essenziellen (für den Körper unentbehrlichen) ungesättigten Fettsäuren sind, werden Pflanzensamen gepresst und mit Lösungsmitteln extrahiert.

2.2 Kohlenhydrate

Die Stoffgruppe der Kohlenhydrate umfasst sämtliche Verbindungen, die sich von Einfachzuckern (Monosacchariden) ableiten. Ihre allgemeine Summenformel lautet $C_n(H_2O)_m$.

Bedeutung der Kohlenhydrate für Mensch und Tier

Kohlenhydrate sind Produkte der Photosynthese. Tiere und Menschen benötigen sie als wichtige **Energielieferanten**, um ihren Stoffwechselkreislauf aufrechtzuerhalten. Die einfachsten Kohlenhydratverbindungen sind die **Monosaccharide (Einfachzucker)**. Von der Struktur her sind sie zugleich Alkohole (-OH) sowie Aldehyde (-CHO) bzw. Ketone (-CO) und werden dementsprechend als **Aldosen** oder **Ketosen** bezeichnet. Prominenteste Vertreter beider Klassen sind die **Glucose** (Traubenzucker) und ihr Isomer, die **Fructose** (Fruchtzucker).

Monosaccharide sind Einfachzucker.

Monosaccharide bilden häufig Ringe.

In Lösung liegen die Monosaccharide zu einem geringen Anteil in offenkettiger Form vor, wegen der besonderen Stabilität des **Sechser-** bzw. **Fünferrings** jedoch ganz überwiegend in einer geschlossenen Anordnung. Der Ringschluss erfolgt dabei stets über das Sauerstoffatom am fünften C-Atom der Hauptkette sowie den Kohlenstoff an der Aldehyd- bzw. Ketogruppe. Aus der Ringbildung können zwei verschiedenartige Moleküle entstehen, die sich jeweils nur in der Ausrichtung ihrer Hydroxylgruppe am ringschließenden C-Atom unterscheiden. Man bezeichnet diese Isomere

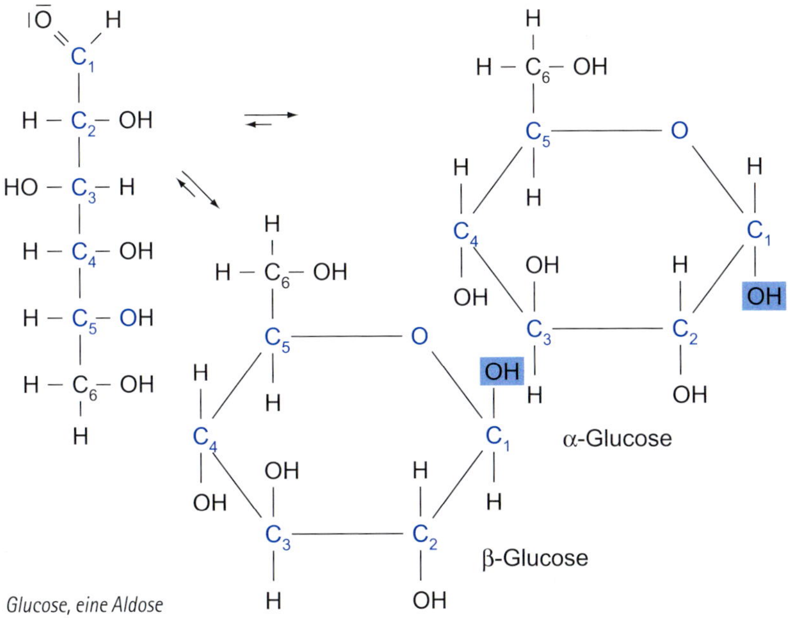

Glucose, eine Aldose

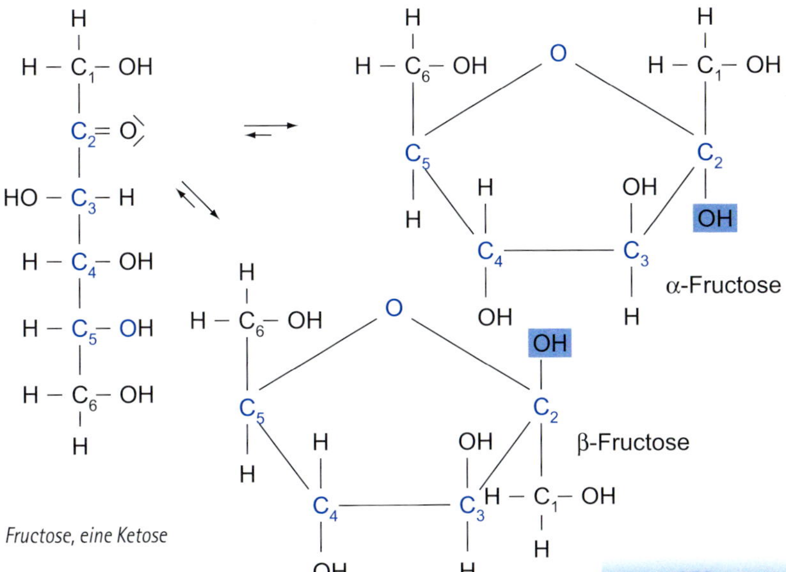

Fructose, eine Ketose

durch Voranstellen des griechischen Buchstabens **α** bzw. **β** (z. B. α-Glucose, β-Fructose).

Disaccharide und Polysaccharide sind Zusammenschlüsse aus zwei bzw. mehreren Einfachzuckern.

Einfachzucker können sich in einer Kondensationsreaktion auch zu **Zweifachzuckern (Disacchariden)** oder **Mehrfachzuckern (Polysacchariden)** zusammenschließen. Wichtigste Verbindung der Disaccharide und wohl bekannteste aller Kohlenhydrate überhaupt ist die Saccharose (Rohr- oder Rübenzucker). Sie ist aus einer α-Glucose- sowie einer β-Fructose-Einheit aufgebaut. Polysaccharide aus α-Glucose-Einheiten bezeichnet man als **Stärkemoleküle**, welche die Form einer spiralenförmig gewundenen Kette einnehmen. Sie dienen den Pflanzen als Nährstoffreservoir. Molekülketten aus β-Glucose-Einheiten hingegen bilden gestreckte Polysaccharide und werden als **Cellulose** bezeichnet. Sie erfüllen die Funktion einer Gerüstsubstanz in den pflanzlichen Zellwänden.

Saccharose, ein Disaccharid

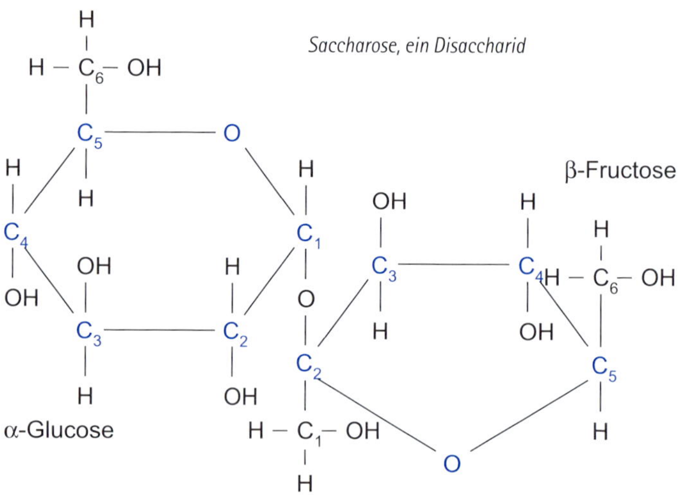

Nachweis von Sacchariden

Monosaccharide werden wie Aldehyde nachgewiesen (**Silberspiegelprobe, Fehling-Lösung**). Stärke wird mithilfe von **Iodlösung** angezeigt (tiefblaue Verfärbung).

2.3 Aminocarbonsäuren und Eiweiße

Aminocarbonsäuren sind die **Grundbausteine der Proteine** (Eiweiße). Viele Aminocarbonsäuren können durch den menschlichen Körper nicht eigenständig aufgebaut werden und müssen daher mit der Nahrung aufgenommen werden. Man bezeichnet sie als **essenzielle Aminosäuren.**

Aminosäuren sind die Bausteine der Eiweiße.

Aminocarbonsäuren (Aminosäuren) enthalten neben einer Carboxylgruppe (-COOH) auch eine Aminogruppe (-NH_2).

Aminosäuren unterscheiden sich in ihrem molekularen Aufbau durch einen **aliphatischen oder cyclischen Rest** R. Von besonderer biologischer Bedeutung sind 20 **α-Aminosäuren,** bei denen die Aminofunktion an dem der Carboxylgruppe benachbarten C-Atom liegt. Die Benennung der Aminosäuren erfolgt zumeist mit einem **Trivialnamen** (z. B. Glycin, R = H). In Lösung bilden sie ein **Zwitterion** aus, das sie **amphoter** (d. h. teils als Base, teils als Säure) reagieren lässt.

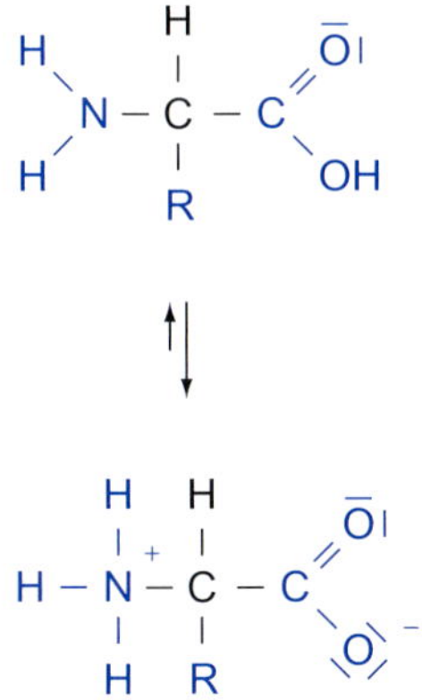

Zwitterion

Auch Aminosäuren können sich in einer Kondensationsreaktion zu größeren Einheiten verbinden. Ein **Peptid** besteht aus zwei bis 100 Aminosäuren, noch größere Verbände bezeichnet man als **Proteine.** Ihnen allen ist die **Peptidgruppe -CONH** gemeinsam. Proteine spielen in allen biochemischen Abläufen eine bedeutende Rolle, so z. B. als Gewebebaustoffe, Enzyme und Hormone.

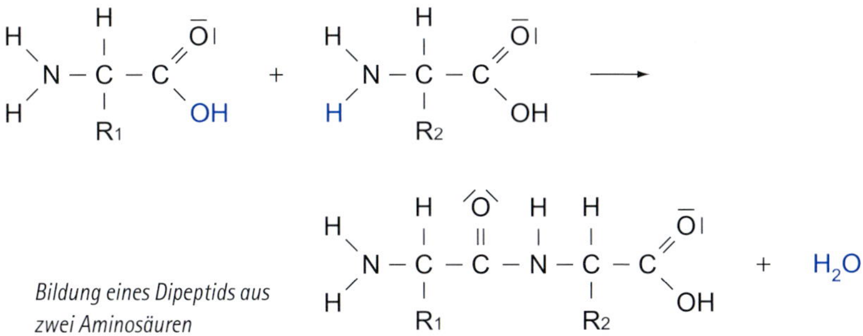

Bildung eines Dipeptids aus zwei Aminosäuren

Auf einen Blick: Organische Chemie und Biochemie

Organische Chemie

- Alkane (Paraffine) sind Kohlenwasserstoffe, deren Kohlenstoffatome durch Einfachbindungen miteinander verknüpft sind.
- Chemische Verbindungen, deren Strukturen einen oder auch mehrere Ringe aufweisen, werden cyclische Verbindungen genannt.
- Alkene (Olefine) sind Kohlenwasserstoffe mit mindestens einer Doppelbindung.
- Alkine sind Kohlenwasserstoffe mit mindestens einer Dreifachbindung.
- Aromaten (Arene) sind ringförmige ungesättigte Verbindungen, die wie Cycloalkene reagieren sollten, jedoch besonders stabil und gegenüber Additionsreagenzien unreaktiv sind.
- Alkanole (Alkohole) sind Kohlenwasserstoffe, bei denen ein oder mehrere Wasserstoffatome durch Hydroxylgruppen (-OH) ersetzt sind.
- Alkanale (Aldehyde) sind Moleküle, die als funktionelle Gruppe eine Aldehydgruppe (-CHO) tragen. Sie entstehen durch Oxidation primärer Alkanole.
- Alkanone (Ketone) sind Moleküle, die als funktionelle Gruppe eine Carbonylgruppe (-CO) tragen. Sie entstehen durch Oxidation sekundärer Alkanole.
- Carbonsäuren sind organische Säuren, die als funktionelle Gruppe mindestens eine Carboxylgruppe (-COOH) tragen.
- Ester sind Verbindungen, die aus Säuren und Alkanolen hervorgegangen sind. Ester von Carbonsäuren enthalten als funktionelle Gruppe die Estergruppe (-COOR).

Biochemie

- Fette (Acylglycerine, Glyceride) sind Ester aus höheren Carbonsäuren (Fettsäuren) und 1,2,3-Propantriol (Glycerin).
- Die Stoffgruppe der Kohlenhydrate umfasst sämtliche Verbindungen, die sich von Einfachzuckern (Monosacchariden) ableiten.
- Aminocarbonsäuren (Aminosäuren) enthalten neben einer Carboxylgruppe (-COOH) auch eine Aminogruppe (-NH_2). Sie sind die Grundbausteine der Proteine.

Chemische Industrie

Die Erzeugnisse der chemischen Industrie sind aus dem täglichen Leben nicht mehr wegzudenken. Heizöle, Kraftstoffe, Kunststoffe, Fasern, Farben, Lacke, Düngemittel, Pflanzenschutzmittel, Medikamente, Kosmetika, Waschmittel – all diese Produkte, um nur einige zu nennen, werden in großen industriellen Anlagen hergestellt. Neben den Endprodukten erzeugt man aus einfachen Rohstoffen auch eine Reihe von vielseitig einsetzbaren Grundchemikalien. Dieses Kapitel stellt die Eigenschaften sowie die technische Produktion einiger bedeutender Energieträger, Grund- und Endprodukte vor.

1 Energieträger und Rohstoffe

1.1 Erdöl und Erdgas

Als Erdöl und Erdgas bezeichnet man alle flüssigen bzw. gasförmigen organischen, brennbaren, der Erde entstammenden Naturprodukte.

Erdöl und Erdgas sind aus abgestorbenen Kleinstlebewesen entstanden.

Erdöl und **Erdgas** sind vor vielen Millionen Jahren aus **Kleinstlebewesen** entstanden, die flache küstennahe Gewässerregionen besiedelten. Nach dem Absterben sanken die Organismen, darunter vor allem Algen, Bakterien und Pilze, auf den Meeresboden hinab. Große Mengen an Ton und Sand, die von Flüssen aus dem Landesinneren herbeigeführt wurden, bedeckten sie im Lauf der Zeit. Auf diese Weise entstand eine sauerstoffarme **Faulschlammschicht**, die sich unter dem Einfluss von Bakterien, hohem Druck, Wärme sowie organischen und anorganischen Katalysatoren allmählich zu Erdöl und Erdgas umsetzte.

Vorkommen von Erdöl und Erdgas

Die vorgefundenen **Lagerstätten** in einigen tausend Metern Tiefe entsprechen heutigen Erkenntnissen zufolge jedoch nur selten den ursprünglichen Entstehungsorten von Öl und Gas. Man vermutet vielmehr eine druckbedingte **Wanderung des Erdöls** aus tönernen in sandige Schichten. Poröse **Speichergesteine** (Sand- und Kalkstein), die von ölundurchlässigen Schichten umgeben sind, bilden sogenannte Ölfallen, die mit Hilfe von **Erdbohrungen** ausgebeutet werden können. Die größten Erdölvorräte lagern im Mittleren Osten, in Mittel- und Südamerika, Nordafrika, Russland und China.

Förderung von Erdöl

Zur **Förderung** des Erdöls betreibt man an Land **Bohrtürme**, auf See hingegen **Bohrinseln** oder **Bohrschiffe**. Durch den Druck des begleitenden Erdgases strömt das Erdöl bei den ersten Bohrungen in einem neuen Erschließungsgebiet teilweise geysirartig aus der Erde hervor (Primärförderung). Nach Abflachen des Druckes kann die Förderleistung durch den Einsatz von **Pumpen** oder durch **Einpressen von Erdgas oder Wasser** in den Lagerraum wieder erhöht werden (Sekundärförderung). An einer Bohrstelle kann meist nur wenige Jahre Erdöl gefördert werden.

Transportwege

Da die meisten Erdölquellen weit entfernt von den Raffinerien und Verbraucherzentren liegen, kommt dem **Transport** des **Öls** eine besondere Bedeutung zu. Als wirtschaftlich hat sich – je nach Gegebenheiten – der Transport über **Pipelines** (Rohrsysteme) oder per **Hochseetanker** erwiesen. Zuvor jedoch muss das frisch zutage geförderte **Rohöl** entgast und von Wasser und Salzen befreit werden. **Erdgas** wird in Pipelines befördert, ansonsten verflüssigt und gekühlt auf −160 °C in speziell dafür ausgerüsteten Tankern.

Eigenschaften des Rohöls

Rohöl ist – je nach Herkunft – ein **hellbraunes bis tiefschwarzes, dünn- bis zähflüssiges Gemisch** aus unzähligen **verschiedenen Kohlenwasserstoffen.** Daneben enthält es unterschiedlich hohe Anteile an organischen Sauerstoff-, Stickstoff- und Schwefelverbindungen. Durch **fraktionierende Destillation** kann dieses Gemisch in Produkte wie Benzine, Heizöle und Schmieröle aufgetrennt werden.

Die Auftrennung erfolgt in Raffinerien durch fraktionierende Destillation.

Technisch erfolgt dies in den **Raffinerien.** Hier wird das Rohöl auf 400 °C erhitzt, wobei ein Großteil bereits verdampft, und von unten her in einen **Destillationsturm** geleitet. Das Innere der Anlage ist stockwerkartig mit vielen Zwischenebenen, den **Glockenböden,** versehen, an denen die einzelnen Bestandteile (**Fraktionen**) ihrem Siedepunkt nach wieder kondensieren und in Vorratstanks abgeleitet werden. Der am Boden verbliebene **Rückstand** wird in einem weiteren Turm unter vermindertem Druck aufgetrennt (**Vakuumdestillation,** ca. 50 hPa). Die entstandenen Produktfraktionen sind keine Reinstoffe, sondern Gemische von Stoffen ähnlicher Siedepunkte.

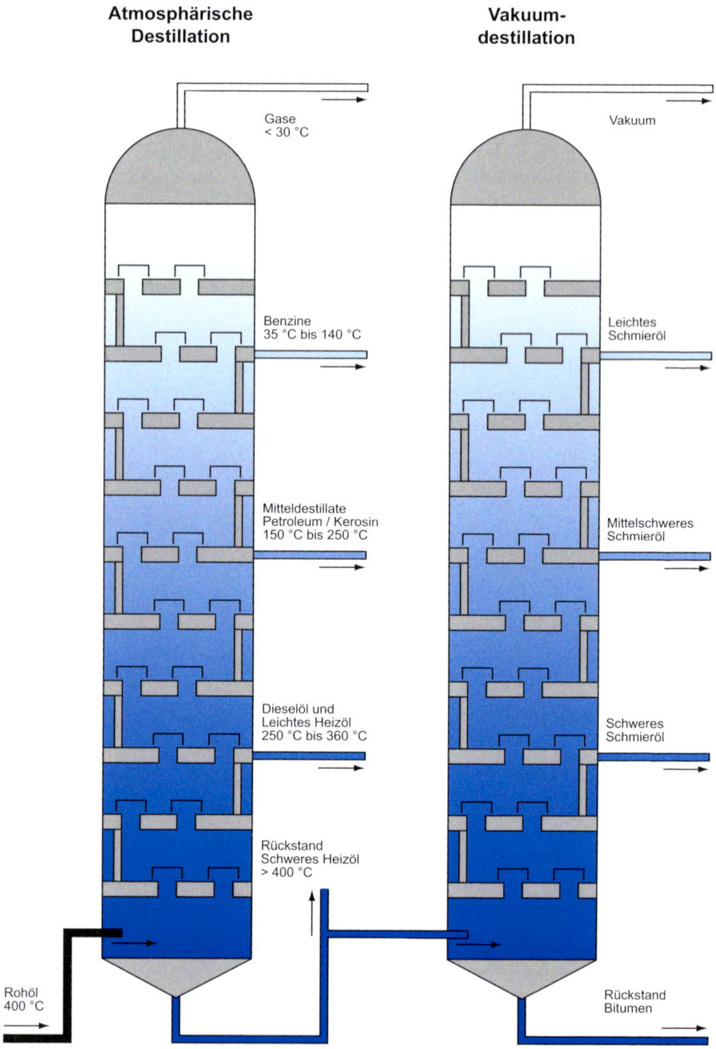

Fraktionierende Destillation von Rohöl. Die Fraktionierung erfolgt zunächst durch Destillation bei Normaldruck, danach bei Unterdruck (ca. 50 hPa). Je nach Siedepunkt kondensieren die Bestandteile des Rohöls an Glockenböden in unterschiedlicher Höhe. Die kondensierten Fraktionen werden dann in Vorratstanks geleitet.

Die Produkte des Erdöls dienen nicht allein als wichtige **Energieträger**, sie stellen zugleich die bedeutendste **Rohstoffquelle** der chemischen Industrie dar. 90 % der chemischen Erzeugnisse gehen aus Erdölprodukten hervor.

Erdöl ist Energieträger und Rohstoffquelle zugleich.

Wichtigste Ausgangssubstanz der **Petrochemie** ist hierbei das in der Raffination gewonnene Rohbenzin **(Naphtha)**. Durch thermisches Zerbrechen **(Cracken)** sowie Isomerisieren der langkettigen Moleküle zu verzweigten bzw. ringförmigen Strukturen **(Reformieren)** erhält man **Alkene** (Olefine) und **Aromaten**. Zu diesen Primärprodukten zählen in erster Linie Ethen, Propen, C_4-Gemisch (ungesättigte Kohlenwasserstoffverbindungen mit vier C-Atomen), Benzol, Toluol und Xylol. Aus ihnen werden über weitere Zwischenprodukte Stoffe und Gegenstände für nahezu alle Bereiche des täglichen Lebens hergestellt.

Petrochemie: Synthese von Primär- und Zwischenprodukten aus Erdölkomponenten

1.2 Kohle

Wie Erdöl gehört auch Kohle zu den **fossilen**, d. h. vor Urzeiten entstandenen **Stoffen. Abgestorbene Pflanzen**, von anaeroben Bakterien zu **Torf** umgewandelt, verfestigten sich unter dem Druck von Sedimentgesteinen zu **Braunkohle**. Bei noch höheren Drücken und Temperaturen, beispielsweise durch Hebungen in der Erdkruste, wurde **Steinkohle** gebildet.

Auch Kohle ist ein fossiler Stoff.

Kohle setzt sich aus komplizierten, überwiegend **ringförmigen organischen Kohlenstoffgerüsten** zusammen. Je älter die Kohle ist, desto höhere Anteile an Kohlenstoff weist sie auf. Bei Braunkohle beträgt der Gehalt ca. 65–75 %, bei Steinkohle hingegen 75–90 %.

Eigenschaften von Kohle

Kohle war früher in Mitteleuropa ein wichtiges Brennmaterial in Industrie und Haushalt. Sie wurde aber auch als **Rohstofflieferant** genutzt. Durch **Verkokung** unter Luftabschluss bei Temperaturen von ca. 1200 °C wurde neben dem

Kohle als Rohstoffquelle

Gewinnung von Koks und Steinkohlenteer

für die Eisen- und Stahlproduktion wichtigen **Koks** aus dem Abgas eine zähe braune Flüssigkeit gewonnen. Dieser **Steinkohlenteer** galt Ende des 19. Jahrhunderts wegen seines hohen Gehaltes an aromatischen Verbindungen als die Hauptrohstoffquelle der aufstrebenden organisch-chemischen Industrie. Da jedoch die Ausbeuten nur gering ausfallen (50 Kilogramm Steinkohlenteer je Tonne Steinkohle) und die Nachfrage an Rohstoffen stetig anstieg, wurde die Kohlechemie in der zweiten Hälfte des 20. Jahrhunderts von der Petrochemie verdrängt.

2 Grundprodukte

2.1 Schwefelsäure

Schwefelsäure ist ein bedeutendes Halbfertigprodukt.

Schwefelsäure ist ein besonders vielseitig verwendbares **Halbfertigprodukt** (Zwischenprodukt) der chemischen Industrie. Sie wird u.a. zur Herstellung von Düngemitteln, Farbstoffen, Sprengstoffen, Waschmitteln, Medikamenten, Kunststoffen und Papieren benötigt.

Kontaktverfahren

Die technische Produktion erfolgt nach dem **Kontaktverfahren.** Ausgangsstoffe sind zum einen elementarer Schwefel (aus Lagerstätten oder aus der Erdölaufbereitung) sowie Schwefelerze wie z. B. Pyrit (Eisensulfid, FeS_2). Im ersten Syntheseschritt wird **Schwefeldioxid** hergestellt. Hierzu wird elementarer Schwefel in einem Ofen geschmolzen, mit Luft zerstäubt und auf diese Weise verbrannt. Auch sulfidische Erze setzen unter diesen Bedingungen Schwefeldioxid frei. Diesen Vorgang bezeichnet man als **Rösten**:

1. Schritt: Herstellung von Schwefeldioxid

$$4\,FeS_2 \quad + \quad 11\,O_2 \quad \longrightarrow \quad 2\,Fe_2O_3 \quad + \quad 8\,SO_2 \qquad \Delta H_R^0 < 0$$

Das Verbrennungsgas wird danach gekühlt und gereinigt.

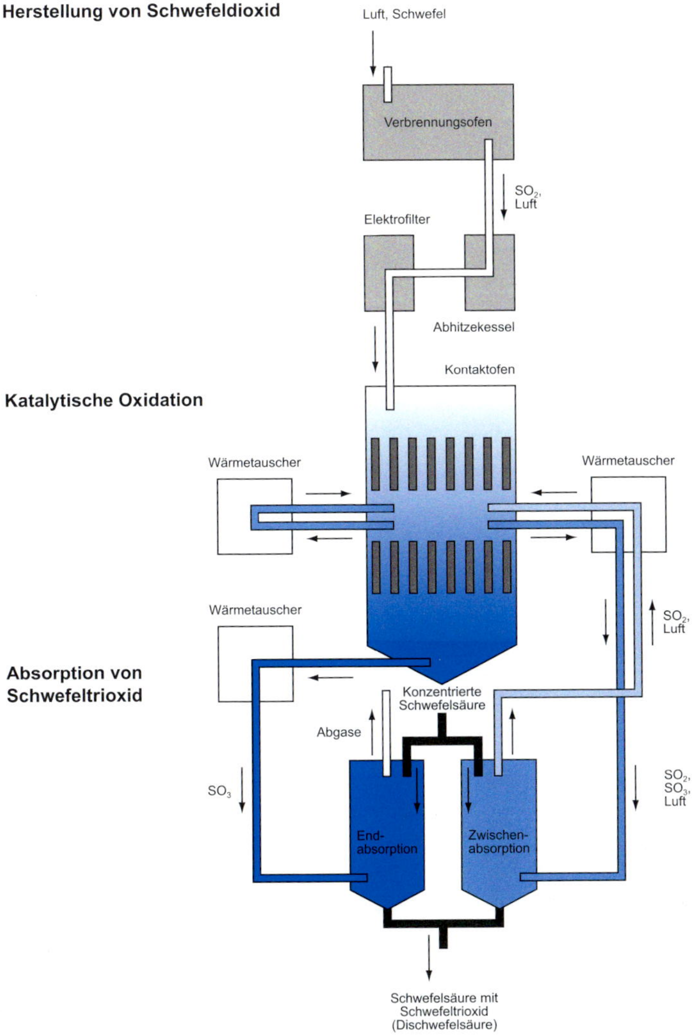

Kontaktverfahren zur Herstellung von Schwefelsäure. Das durch Verbrennung von Schwefel oder durch Rösten von sulfidischen Erzen gewonnene Schwefeldioxid wird im Kontaktofen zu Schwefeltrioxid umgesetzt. Die Absorption des SO_3 erfolgt mit Hilfe von konzentrierter Schwefelsäure. Durch Verdünnung der entstandenen Dischwefelsäure ($H_2S_2O_7$) erhält man später wieder Schwefelsäure.

2. Schritt: Oxidation zu Schwefeltrioxid

In der zweiten Stufe erfolgt die Oxidation zu **Schwefeltrioxid** an einem **Vanadium(V)oxid-Katalysator** (»Kontakt«). Da Schwefeltrioxid oberhalb von 600 °C wieder in Schwefeldioxid und Sauerstoff zerfällt, wird das Gasgemisch mit Hilfe von Wärmetauschern ständig gekühlt.

$$2\,SO_2 \;+\; O_2 \;\rightleftharpoons\; 2\,SO_3 \qquad \Delta H_R^0 = -98\,\frac{kJ}{mol}$$

3. Schritt: Absorption zu Dischwefelsäure

Die dritte Stufe umfasst die **Absorption** des Schwefeltrioxids. Man leitet hierzu der besseren Löslichkeit wegen konzentrierte Schwefelsäure anstelle von Wasser in die Absorptionstürme ein. Die nun entstehende **Dischwefelsäure ($H_2S_2O_7$)** kann später mit Wasser wieder zu einfacher Schwefelsäure verdünnt werden.

$$SO_3 \;+\; H_2SO_4 \;\rightarrow\; H_2S_2O_7$$

$$H_2S_2O_7 \;+\; H_2O \;\rightarrow\; 2\,H_2SO_4$$

2.2 Ammoniak

Ammoniak ist eine wichtige industrielle Ausgangschemikalie.

Ebenso wie Schwefelsäure ist auch Ammoniak eines der bedeutendsten Produkte der chemischen Industrie. Mehr als drei Viertel der Produktion werden zu Düngemitteln weiterverarbeitet. Außerdem ist Ammoniak Ausgangssubstanz für die Herstellung von Farb-, Kunst- und Sprengstoffen sowie von Medikamenten und Pflanzenschutzmitteln.

Darstellung aus den Elementen nach dem Haber-Bosch-Verfahren

Ammoniak wird industriell aus den Elementen Wasserstoff und Stickstoff hergestellt. Dieses **Haber-Bosch-Verfahren** ist benannt nach Fritz Haber (1868–1934) und Carl Bosch (1874–1940).

$$3\,H_2 \;+\; N_2 \;\rightleftharpoons\; 2\,NH_3 \qquad \Delta H_R^0 = -46\,\frac{kJ}{mol}$$

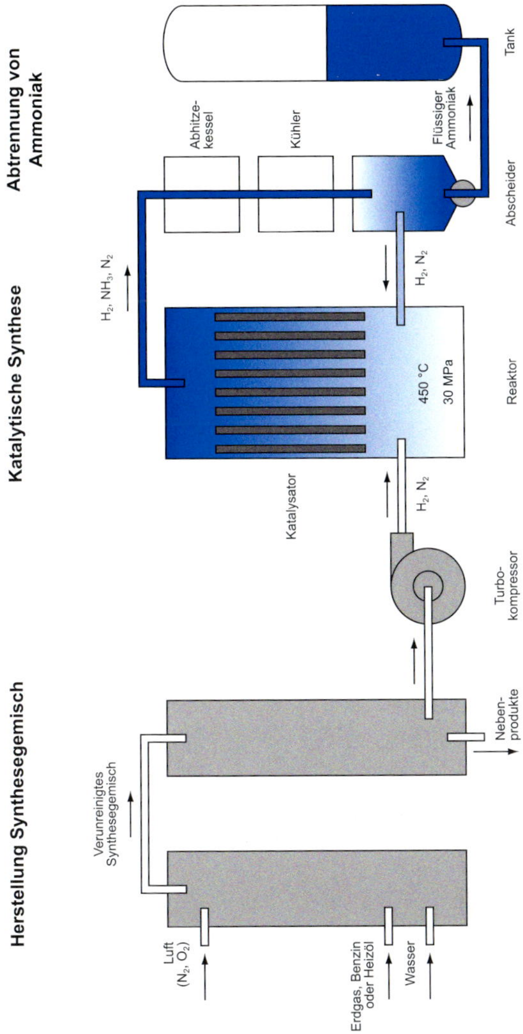

HABER-BOSCH-Verfahren zur Herstellung von Ammoniak. Das von Nebenprodukten gereinigte Synthesegas wird bei einem Druck von ungefähr 30 MPa und einer Temperatur von ca. 450 °C an einem Eisenkatalysator umgesetzt. Durch Abkühlung wird der entstandene Ammoniak aus der Gasphase kondensiert und mithilfe eines Abscheiders abgetrennt.

Aufbereitung der Rohstoffquellen Luft und Wasser

Als kostengünstige Rohstoffquelle nutzt man im Fall von Stickstoff die Vorkommen in der **Luft**, während Wasserstoff durch **Wasser** bereitgestellt wird. Vor einer Reaktion zum gewünschten Produkt muss jedoch aus beiden Edukten der Sauerstoff abgetrennt werden. Man erreicht dies beispielsweise durch Umsetzung mit Erdgas (Methan). Zum einen erfolgt auf diese Weise eine Reduktion des Wassers zu elementarem Wasserstoff, zum anderen wird der Luftsauerstoff bei der Verbrennung des im Überschuss eingesetzten Methans verbraucht.

$$CH_4 + H_2O \rightleftarrows 3\,H_2 + CO$$

$$CH_4 + \underbrace{4\,N_2 + O_2}_{\text{Luft}} \rightarrow H_2 + CO + H_2O + 4\,N_2$$

Das nun vorliegende Gasgemisch aus Wasserstoff und Stickstoff enthält zudem Kohlenstoffmonoxid, das noch abgetrennt werden muss. Hierzu lässt man das Gemisch mit weiterem Wasserdampf reagieren. Neben Wasserstoff entsteht hierbei Kohlenstoffdioxid, das ausgewaschen werden kann.

$$H_2O + CO \rightarrow H_2 + CO_2$$

Hohe Drücke begünstigen Reaktionen, die mit einer Volumenverringerung einhergehen.

Das verbleibende reine Gemisch aus Wasserstoff und Stickstoff nennt man **Synthesegas**. Es wird, dem **Le-Chatelier-Prinzip des kleinsten Zwanges** folgend, im Reaktor bei hohen Drücken (ca. 30 MPa) umgesetzt. Als Katalysator dient Eisen mit Zuschlägen an Aluminium-, Calcium- und Kaliumoxid. Eine akzeptable Reaktionsgeschwindigkeit wird bei 450 °C erreicht.

Der entstandene Ammoniak wird durch Kühlung bei -33 °C verflüssigt und mit Hilfe eines Abscheiders von der Gasphase abgetrennt.

2.3 Salpetersäure

Salpetersäure wird ebenso wie Ammoniak in erster Linie zur Produktion von Düngemitteln eingesetzt. Aber auch zur Herstellung von Pflanzenschutzmitteln, Medikamenten, Spreng-, Farb- und Kunststoffen wird Salpetersäure benötigt.

Synthese durch Oxidation von Ammoniak

Als **Ausgangsstoff** für die industrielle Darstellung dient ein Großteil des nach dem HABER-BOSCH-Verfahren erzeugten **Ammoniaks.** Im **OSTWALD-Verfahren** – benannt nach WILHELM OSTWALD (1853–1932) – erfolgt die Oxidation in einem ersten Schritt zu **Stickstoffmonoxid** bei ungefähr 700 °C an einem feinmaschigen Platinnetz. Um Nebenreaktionen wie die Bildung von Stickstoff und Wasser zu vermeiden, muss das stöchiometrische Verhältnis der Edukte dabei genau eingehalten werden.

$$4\,NH_3 \;+\; 5\,O_2 \;\xrightarrow{Pt}\; 4\,NO \;+\; 6\,H_2O \qquad \Delta H_R^0 < 0$$

Weiteroxidation des NO zu NO_2 sowie Absorption

In der nachgeschalteten Oxidations-Absorptionskolonne reagiert Stickstoffmonoxid nun mit Luftsauerstoff zu Stickstoffdioxid, das dann seinerseits mit Wasser zu Salpetersäure aufgenommen wird. Nicht umgesetztes Stickstoffmonoxid wird in den Reaktionskreislauf zurückgeführt.

$$2\,NO \;+\; O_2 \;\rightarrow\; 2\,NO_2 \qquad \Delta H_R^0 < 0$$

$$4\,NO_2 \;+\; O_2 \;+\; 2\,H_2O \;\rightarrow\; 4\,HNO_3 \qquad \Delta H_R^0 < 0$$

Vor Entwicklung des HABER-BOSCH-Verfahrens wurden Stickstoffmonoxid und Stickstoffdioxid auch über **Luftverbrennung** im elektrischen Lichtbogen dargestellt. Dieses Verfahren ist jedoch besonders energieaufwendig.

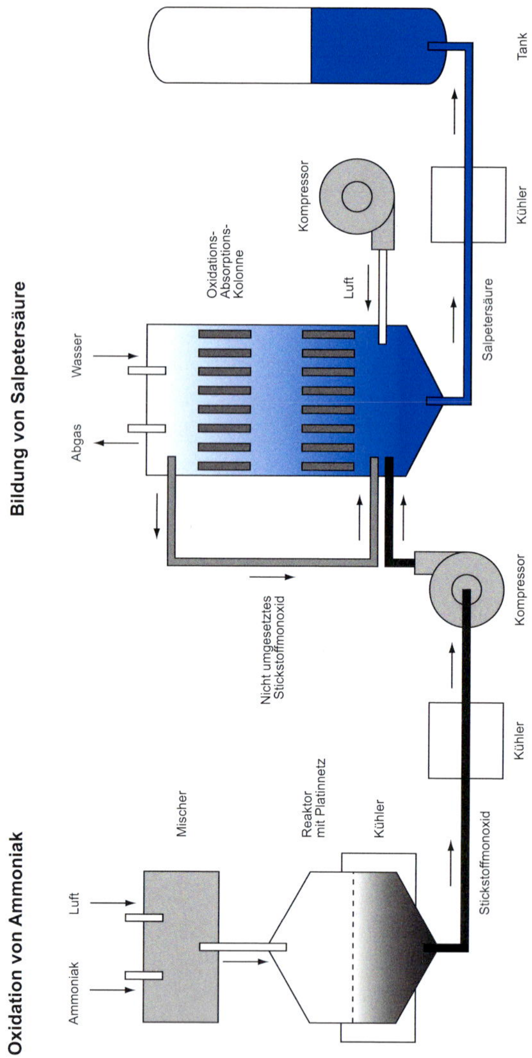

Ostwald-Verfahren zur Herstellung von Salpetersäure. Die Oxidation des Ammoniaks durch Luftsauerstoff zu Stickstoffmonoxid erfolgt bei 700 °C an einem feinmaschigen Platinnetz als Katalysator. Die weitere Oxidation zu Stickstoffdioxid findet in der Oxidations-Absorptionskolonne statt. Durch Einleiten von Wasser wird das Stickstoffdioxid zu Salpetersäure gelöst.

3 Endprodukte

3.1 Kunststoffe

Kunststoffe sind Werkstoffe, die aus organischen Makromolekülen (mit mehr als 1000 Atomen) aufgebaut sind. Ihre charakteristischen Eigenschaften beruhen vor allem auf dem strukturellen Aufbau und dem Grad der Vernetzung ihrer Moleküle.

Durch Polymerisation können sich kleinere Moleküleinheiten (Monomere) zu Makromolekülen (Polymeren) vereinigen.

In vielen Anwendungsfeldern haben Kunststoffe wegen ihrer maßgeschneiderten Eigenschaften Naturprodukte wie Holz, Leder und Glas vollständig verdrängt. Einer der bedeutendsten Kunststoffe ist das **Polyethen (Polyethylen, PE)**. Er wird durch eine radikalische Polymerisationsreaktion (griech. polys = *viel*) dargestellt, in der viele kleine Moleküle (Monomere) zu Makromolekülen (Polymeren) vereinigt werden. Im Falle des PE wird als Monomer Ethen eingesetzt. Andere wichtige Kunststoffe wie **Polypropylen (PP)** oder **Polyvinylchlorid (PVC)** bestehen aus unzähligen Propen- bzw. Chlorethen-Monomeren, die unter Aufbrechen ihrer Doppelbindung miteinander reagiert haben.

Mechanismus der Polymerisationsreaktion

Zum Start einer **Polymerisationsreaktion** wird durch Zufuhr von Wärme- oder Lichtenergie ein besonders instabiler Stoff in Radikale gespalten (Radikalstarter). Ein solches Radikal lagert sich nun an die Doppelbindung eines Monomers an und entreißt ihr ein Bindungselektron. Zurück bleibt ein Monomerradikal, das sich seinerseits an andere Monomere anlagert und auch sie in Radikale verwandelt. Dieser Vorgang wiederholt sich immer wieder, sodass allmählich langkettige und verzweigte Moleküle entstehen. Treffen zwei Radikale aufeinander, kommt es zum Abbruch der Reaktionskette. Durch geeignete Dosierung des Radikalstarters und Wahl der Syntheseparameter (Druck, Temperatur) können die Eigenschaften des Kunststoffes, z. B. seine Verformbarkeit und Transparenz, bestimmt werden.

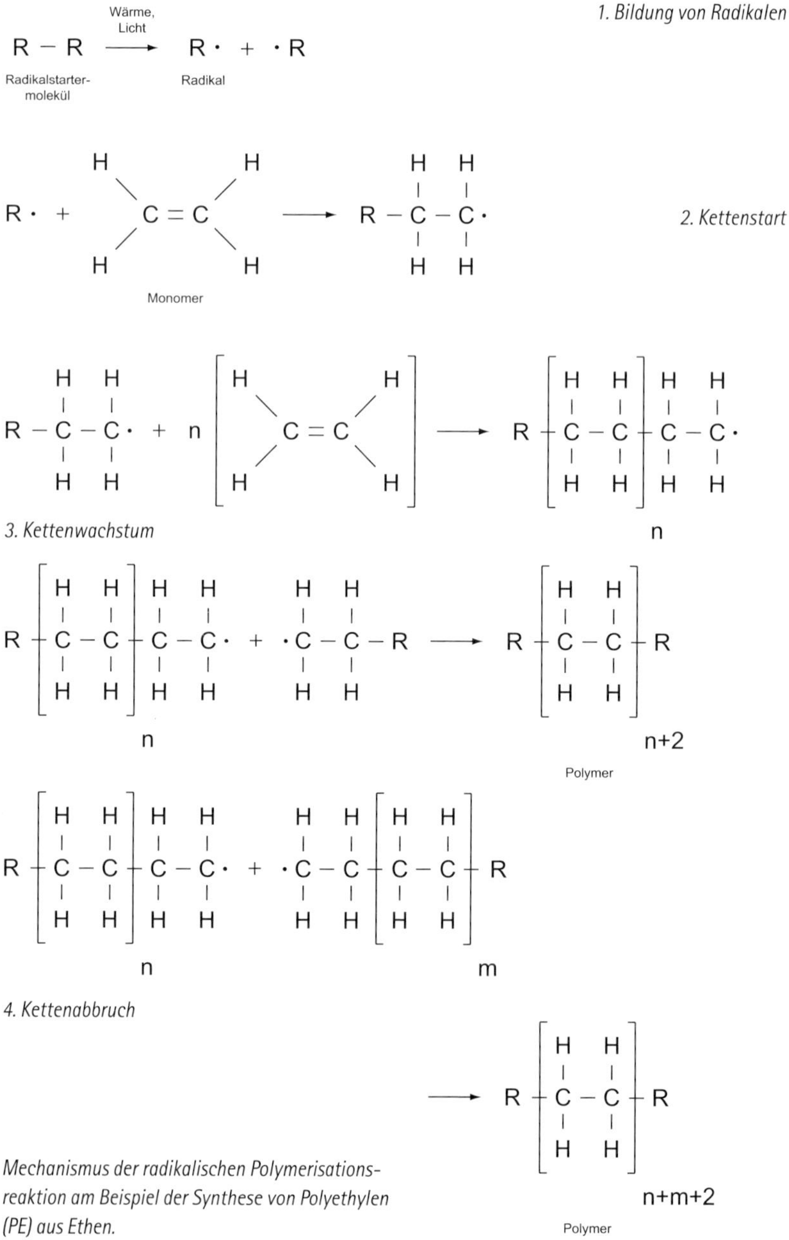

Mechanismus der radikalischen Polymerisationsreaktion am Beispiel der Synthese von Polyethylen (PE) aus Ethen.

3.2 Seifen

Seifen sind Natrium- oder Kaliumsalze langkettiger Fettsäuren.

Produktion von Seifen: Aufspaltung von Fetten mit Hilfe von Laugen

In der technischen Produktion werden tierische oder pflanzliche Fette mit Natron- oder Kalilauge versetzt und erhitzt. Dabei werden die Fettmoleküle in Glycerin und **Fettsäuresalze (Seifen)** aufgespalten.

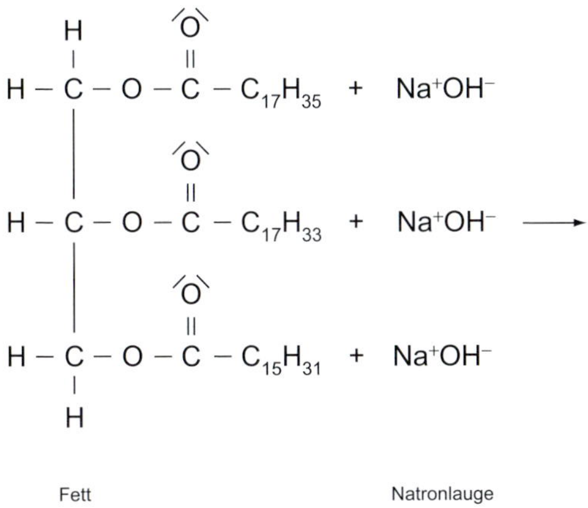

Die **Waschwirkung** der Seifen beruht auf ihrem gegensätzlichen Molekülbau. Fetthaltige Schmutzteilchen werden mit dem hydrophoben (lipophilen) Kohlenwasserstoffrest umlagert und können dank der hydrophilen (lipophoben) Carboxylatgruppe ($-COO^-$) nun vom Wasser gelöst werden.

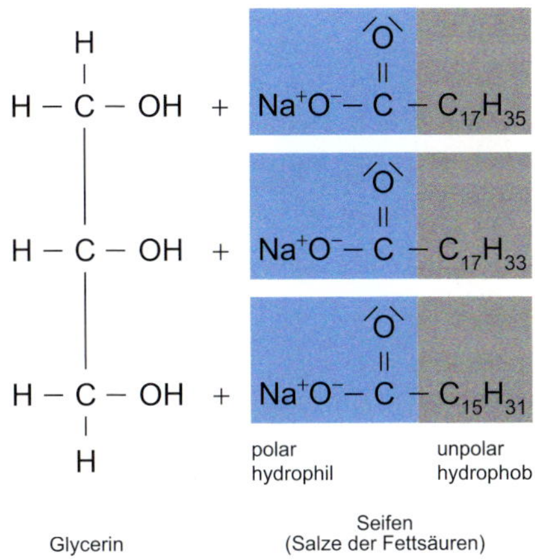

Waschmittel enthalten neben künstlichen Seifen (Tensiden) auch Enzyme, Bleichmittel sowie optische Aufheller.

Auf einen Blick: Chemische Industrie

Energieträger und Rohstoffe

- Erdöl, Erdgas und Kohle sind Stoffe fossilen Ursprungs.
- **Öl** und **Gas** bilden in Tausenden von Metern Tiefe große Lagerstätten in porösem Sedimentgestein. Durch Erdbohrungen zu Lande und zur See können die Vorräte für den Menschen erschlossen werden. Der Transport zu den Raffinerien erfolgt per Pipeline oder Hochseetanker.
- Rohöl wird durch fraktionierende Destillation in seine Bestandteile (Gase, Benzine, Petroleum, Dieselöle, Heizöle, Schmieröle, Bitumen) zerlegt. Rohbenzin (Naphtha) ist die bedeutendste Ausgangssubstanz der Petrochemie.
- **Kohle** dient bis heute als Brennstoff. In der Vergangenheit stellte zudem der Steinkohlenteer, den man durch Verkokung erhält, eine wichtige Rohstoffquelle für die organisch-chemische Industrie dar.

Grundprodukte

- **Schwefelsäure** wird nach dem Kontaktverfahren dargestellt. Schwefel wird hierbei zu Schwefeldioxid verbrannt, katalytisch zu Schwefeltrioxid weiteroxidiert und dann mit Schwefelsäure zu Dischwefelsäure aufgenommen.
- **Ammoniak** kann nach dem HABER-BOSCH-Verfahren aus den Elementen Wasserstoff und Stickstoff hergestellt werden. Als Rohstoffquellen dienen Wasser und Luft, die zusammen mit Erdgas oder leichten Erdölfraktionen umgesetzt werden.
- **Salpetersäure** erhält man durch die katalytische Oxidation von Ammoniak zu Stickstoffmonoxid, das dann weiter zu Stickstoffdioxid oxidiert und von Wasser zu Salpetersäure absorbiert wird (OSTWALD-Verfahren).

Endprodukte

- **Kunststoffe** setzen sich aus organischen Makromolekülen zusammen, die durch Polymerisation von Monomeren wie Ethen, Propen oder Chlorethen entstehen. Ihre Eigenschaften lassen sich durch geeignete Wahl der Produktionsbedingungen den Erfordernissen anpassen.
- **Seifen** sind Natrium- oder Kaliumsalze langkettiger Fettsäuren. Sie werden technisch durch die Umsetzung von Fetten mit Laugen produziert. Ihre Waschwirkung beruht auf dem gegensätzlichen Molekülbau aus hydrophobem Kohlenwasserstoffrest sowie hydrophiler Carboxylatgruppe.

Wichtige Begriffe

Absorption: Lösen von Gasen in Flüssigkeiten

Aggregatzustand: Bezeichnung für die Zustandsform (fest, flüssig oder gasförmig), in der ein Stoff sich befindet

Aktivierungsenergie: Mindestenergie, die den Ablauf einer chemischen Reaktion ermöglicht

Ampholyt: Stoff, der je nach Reaktionsbedingungen als →Base oder →Säure reagieren kann, z. B. Wasser. Sein Verhalten ist **amphoter**.

Analyse: Ermittlung der einzelnen Bestandteile von Verbindungen und Stoffgemischen

Anion: s. →Ion

Atom: Kleinstes Kugelteilchen eines Stoffs; griech. »unteilbar«. Es besteht aus den Elementarteilchen **Protonen**, **Neutronen** und **Elektronen**, lässt sich jedoch mit chemischen Mitteln nicht zerlegen.

Atombindung: Bindungsart, bei der Elektronenpaare den beteiligten →Atomen gemeinsam angehören, deswegen auch: **Elektronenpaarbindung** (s. a. →polare / unpolare Atombindung). Tritt vor allem zwischen Nichtmetallen auf.

Base: Stoff, der in Wasser in Hydroxidionen (OH^-) und Metallkationen dissoziiert. Allgemeiner: Protonenakzeptor

chromatografieren / Chromatografie: Verfahren zum Trennen eines Stoffgemischs aufgrund unterschiedlicher Haftfähigkeiten bzw. Löslichkeiten der Stoffe

dekantieren: Verfahren zum Trennen von Flüssigkeiten und Feststoffen, indem man den flüssigen Überstand abgießt

destillieren / Destillation: Verfahren zum Trennen von mehreren Flüssigkeiten aufgrund ihrer unterschiedlichen Siede- bzw. Kondensationstemperaturen

Dichte: Gibt an, welche Masse jeder Kubikzentimeter Volumen eines Stoffes hat (Formelzeichen: ρ; Einheit: g/cm^3)

Diffusion: Selbstständige Vermischung verschiedener Stoffe aufgrund der Wärmebewegung der →Moleküle

Dissoziation: Zerfall, Spaltung eines →Moleküls in kleinere Teilchen

Edukt: Ausgangsstoff in einer chemischen Reaktion

Elektrolyt: Stoff, der beim Schmelzen und in Lösungen zu →Ionen dissoziiert und somit elektrischen Strom leitet

Elektron: s. →Atom, elektrisch negativ geladener Baustein der Atomhülle

Elektronenaffinität: Neigung eines →Atoms oder →Moleküls, ein weiteres →Elektron zu binden

Element: Reinstoff, der sich nicht in andere Stoffe zerlegen lässt. Seine →Atome haben dieselbe Kernladungszahl. Das jeweilige Symbol erscheint im Periodensystem der Elemente.

eloxieren: Elektrolytisches →Oxidieren der Oberfläche von Aluminium (als Schutzschicht)

endotherme Reaktion: Reaktion, in deren Verlauf Wärmeenergie zugeführt wird

exotherme Reaktion: Reaktion, in deren Verlauf Wärmeenergie frei wird

extrahieren / Extraktion: Verfahren zum Trennen eines festen oder flüssigen Stoffgemischs aufgrund unterschiedlicher Löslichkeiten der Einzelbestandteile

filtrieren / Filtration: Verfahren zum Trennen von Flüssigkeiten und Feststoffen mit Hilfe eines Filters

Formel, chemische: Mittel zur eindeutigen Kennzeichnung von chemischen Verbindungen. Bei der **Summenformel** werden die Atome als Elementsymbole dargestellt, wobei die kleinen, tief gestellten Zahlen die Anzahl der Atome dieses Elements innerhalb der Verbindung angeben. Mit der **Strukturformel** wird grafisch aufgezeigt, in welcher Form die einzelnen Atome eines Moleküls miteinander verbunden sind.

Halbwertszeit: Zeitraum, in dem die Hälfte der Teilchen eines radioaktiven →Nuklids zerfällt

Hydratation: →Exothermer Vorgang; Anlagerung von Wassermolekülen an ein in Wasser gelöstes →Ion

hydrophil / hydrophob: Wasser aufnehmend, in Wasser löslich / Wasser abstoßend, in Wasser nicht löslich

Indikator: »Anzeiger«; in der Chemie vor allem Farbstoff zum Nachweis einer →Säure oder →Base, enthalten z. B. im Lackmuspapier

Ion: Elektrisch geladenes →Atom oder →Molekül; positiv geladene Ionen nennt man **Kationen**, negativ geladene **Anionen**.

Ionenbindung: Tritt zwischen elektropositiven Metallen und elektronegativen Nichtmetallen auf. Salze sind typische ionische Verbindungen.

Isomere: Moleküle mit gleicher Summenformel, aber unterschiedlichen Strukturen

Isotope: Bezeichnung für die zu einem Element gehörenden Atomarten, die sich in der Anzahl ihrer Neutronen unterscheiden.

Katalysator: Substanz, die eine chemische Reaktion beschleunigt

Lauge: s. Base

lipophil / lipophob: in Fett löslich / in Fett nicht löslich

Molekül: Teilchen, das aus mindestens zwei →Atomen aufgebaut ist und durch chemische Bindungen zusammengehalten wird; lässt sich – im Gegensatz zu Atomen – mit chemischen Mitteln zerlegen.

Monomere: s. →Polymere

Neutron: s. →Atom, ungeladener Baustein des Atomkerns

Nukleone: Zusammenfassende Bezeichnung für →Protonen und →Neutronen, also die Bausteine des Atomkerns

Nuklid: Atomart mit einem bestimmten Kernaufbau

organische Chemie: Chemie der Kohlenstoffverbindungen

oxidieren / Oxidation: Verbindung, auch Verbrennung eines Stoffs mit Sauerstoff; es entsteht ein **Oxid**. Außerdem: Entzug von →Elektronen

Periodizität: fortlaufende Wiederkehr

Petro(l)chemie: Bereich der technischen Chemie; beschäftigt sich mit der Herstellung von chemischen Grundstoffen aus Erdöl und Erdgas

pH-Wert: Gibt den Säurecharakter einer Lösung in kleinen, handlichen Zahlen an. pH = 7 ist neutral, Lösungen mit einem höheren pH-Wert reagieren basisch, mit einem niedrigeren sauer.

polare →Atombindung: Bindung zwischen zwei →Atomen mit unterschiedlicher Elektronegativität. Es kommt zu einer Polarisierung, einer Verschiebung der →Elektronen, und zur Bildung einer positiven und negativen Teilladung. Bei der **unpolaren Atombindung** haben die Atome eine ähnliche Elektronegativität; es kommt daher zu keiner Ausbildung von Teilladungen.

Polymere: Verbindungen, deren Moleküle aus vielen kleinen Molekülen, den Monomeren, in unterschiedlicher Art zusammengebaut sind. In der Natur vorkommende Polymere sind Holz, natürliche Harze u. a. Synthetische Polymere sind Kunststoffe, Kunstfasern u. a.

Protolyse: Protonenübergang von einem Stoff zu einem anderen. Er findet bei →Säuren und →Basen statt; man nennt sie deshalb auch **Protolyten.**

Proton: s. →Atom, elektrisch positiv geladener Baustein des Atomkerns

Radioaktivität: Bezeichnung für die Eigenschaft instabiler Atomkerne, sich spontan, also ohne äußeren Einfluss, in andere Atomkerne umzuwandeln. Sie senden dabei radioaktive Strahlung aus.

Redoxreaktion: Zusammenfassender Begriff für →Reduktion und →Oxidation

reduzieren / Reduktion: Umkehr der →Oxidation, also Entzug von Sauerstoff. Außerdem: Bereitstellung von →Elektronen.

Säure: Stoff, der in Wasser in Protonen (H^+) und Säurerestanionen dissoziiert. Allgemeiner: Protonendonator

Salz: Elektrolyt, der beispielsweise durch Reaktion einer Säure mit einer Base entsteht (Neutralisation)

sedimentieren / Sedimentation: Bildung von Bodensatz in Flüssigkeiten durch Absinken eines Feststoffs

Stöchiometrie: *„Messen von Bestandteilen"*; mengenmäßige Beschreibung chemischer Reaktionen

Strukturformel: s. →Formel

Substitution: Austausch eines Bestandteils einer Verbindung durch einen anderen

Summenformel: s. →Formel

Suspension: Stoffgemisch aus (fein verteilten) festen Stoffen und einer Flüssigkeit

Synthese: Aufbau von Verbindungen aus Elementen oder aus einfacheren Verbindungen

Titration: Verfahren, mit dem man die Konzentration einer gelösten Substanz bestimmen kann. Beispiel: Säure-Base-Titration

unpolare Atombindung: s. →polare Atombindung

Valenzelektron: →Elektron, das sich bevorzugt in der äußeren Elektronenschale eines Atoms aufhält und an chemischen Reaktionen teilhat

Verbindung: Zusammensetzung von mindestens zwei →Elementen; sie lässt sich durch eine chemische Reaktion wieder in ihre Ausgangselemente überführen.

Wertigkeit: Gibt an, wie viele Wasserstoffatome ein →Atom eines bestimmten →Elements binden oder ersetzen kann.

zentrifugieren / Zentrifugation: Trennen der Bestandteile eines Stoffgemischs mit einer Zentrifuge, einem schnell rotierenden Schleudergerät. Stoffe mit hoher Dichte sammeln sich am äußeren Rand der Zentrifuge.

Register

S